W0357475

Das OpenSpace Agility Handbuch

Das OpenSpace Agility Handbuch

Daniel Mezick
Joachim Pfeffer
Deborah Pontes
Miriam Sasse
Mark Sheffield
Harold Shinsato
Louise Kold-Taylor

Aus dem Englischen von
Dr. Miriam Sasse
Joachim Pfeffer

Mit einem Vorwort von Harrison Owen
und einem zusätzlichen Teil von
Dr. Miriam Sasse und Joachim Pfeffer

Bibliografische Information der deutschen Nationalbibliothek
Die Deutsche Nationalbibliothek verzeichnet diese Publikation in der Deutschen Nationalbibliografie. Detaillierte bibliografische Daten sind im Internet über http://dnb.d-nb.de abrufbar.

Um die Lesbarkeit zu vereinfachen wird auf die zusätzliche Formulierung der weiblichen Form verzichtet. Wir möchten deshalb darauf hinweisen, dass die ausschließliche Verwendung der männlichen Form explizit als geschlechtsunabhängig verstanden werden soll.

2. Auflage 2019

Oberweiler 2, 88239 Wangen im Allgäu, info@os-agility.de

Lektorat:	Dolores Omann, Wien
Cover:	OSA Big Picture © Daniel Mezick
Illustrationen:	Miriam Sasse, Daniel Mezick
Herstellung:	BoD – Books on Demand, Norderstedt

Printed in Germany.

ISBN Printausgabe:	978-3-947487-02-8
ISBN eBook:	978-3-947487-03-5

Gewidmet allen Organisationen,
die zur Veränderung einladen
und den leidenschaftlichen Menschen,
deren Engagement es möglich machen wird.

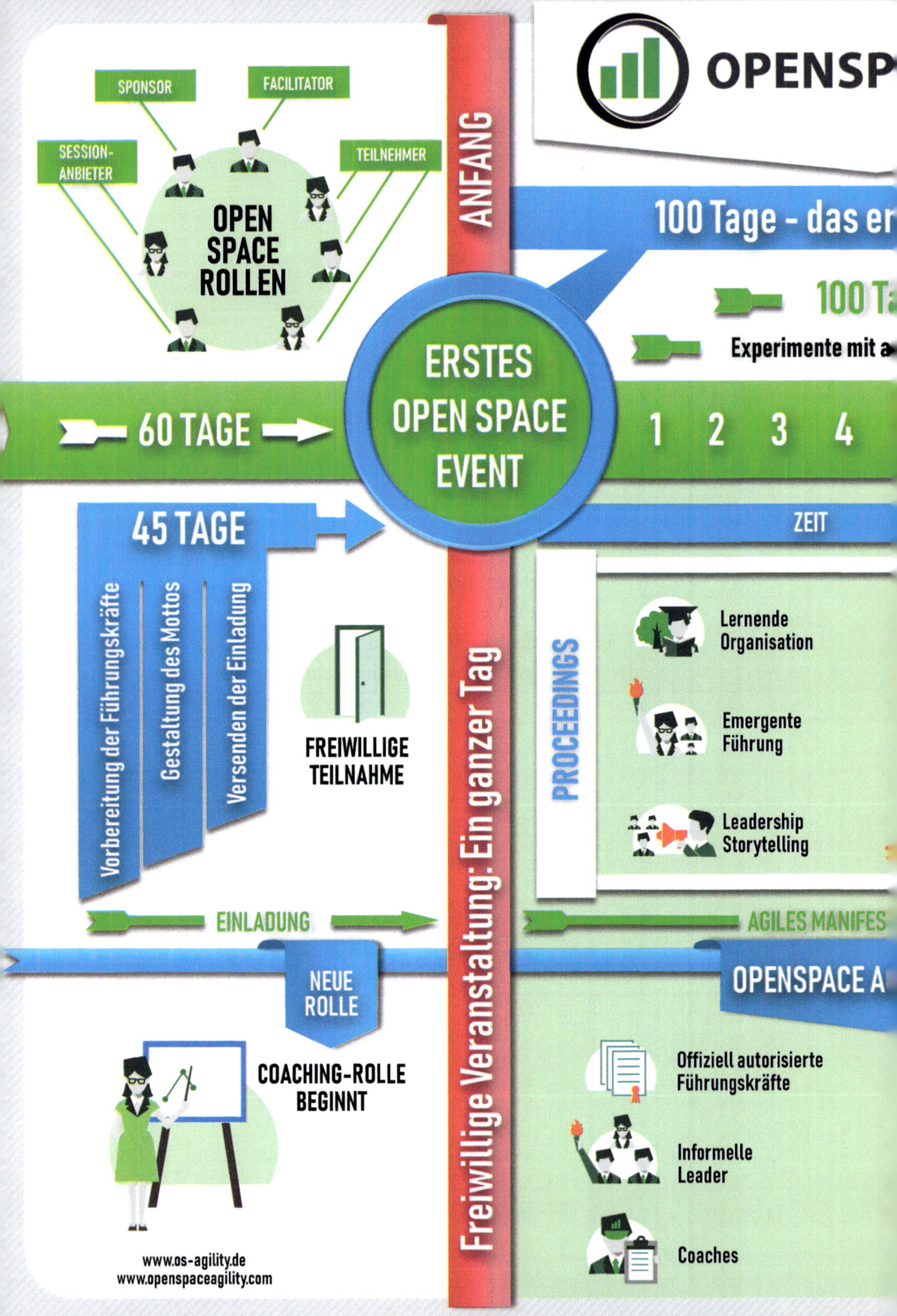

OPENSP
SPONSOR
FACILITATOR
SESSION-ANBIETER
TEILNEHMER
OPEN SPACE ROLLEN
ANFANG
100 Tage - das er
100 Ta
Experimente mit a
60 TAGE
ERSTES OPEN SPACE EVENT
1 2 3 4
45 TAGE
ZEIT
Vorbereitung der Führungskräfte
Gestaltung des Mottos
Versenden der Einladung
FREIWILLIGE TEILNAHME
Freiwillige Veranstaltung: Ein ganzer Tag
PROCEEDINGS
Lernende Organisation
Emergente Führung
Leadership Storytelling
EINLADUNG
AGILES MANIFES
NEUE ROLLE
OPENSPACE A
COACHING-ROLLE BEGINNT
Offiziell autorisierte Führungskräfte
Informelle Leader
Coaches
www.os-agility.de
www.openspaceagility.com

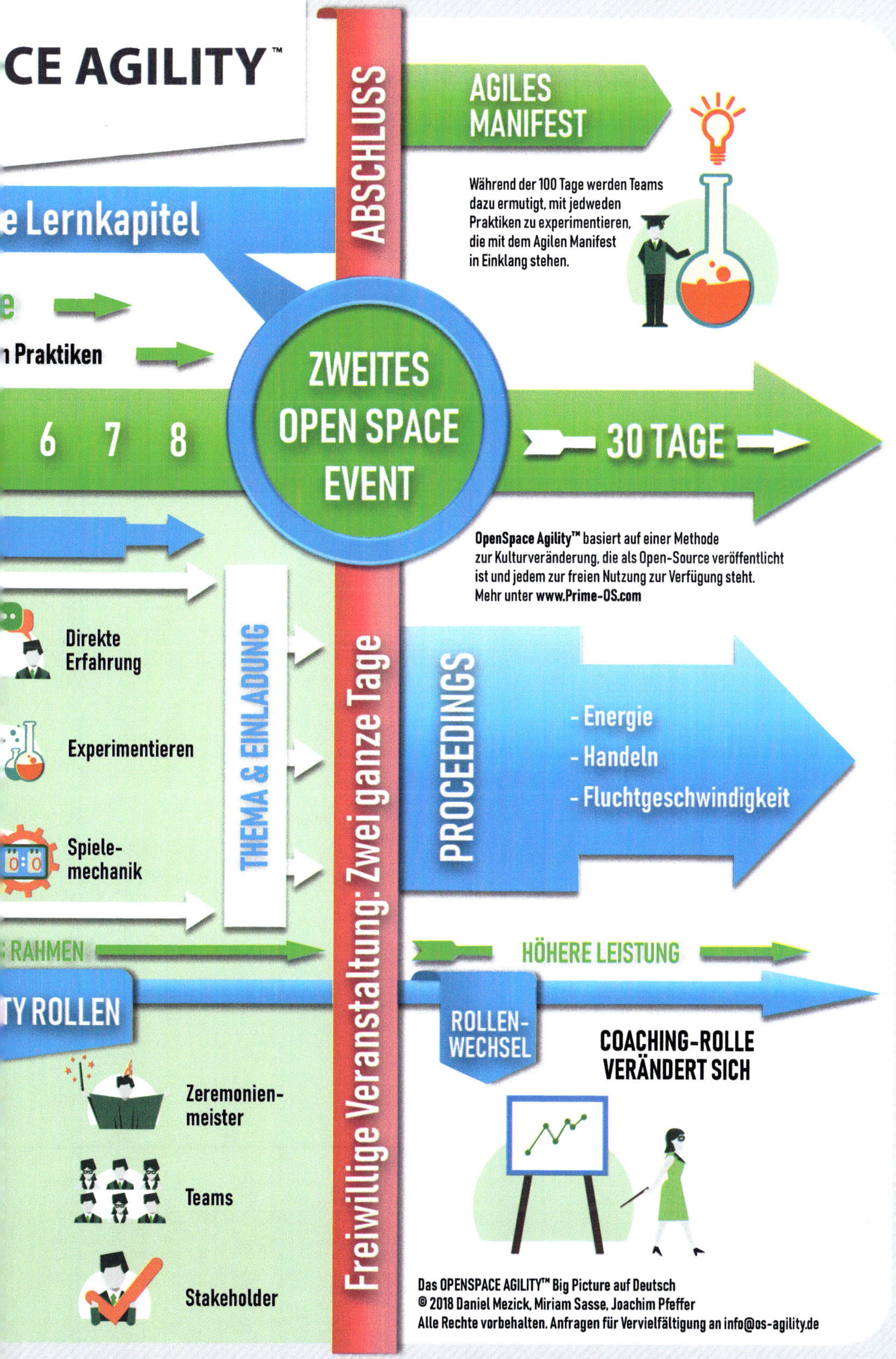

CE AGILITY™
e Lernkapitel
e
n Praktiken
6 7 8
ABSCHLUSS
AGILES MANIFEST
Während der 100 Tage werden Teams dazu ermutigt, mit jedweden Praktiken zu experimentieren, die mit dem Agilen Manifest in Einklang stehen.
ZWEITES OPEN SPACE EVENT
30 TAGE
OpenSpace Agility™ basiert auf einer Methode zur Kulturveränderung, die als Open-Source veröffentlicht ist und jedem zur freien Nutzung zur Verfügung steht. Mehr unter www.Prime-OS.com
Direkte Erfahrung
Experimentieren
Spiele-mechanik
THEMA & EINLADUNG
Freiwillige Veranstaltung: Zwei ganze Tage
PROCEDINGS
- Energie
- Handeln
- Fluchtgeschwindigkeit
RAHMEN
HÖHERE LEISTUNG
TY ROLLEN
ROLLEN-WECHSEL
COACHING-ROLLE VERÄNDERT SICH
Zeremonien-meister
Teams
Stakeholder
Das OPENSPACE AGILITY™ Big Picture auf Deutsch
© 2018 Daniel Mezick, Miriam Sasse, Joachim Pfeffer
Alle Rechte vorbehalten. Anfragen für Vervielfältigung an info@os-agility.de

Inhalt

Teil II – Fragen und Antworten

Prolog

Wie bekommen wir lernende Organisationen, die flexibel, reaktionsstark und wettbewerbsfähig sind? Wie können wir gemeinsam tiefgreifende Veränderungen in Gang setzen?

Wenn wir als externe Berater oder Coaches in ein Unternehmen kommen, wird uns oft freie Hand gelassen, wenn wir die Arbeitsweisen einzelner Teams verändern. Für die weitere Umsetzung in der Breite vertrauen die Verantwortlichen jedoch auf eigene Muster oder ihr Bauchgefühl. Es werden ausführliche Konzepte erarbeitet und fixe Zeitpläne aufgestellt, die vom Management angeordnet werden. Es wird über die Köpfe der Beteiligten hinweg entschieden. Sowohl die Praxis als auch etablierte psychologische Modelle bestätigen, dass solche Vorgehensweisen nicht tiefgreifend genug sind und die Organisation meist wieder in den vorherigen Zustand zurückschwingt.

- Was wäre, wenn nicht das oberste Management alle Arbeitsweisen vorgeben würde, sondern die Mitarbeiter ausprobieren und mitgestalten könnten?
- Was wäre, wenn nicht das Management oder Berater bestimmen würden, dass es eine Unternehmensveränderung geben muss, sondern die davon Betroffenen frei entscheiden könnten, ob sie diesen Weg gehen oder nicht?
- Was wäre, wenn Organisationen Veränderung nicht mit starren Plänen angehen, sondern ihr Vorgehen regelmäßig gemeinsam bewerten und anpassen würden?

In all den Jahren in diesem Business haben wir immer gefühlt, dass dieses „Was wäre wenn?" der Schlüssel für wirklich tiefgreifende Veränderungen ist – und wir haben es auch so weit wie möglich gelebt. Im Sommer 2017 sind wir Daniel Mezick und seinem Konzept der „OpenSpace Agility" (OSA) begegnet. Die Konsequenz seines Ansatzes und Daniel selbst haben uns mitgerissen, inspiriert und in unseren Werten bestätigt:

Die einzige Chance für eine tiefgreifende Veränderung ist, die Menschen zur Teilnahme einzuladen und ihnen die Option zu lassen, sich nicht zu beteiligen.

Für die Vertreterinnen und Vertreter klassischer Managementkulturen mag das verstörend sein. Dennoch zeigen etablierte psychologische Modelle, dass diese Stringenz notwendig ist, und die Praxis zeigt, dass solche Ansätze erfolgreich sind.

Im Juni 2018 haben wir hierzu das erste deutschsprachige Buch veröffentlicht: „OpenSpace Agility kompakt". Darin haben wir das OSA-Konzept im Überblick beschrieben und in den Kontext bewährter Modelle der Organisationsentwicklung gesetzt. Jetzt beschreiben wir OSA im ersten Teil dieses Buchs mit der Übersetzung von Daniel Mezicks „OpenSpace Agility Handbook" in der Tiefe. Im zweiten Teil ergänzen wir dies mit Antworten zu den am häufigsten gestellten Fragen.

Da Daniel zügig in die Themen einsteigt und gewisse Kenntnisse voraussetzt, haben wir uns dazu entschieden, in diesem Prolog einen Überblick über die zugrundeliegenden Konzepte und das Modell der „OpenSpace Agility" anzubieten.

OpenSpace Agility bezieht sich auf Unternehmensveränderungen, die Strategie, Kultur, Prozesse und Führung im Blick haben. Diese nennen wir auch Transformationen, um auszudrücken, dass sie komplexer und umfangreicher sind als gewöhnliche Veränderungen. Betrifft die Transformation einen Wandel zu einer lernenden Organisation, die flexibel, reaktionsstark und wettbewerbsfähig sein soll, sprechen wir von einer agilen Transformation. „Agil" bedeutet für uns hier eine Haltung, wie sie im sogenannten Agilen Manifest durch Werte und Prinzipien beschrieben ist. Details dazu finden Sie auf Seite 89.

Im Folgenden werden wir die von Daniel verwendeten Begriffe in einen Gesamtzusammenhang bringen.

„Spielend“ kann Transformation gelingen

OpenSpace Agility nutzt Erkenntnisse aus den Bereichen Organisationsentwicklung, Selbstorganisation, Anthropologie, Psychologie sowie Spielemechanik und verbindet diese zu einem in sich geschlossenen, neuen Modell. Mit diesem Modell steigen nachweisbar die Erfolgschancen einer agilen Transformation.

OSA bedient sich der Erkenntnisse der von Jane McGonigal (2012) begründeten **Spielemechanik**. Menschen spielen gerne Spiele, weil sie

- ein attraktives Ziel haben,
- klare Regeln aufgestellt wurden,
- ein Fortschritt erkennbar ist und
- sie freiwillig daran teilnehmen können – und damit ist auch das Recht verbunden, Nein zu sagen.

Gute Spiele entfachen bei Menschen viel Energie und hohes Engagement. Nur wenn die Mitstreiter in der Transformation diese Energie mitbringen, kann die Transformation auch gelingen.

OSA geht davon aus, dass die Transformation agil erfolgt: Wir verändern in kleinen Schritten, bewerten regelmäßig, passen an und lernen daraus. Die Freiwilligkeit liefert die dafür notwendige Transparenz: Was kann und will die Organisation? Und ja, es kann durchaus deutlich werden, dass eine agile Transformation im Moment nicht durchführbar ist.

Wie wird eine Einladung zur Transformation überhaupt ausgesprochen? OpenSpace Agility setzt dafür auf das bewährte Change-Werkzeug **Open Space Technology** (Owen 2011).

Viele von Ihnen werden „Open Spaces“ von Konferenzen kennen: Die Agenda und die Inhalte werden dabei von den Teilnehmern selbst gestaltet. An dieser Stelle möchten wir darauf hinweisen, dass diese Konferenzformate in der Regel keine „echten“ Open Space Events sind, sondern daraus abgeleitete und abgeschwächte Formate, die eigentlich als „Barcamp“ oder „Unkonferenz“ angekündigt werden müssten.

Ein echter Open Space findet in einer Umgebung statt, in der alle Beteiligten von denselben komplexen und zeitkritischen Problemen betroffen sind, in der eine breite Meinungsvielfalt vorherrscht und Konflikte wahrscheinlich sind. Echte Open Spaces sind also Change-Management-Werkzeuge, die unter den genannten Bedingungen ihre Wirkung am besten entfalten können.

Ein echter Open Space wird von einem ranghohen Sponsor in der Organisation initiiert. Im Open Space entstehen Vorschläge an den Sponsor, die sogenannten Proceedings. Der Sponsor realisiert diese möglichst zeitnah, um die im Open Space diskutierten Probleme in der Organisation zu lösen. Die Teilnehmer des Open Spaces werden vom sogenannten Facilitator durch das Event begleitet.

Im Rahmen von OpenSpace Agility bietet die Open Space Technology nach Harrison Owen die Plattform für die gewünschte Freiwilligkeit und Selbstorganisation. Falls Sie bei den Wörtern „Freiwilligkeit" und „Selbstorganisation" skeptisch werden, möchten wir Sie an dieser Stelle mit einer provokanten These konfrontieren: **Selbstorganisation** funktioniert immer. Von der Gründung an gibt es in jedem Unternehmen soziale Strukturen, die Selbstorganisation ermöglichen. Diese sind so stark, dass Unternehmen auch dann noch funktionieren, wenn man künstliche Prozesse und Hierarchien einführt, die in der Regel in Konflikt zu den natürlichen Strukturen stehen.

Neben der Spielemechanik und der Open Space Technology integriert OpenSpace Agility auch Elemente aus der kulturellen **Anthropologie**, vor allem die Erkenntnisse zum Thema Übergänge. Jeder Schritt der Organisationsentwicklung, also jedes **Lernkapitel**, befördert die Organisation von einem Zustand in einen anderen. Zwischen diesen Zuständen herrscht Unsicherheit. In der Anthropologie wird dieser Schwebezustand als **Liminalität** bezeichnet. Traditionell begegnet die Menschheit der Liminalität mit **Übergangsriten**, die Halt und Sicherheit bieten. Initiationsriten, Hochzeitszeremonien und Trauerrituale sind Beispiele dafür. OpenSpace Agility bietet diese Struktur, sie ist also ein Übergangsritus. Konsequenterweise definiert OSA auch die Rolle des – den Naturvölkern entliehenen – **Zeremonienmeisters**, der in der Liminalität Anleitung, Zuversicht und Sicherheit bietet. Dadurch erfahren die Betroffenen ein Gefühl von Gemeinschaft und Zugehörigkeit, das in der Anthropologie als **Communitas** definiert wird.

OSA in der Praxis

Was bedeutet das in der Praxis? OpenSpace Agility beginnt mit dem ersten Open Space Event und endet nach 100 Tagen mit dem zweiten Open Space Event. In der Phase dazwischen experimentieren die Mitarbeiterinnen und Mitarbeiter mit den neuen Arbeitsweisen. Der Sponsor lädt zu den Open Spaces ein und definiert in der Einladung die gewünschte strategische und/oder kulturelle Ausrichtung.

Im **ersten Open Space** wird klar, ob die Organisation den gewünschten Weg überhaupt gehen kann und will – eine Transparenz, die unter Umständen schmerzhaft sein kann. Gleichzeitig kommen Ideen an die Oberfläche und Menschen zum Vorschein, die bisher durch Anordnungen und Befehle verdeckt waren und nun zu Unterstützern der Transformation werden. Diese Menschen und ihre Ideen leisten in der Experimentierphase einen maßgeblichen Beitrag. Sie werden unterstützt durch die formale Führung, also durch die Linienstruktur. Der Open Space und die Experimentierphase werden auch von Agile Coaches begleitet, die mit ihrer Erfahrung die Menschen beim Erkunden der agilen Ansätze begleiten. Diese Phase bringt Erkenntnisse aus dem echten Leben und hilft so die Nützlichkeit der agilen Ansätze beurteilen zu können.

Mit dem **zweiten Open Space** hat die Organisation ein neues Niveau an Erkenntnissen und Leistungsfähigkeit erreicht, in der Sprache der Spielemechanik hat sie sich **aufgelevelt**. Während des zweiten Open Space Events und danach entsteht eine Energie, mit der die Organisation altes Verhalten hinter sich lassen kann. In der Psychologie und in der Raumfahrt wird dies als **Fluchtgeschwindigkeit** bezeichnet: Man baut Energie auf, um der Anziehungskraft – einer alten Gewohnheit bzw. eines Planeten – zu entkommen. Damit startet die Organisation nach dem zweiten Open Space in eine stabilere Phase, die aber weiterhin in Lernkapitel gegliedert ist: Im Abstand von jeweils sechs Monaten werden Lernkapitel beendet und neue aufgeschlagen, jeweils abgegrenzt durch ein zweitägiges Open Space Event.

Über dieses Buch

Dieses Buch besteht im ersten Teil aus der Übersetzung von Daniel Mezicks „The OpenSpace Agility Handbook“ – gekennzeichnet mit dem grauen Rand. Wir haben uns möglichst eng an die Struktur und die Sprache von Daniel gehalten, um ein originalgetreues Abbild von Daniels Werk zu schaffen. Gemäß dem Original finden sich in den einzelnen Unterkapiteln öfters Wiederholungen einzelner Einsichten und Aspekte. Dadurch kann das Buch gut als Nachschlagewerk für einzelne Elemente des „Big Picture“ verwendet werden. Die einzelnen Kapitel können überwiegend jeweils für sich stehen. Daniel Mezick bezieht die Kernkapitel („Der Anfang“ bis „Weiterentwicklung“) zur OpenSpace Agility auf den bekannten PDCA-Zyklus von Walter Shewhart, der von William Edwards Deming bekannt gemacht wurde. PDCA steht für Plan, Do, Check, Act. Wir haben diese Begriffe so übernommen, allerdings haben wir diesen Worten in den Kapitelüberschriften jeweils das Akronym „PDCA“ vorangestellt, um Verwirrung bei den nun zweisprachigen Kapitelüberschriften zu vermeiden.

Wir möchten an dieser Stelle noch auf ein paar Aspekte der Übersetzung hinweisen. Für viele markante Begriffe im englischen Original gibt es kein deutsches Wort, das in unseren Augen alle Aspekte der jeweiligen englischen Bedeutung wiedergeben würde. Daher haben wir, soweit es für uns passend erschien, nach Begriffen gesucht, die für uns möglichst nahe an der englischen Bedeutung sind, auch wenn sie unter Umständen ungewöhnlich sind. Ein Beispiel hierzu ist „Authority“. Nachdem die Begriffe „Autorität“ und „Macht“ im deutschen Sprachgebrauch leicht anders belegt sind, verwenden wir in der Übersetzung den Begriff „Befugnis“. Wörter, die im Deutschen doppelt belegt sind, wie zum Beispiel „Raum“ (im Original als „Space“ für einen abstrakten Raum oder „Room“ für einen physischen Raum), haben wir ebenfalls etwas freier übersetzt. Bei diesem Beispiel haben wir an Stellen, an denen die Bedeutung nicht aus dem Kontext abzuleiten ist, „Space“ als „Freiraum“ übersetzt. Begriffe, für die uns keine deutsche Entsprechung passend erschien, haben wir im Original belassen, wie zum Beispiel „Facilitator“.

Im zweiten Teil des Buchs bieten wir Antworten zu wichtigen Fragen, denen wir in unserer Arbeit immer wieder begegnen. Wir beginnen mit grundlegenden Fragen und mit Fragen zur Durchführung von Open Space Events. Praktische Erfahrungen und fundierte wissenschaftliche Erkenntnisse zu Menschen in der Transformation, zu Rollen und Aufgaben der Führungskräfte, sowie zur Strategie und zur Vorbereitung des Unternehmens finden Sie ebenfalls im zweiten Teil.

Die Arbeit an dieser Übersetzung haben wir bereits im November 2017 begonnen, 2018 haben wir das Projekt zugunsten unseres Buchs „OpenSpace Agility kompakt" unterbrochen. An dieser Stelle möchten wir uns bei den beiden Menschen bedanken, die uns über diese Zeit begleitet, unterstützt und inspiriert haben: Daniel Mezick, der stets unser OSA-Wirken in Deutschland unterstützt und bei jedem Treffen vor wundervollen neuen Ideen zu einladungsbasierter Führung, Buchprojekten und Workshops sprüht. Des Weiteren danken wir unserer Lektorin Dolores Omann, die erneut eines unserer Buchprojekte mit Geduld, Kompetenz und Charme zur Marktreife gebracht hat.

Miriam Sasse und Joachim Pfeffer
Wien
Februar 2019

Teil I
Übersetzung

Without passion, nobody cares.
Without responsibility nothing gets done.

Harrison Owen

Geleitwort von Harrison Owen

Jenen, die ihre Teams und Organisationen „agil“ machen wollen, wird der in diesem kleinen Buch beschriebene Ansatz helfen.

OpenSpace Agility basiert auf ein paar einfachen Schritten: Beginne mit einem offenen Raum. Halte diesen Raum offen, solange es nur geht. Wenn dich die Dinge umzingeln (organisatorische Einschränkungen/ Klaustrophobie), öffne den Raum erneut, so wie du es benötigst, und zieh' das Ding durch. Klingt für mich nach einem perfekten Plan.

Seit ich mich mit Agile, Scrum etc. beschäftige, war für mich immer klar: „Agil zu sein“ bedeutet nichts anderes, als voll und ganz, bewusst und absichtlich selbstorganisiert zu sein. Das ist gleichzusetzen mit einer absoluten Höchstleistung. Und „Open Space“ ist zufällig einer der möglichen Wege, um schnell an dieses Ziel zu gelangen. Nicht weil man etwas Einzigartiges, Spezielles oder Verrücktes macht, sondern einfach, indem wir sind, was wir alle bereits sind: selbstorganisiert.

Das verlangt allerdings, einige jener Dinge loszulassen, von denen wir bisher gedacht haben, dass wir sie denken oder tun sollten.

„Denk an eine Sache, die du ab jetzt nicht mehr tust“ wird für dich ein guter Startpunkt sein. Und wenn du immer daran denkst, dass Einfachheit „die Kunst ist, die Menge nicht getaner Arbeit zu maximieren”, solltest du gut vorankommen.

Viel Freude mit diesem Buch!

Harrison Owen
Camden, Maine, Juni 2015

Einleitung

Der Zweck dieses Handbuchs

Willkommen zum OpenSpace Agility (OSA) Handbuch. Dieses Handbuch soll als kompakte Referenz und als „Pocket Guide" allen jenen dienen, die agile Ansätze einführen oder OpenSpace Agility anderweitig nutzen möchten. Es soll ihnen bei der Einführung agiler Ansätze Stärke und Lebenskraft verleihen.

Für wen dieses Buch geschrieben wurde

Dieses Buch wendet sich an alle, die daran interessiert sind, agile Transformationen schneller und nachhaltiger anzugehen. Dazu zählen Geschäftsführer, Vorstände, Führungskräfte, Teammitglieder sowie Berater und Coaches, die unterstützend zur Seite stehen.

Wie Sie sich auf dieses Buch am besten vorbereiten

- Sie sollten ein grundlegendes Verständnis des Open-Space-Workshop-Formats haben. Kapitel 1 enthält eine kurze Einführung dazu.
- Sie sollten ein grundlegendes Verständnis von agilen Prinzipien haben und wie diese Ihre Organisation unterstützen können. Das Kapitel „Die Mitte (PDCA: Do)" geht auf die Werte und Prinzipien des Agilen Manifests ein.
- Seien Sie bereit, offen und in der Lage, OpenSpace Agility auszuprobieren, um in Ihrer agilen Transformation bessere Ergebnisse zu erzielen.

Ein Verzeichnis mit weiteren Büchern zu diesen Themenfeldern finden Sie am Ende des Buchs. Besuchen Sie auch www.openspaceagility.com/resources und os-agility.de für weitere Informationen über Trainings zu OpenSpace Agility, Beratung und weitere Quellen.

Das SPIRIT-Buch

OpenSpace Agility ist maßgeblich vom Lebenswerk von Harrison Owen inspiriert, besonders von seinem Buch „SPIRIT: Development and Transformation in Organizations“. Es ist ein großartiges, mächtiges Werk, voll von wichtigen Erkenntnissen und umsetzbaren Ideen. SPIRIT ist interessant für alle, die sich mit der Gestaltung von Organisationskulturen beschäftigen. Das SPIRIT-Buch ist online frei verfügbar unter www.openspaceworld.com/Spirit.pdf.

Warum OpenSpace Agility?

OpenSpace Agility basiert auf Einladungen anstatt auf Anordnungen. Anordnungen oder Befehle verringern das Engagement, Einladungen und freiwillige Teilnahme hingegen verstärken es. Engagement ist essenziell für schnelle und nachhaltige agile Transformationen.

Vorgeschriebene Arbeitsweisen und Praktiken lassen keinen Platz für das, was die Menschen wirklich wollen, was sie denken oder fühlen. Vorschriften schmälern das Engagement. Jene intelligenten und kreativen Menschen, die in einer Organisation die Arbeit erledigen, wenden sich im Geiste ab und werden passiv. Leider werden agile Ansätze genau nach diesem Muster eingeführt, üblicherweise nachdem Agile in einem kleinen Pilotprojekt mit einem kleinen Team getestet wurde:

- Eine formal autorisierte Führungskraft sagt: „Wir werden alle agil. Wir werden die folgenden Praktiken einsetzen.“ Mit Praktiken sind meist Scrum, Kanban oder ein anderer Ansatz, eine andere Methode oder ein anderes Rahmenwerk gemeint. Die tatsächliche Botschaft ist: Jeder in der Organisation muss diese Praktiken einsetzen, egal ob sie passen oder nicht.
- Eine formal autorisierte Führungskraft wählt einen Coach oder Berater aus, basierend auf dessen Erfahrungsschatz in einer bestimmten Methodik (meist Scrum). Dadurch gelten Coach und Methodik als gesetzt.

- Die Menschen, die operativ arbeiten, erfahren dadurch einen Kontrollverlust und haben nicht das Gefühl, eingebunden zu werden oder dazuzugehören. Sie erleben, dass das neue Ziel eher vage ist und die Teilnahme definitiv keine freiwillige Angelegenheit ist. All diese Erfahrungen veranlassen Menschen dazu, sich nicht mehr einzubringen.

Menschen, die Software und Produkte entwickeln, haben in etwa folgende Eigenschaften:

- Hohe Intelligenz
- Eine Tendenz zur Introversion
- Ein Selbstbild, das auf folgenden Narrativen beruht:
  - „Ich lebe dafür, Probleme zu lösen."
  - „Ich werde dafür bezahlt, Probleme zu lösen."
  - „Ich bin schlau und kreativ."
  - „Ich werde für meine Fachkenntnisse bezahlt."

Angeordnete agile Transformationen neigen dazu, diese Problemlöser zu verprellen, die die eigentliche Arbeit machen. Entwickler lieben es, Probleme zu lösen, und dazu gehören auch Prozessprobleme wie „Wie werden agile Ansätze in unserer Organisation am besten eingesetzt?". Wenn die Organisation nicht danach fragt, was diese Menschen denken, tendieren Introvertierte dazu, gar nichts zu sagen.

Diese Problemlöser haben häufig ausgezeichnete Meinungen oder Ideen. Wenn die Organisation nicht nach deren Meinung fragt, verliert sie diese Ideen und schafft die Grundlage für eine erhebliche Verbitterung. Das ist in zweierlei Hinsicht schädlich: Die Organisation verliert einige der besten Ideen und gleichzeitig die große Chance auf engagierte Mitarbeiter.

Noch einmal: Anordnungen oder Befehle verringern das Engagement. Einladungen und freiwillige Teilnahme hingegen verstärken es. Engagement wiederum ist die Basis für schnelle und nachhaltige agile Transformationen.

OpenSpace Agility spricht Einladungen aus, statt konkrete Praktiken und Arbeitsweisen vorzuschreiben. Der OSA-Ansatz fordert den Sponsor der Transformation zum folgenden Handeln auf:

- Er sollte den Business-Case für den Aufbruch in Richtung Agilität erklären, indem er die Herausforderungen deutlich macht, denen das Business in puncto Wettbewerb, Preisdruck, veraltete Produkte etc. gegenübersteht.
- Er muss klar machen, dass die Organisation zwar agile Prinzipien begrüßen wird, aber die konkreten Praktiken nicht festgelegt wurden.
- Er lädt alle Involvierten dazu ein, die Geschichte dieser agilen Transformation mitzuschreiben und kommuniziert klar, dass die Führungskräfte nicht alle Antworten haben und auf die besten Ideen aus der Organisation angewiesen sind, um den Übergang zur Agilität authentisch, schnell und nachhaltig umzusetzen.
- Er macht deutlich, dass die Organisation mit verschiedenen agilen Ansätzen experimentieren wird. Die Ergebnisse der Experimente werden gemeinschaftlich beurteilt, um festzulegen, ob ein bestimmter Ansatz weiter verfolgt wird. Wenn ein Standard-Ansatz wie Scrum oder Kanban nicht zu den Erfordernissen der Organisation oder der Teams passt, kann er angepasst oder verworfen werden. Die Teams haben sogar die Freiheit, eigene Praktiken einzuführen. Die einzige Rahmenbedingung ist, dass die gewählte Vorgehensweise zum Agilen Manifest passt.

Wenn Sie Agilität so einführen, fühlen die beteiligten Menschen, dass sie selbst die Kontrolle haben und erleben ein hohes Maß an Zugehörigkeit und Sinnhaftigkeit. Sie werden sich engagieren.

Fortlaufende Open Space Events

Nachdem die Organisation den ersten Zyklus der OpenSpace Agility durchlaufen hat, wird sie viel freier denken und mehr Verantwortung für das eigene Lernen übernommen haben. In symbolischer Hinsicht ist es dabei wichtig, dass die Coaches nach diesem Zyklus die Organisation verlassen oder eine neue Rolle einnehmen. Dieser Statuswechsel der Coaches ist essenziell. Er wird während des Übergangsritus betont, um aufzuzeigen, dass die Organisation gerade lernt, agile Ideen in die Kultur der Organisation einzuflechten.

Der letzte Teil im OSA Framework ist das halbjährliche Open Space Event, das idealerweise im Januar und im Juli durchgeführt wird. Diese Workshops sind essenziell. Die ganze Organisation wird dazu eingeladen. Sie dienen auch dazu, neue Kolleginnen und Kollegen in die Organisationskultur zu integrieren.

Indem diese wiederkehrenden Veranstaltungen in den Kalender und die Kultur der Organisation aufgenommen werden, sinkt das Risiko deutlich, dass die Veränderung von einzelnen Führungskräften abhängt, oder es wird sogar eliminiert. Ein typisches Problem bei agilen Transformationen ist es, wenn eine mächtige und progressive Führungskraft das Unternehmen verlässt. Mit ihr verschwindet meist auch der für die Transformation notwendige „sichere Raum".

Wenn diese regelmäßigen Open Space Events einmal etabliert sind, wird die agile Transformation weitergehen, unabhängig davon, mit wem die Führungspositionen in der Hierarchie besetzt sind.

Begriffsklärung

Hier sind einige der Begriffe, die Ihnen in diesem Buch immer wieder begegnen werden.

Liminalität: Der Zustand an der Schwelle der Veränderungen von einer Art des Denkens und Arbeitens zu einer neuen. Unsicherheit und Uneindeutigkeit des neuen Wegs führen zu Verwirrung und Stress.

Übergangsritus: Ein Ritual, um mit der Belastung umgehen zu können, die sich aus der Veränderung ergibt. Übergangsriten helfen Menschen dabei, sich auf den Weg zu machen und die neue Welt zu verstehen und zu begrüßen. Open Space Events und Phasen des Experimentierens mit agilen Praktiken dienen als Übergangsriten.

Communitas: Der Geist der Gemeinschaft, der Gefühle von Zugehörigkeit und Integration umfasst.

Zeremonienmeister: Der Zeremonienmeister versteht die Phasen des Übergangs von einem Zustand in einen anderen. Er gibt den Teilnehmern Sicherheit auf ihrem Weg durch die Transformation und stellt sicher, dass sie sich an die für die Transformation vereinbarten Regeln halten.

Lernkapitel: Eine abgeschlossene Lerneinheit der Organisation, mit einem definierten Beginn, Mittelteil und Ende. Lernkapitel „passieren" in der Regel zwischen Open Space Events.

Open Space: Ein Workshop-Format, das Selbstorganisation fördert. Regelmäßige Open Space Events sind wesentlicher Bestandteil von OSA.

Open Space Proceedings: Dokumentation der Open Space Sessions innerhalb eines Open Space Events. Proceedings beinhalten Texte, Diagramme und/oder Bilder, die wiedergeben, was in den einzelnen Sessions besprochen wurde und welche Empfehlungen zu Handlungen und/oder Veränderungen an den Sponsor gehen.

Open Space Sponsor: Eine Person in der Organisation, die ausreichend Macht hat, um ein mindestens eintägiges Open Space Event einzuberufen und die Menschen dazu einzuladen.

Open Space Facilitator: Eine Person, die vom Sponsor ermächtigt wird, ihn bei der Durchführung des Open Space Events zu unterstützen. Der Facilitator hilft, eine Atmosphäre von Offenheit und Sicherheit aufzubauen und während der gesamten Veranstaltung „den Raum offen zu halten".

Coach/Agile Coach: Eine Person, die von der Organisation beauftragt wird, bei der Umsetzung von agilen Prinzipien, Praktiken und Methoden zu unterstützen.

Erster Open Space: Das Open Space Event, das den Start eines Lernkapitels markiert. Dieser Open Space wird auch als OST-1 bezeichnet.

Zweiter Open Space: Das Open Space Event, das das Ende eines Lernkapitels markiert. Dieser Open Space wird auch als OST-2 bezeichnet.

Aufleveln: Auf ein neues Kompetenzlevel aufsteigen.

Open Space Technology (OST)

Open Space Technology (OST) ist ein Format für einen aktiven gemeinsamen Workshop. Seit mehr als 30 Jahren öffnen Gruppen in der Größenordnung von fünf bis 2000 Personen in über 124 Ländern den Raum und lösen komplexe Probleme.

OST Workshops sind am erfolgreichsten, wenn die Organisation

- ein hochrelevantes kniffliges Problem lösen muss, das die gesamte Gruppe betrifft,
- am besten „gestern" eine Antwort nötig war und
- Konfliktpotenzial besteht.

Dieses Workshop-Format eignet sich besonders, um die Einführung von agilen Ansätzen zu starten, aber ebenso, um strauchelnde agile Transformationen wiederzubeleben. OST basiert auf Einladungen, Respekt und freiwilliger Teilnahme, vor allem aber auf Selbstorganisation. Werden diese Prinzipien berücksichtigt, führt das zu hohem Engagement der Beteiligten, wenn sie zusammenkommen, um die Geschichte ihrer agilen Transformation selbst zu schreiben. Es ist ihre Geschichte.

Im Gegensatz zu zentralen Strukturen, Vorgaben oder Frameworks skaliert Selbstorganisation leicht und OST unterstützt die Selbstorganisation. Menschen zu etwas zu zwingen, funktioniert hingegen nicht besonders gut.

Bei OpenSpace Agility beginnen und enden die Phasen des Experimentierens mit Open Space Events. Diese ein- oder zweitägigen Veranstaltungen können aus 20, 50 oder noch mehr Diskussionsrunden (Sessions) bestehen.

Seien Sie bereit, sich überraschen zu lassen!

Ein kleiner Leitfaden zur Open Space Technology

Von Harrison Owen

Dieser Auszug aus „A Brief User's Guide" von Harrison Owen wird hier mit Erlaubnis des Autors übersetzt und abgedruckt. Dem interessierten Leser sei das vollständige Werk „Open Space Technology: Ein Leitfaden für die Praxis" von Harrison Owen empfohlen. Der Leitfaden ist als Print- und Kindle-Ausgabe erhältlich.

Die Voraussetzungen für den Open Space

Um mit OST erfolgreich zu sein, sind nur wenige Dinge im Vorfeld notwendig. Vorhanden sein müssen: ein eindeutiges und fesselndes Thema, eine interessierte und überzeugte Gruppe von Menschen, ein Ort und eine Zeit sowie jemand, der die Führung übernimmt. Detaillierte vorgefertigte Agenden, Pläne und Unterlagen sind nicht nur unnötig, sie sind in der Regel sogar hinderlich, wenn Sie einen Open Space Workshop durchführen möchten. Es hat sich gezeigt, dass Führungskräfte und Gruppen mit diesem kleinen Leitfaden sehr rasch mit dem Open Space loslegen können. Natürlich gäbe es vieles, das man über die Funktionsweise des Open Spaces lernen könnte, aber mit diesem Leitfaden können Sie schon einmal anfangen. Manche Informationen sind sowohl hier als auch im Buch „Open Space Technology: Ein Leitfaden für die Praxis" enthalten, um Ihnen ein möglichst umfassendes Bild zu vermitteln.

Das Thema

Die Formulierung eines kraftvollen Themas ist essenziell, denn das Thema ist der zentrale Mechanismus, um Diskussionen zu fokussieren und zur Teilnahme anzuregen. Das bedeutet, dass das Thema nicht aus einer trockenen, langwierigen Aufzählung von Zielen bestehen darf. Es muss das Potential haben, die Menschen zur Teilnahme zu inspirieren. Es muss spezifisch genug sein, um die Marschrichtung vorzugeben, aber gleichzeitig genügend Offenheit lassen, damit die Vorstellungskraft der Gruppe das Zepter übernehmen kann.

Hierfür gibt es leider keine Musterlösung, denn was die eine Gruppe inspirieren mag, kann eine andere unter Umständen abschrecken. Sie können sich das Thema als den ersten Absatz einer spannenden Geschichte vorstellen: Der Leser muss genug Details bekommen, um zu erahnen, worum es geht und was die möglichen Abenteuer sein könnten. Wird gleich am Anfang schon alles verraten, ist es unwahrscheinlich, dass der Leser weiterliest. Wer liest eine Geschichte, die er bereits kennt?

Die Gruppe

Die Gruppe muss Interesse am Thema haben und sich einbringen wollen – sonst ist der Open Space zum Scheitern verurteilt. Die Hauptzutaten für tiefgreifendes und kreatives Lernen sind wirkliche Freiheit und wirkliche Verantwortung. Freiheit schafft Raum für das Entdecken und Experimentieren, während die Verantwortung dafür sorgt, dass beides mit Stringenz verfolgt wird. Interesse und Commitment sind die Basis für einen verantwortungsbewussten Umgang mit Freiheit. Es gibt kein bekanntes Vorgehen, mit dem sich Interesse und Commitment durchsetzen oder anordnen lassen. Das sind schlicht Voraussetzungen.

Eine Möglichkeit, um sowohl Interesse als auch Commitment zu erzeugen, ist es, die Teilnahme an einem Open Space Workshop komplett freiwillig zu gestalten. Die Menschen sollten teilnehmen, weil sie sich dafür entschieden haben. Natürlich müssen sie im Vorfeld wissen, worum es geht, bevor sie zu einem Open Space Event gehen. Natürlich können sie nicht alle Details der Diskussionen kennen, die erst noch stattfinden müssen. Aber sie können und sollten auf den inhaltlichen Rahmen der Veranstaltung aufmerksam gemacht werden. Ein Open Space ist nicht für jeden geeignet und eine unfreiwillige, uninformierte Teilnahme ist nicht nur ein Widerspruch in sich, sondern kann sich auch sehr destruktiv auswirken.

Das wirft natürlich die Frage auf, wie Sie mit Menschen umgehen sollen, auf deren Teilnahme sie bauen, die aber aus welchen Gründen auch immer der Einladung nicht nachkommen wollen. Es gibt zwei Möglichkeiten, um damit umzugehen: Die erste Möglichkeit ist, zwei Workshops anzusetzen und darauf zu vertrauen, dass der erste davon so bereichernd sein wird, dass die Mund-zu-Mund-Propaganda die „Widerspenstigen" beim zweiten Mal anlocken wird. Die zweite Möglichkeit ist, die Wünsche der Betroffenen einfach zu respektieren. Schlussendlich bleibt es eine Tatsache, dass wirkliches Lernen nur auf der Basis von Interesse und Commitment stattfindet und es keine Möglichkeit gibt, eines der beiden zu erzwingen.

Die Größe der Gruppe ist nicht wirklich entscheidend. In der Praxis hat sich jedoch gezeigt, dass das untere Limit bei etwa 20 Teilnehmern liegt. Gibt es weniger als 20 Teilnehmer, fehlt oft die notwendige Diversität, die einen echten Austausch in Gang bringt. Am oberen Ende der Skala funktioniert Open Space auch mit Gruppengrößen von 400 Teilnehmern problemlos und es gibt keinen Grund davon auszugehen, dass dies bereits das obere Limit sein soll.

Räumlichkeiten

Der verwendete Raum ist entscheidend, er muss aber weder ausgefeilt noch edel sein. Wichtiger ist, dass er bequem ist. Sie brauchen einen Raum, der groß genug ist, um die ganze Gruppe aufnehmen zu können und mit ausreichend Platz, damit sich die Teilnehmer frei bewegen können. Tische sind nicht nur unnötig, sondern werden sogar im Weg stehen. Stühle, die frei bewegt werden können, sind hingegen essenziell.

Das Grundlayout ist ein Stuhlkreis und eine große, freie Wand irgendwo im Raum. Diese Wand sollte frei von Fenstern, Türen und Vorhängen sein und die Oberfläche sollte so beschaffen sein, dass Papier oder Poster mit Kreppband befestigt werden können. Sie sollte so lang sein, dass die gesamte Gruppe davor stehen kann, ohne mehr als drei bis vier Reihen bilden zu müssen. Und da wir hier über einen Open Space reden, bleibt die Mitte des Stuhlkreises leer.

Wenn der Raum wirklich sehr groß ist, sind zusätzliche Arbeitsräume nicht notwendig, aber sie sind immer nützlich. Am besten eignen sich Umgebungen, in denen es gemeinsame Flächen im Überfluss gibt. Wenn Sie also ein Konferenzhotel buchen, achten Sie darauf, dass es viele Gesprächsecken, Lobbys und freie Flächen gibt, wo sich die Teilnehmer ungestört treffen und arbeiten können, ohne dabei andere zu stören.

Zeit

Der benötigte Zeitrahmen hängt davon ab, wie spezifisch die Ergebnisse sein sollen, die Sie erwarten. Auch große Gruppen können innerhalb von acht Stunden ein hohes Maß an Interaktion erreichen, verbunden mit dem Gefühl, die Themen wirklich in der Tiefe erkundet zu haben. Wenn Sie jedoch noch tiefer gehen wollen, also belastbare Schlussfolgerungen und Empfehlungen erhalten wollen – zum Beispiel für eine Strategieplanung oder ein Produktkonzept – kann das auch einen Zeitrahmen von zwei oder drei Tagen erfordern.

Viel wichtiger als die Dauer ist jedoch, Unterbrechungen zu vermeiden. Ein Open Space wird nicht funktionieren, wenn er unterbrochen wird. Das bedeutet auch, dass Teilnehmer nicht einfach „vorbeischauen" sollten. Diejenigen, die teilnehmen wollen, sollten von Beginn an dabei sein und idealerweise auch bis zum Ende bleiben. Wenn der Open Space Prozess einmal gestartet wurde, kann er nicht von anderen Veranstaltungen oder Präsentationen unterbrochen werden. Diese können vor oder nach dem Open Space abgehalten werden, aber niemals mittendrin.

Die grundlegende Struktur

Auch wenn ein Open Space keine festgelegte Agenda hat, kommt er nicht ohne Struktur oder Rahmenbedingungen aus. Dieser Rahmen ist aber nicht dazu gedacht, den Teilnehmern vorzuschreiben, was sie wann tun sollen. Vielmehr soll er eine hilfreiche Umgebung schaffen, in der die Teilnehmer eigenständig an ihren Themen arbeiten können.

Die minimalen Punkte in diesem Rahmenwerk umfassen: Eröffnung, Gestalten der Agenda, Open Space und Fazit. Diese Elemente reichen aus, um eintägige Open Spaces durchzuführen. Bei mehrtägigen Events sind weitere Elemente notwendig: Bekanntmachungen am Morgen, Abendnachrichten und vermutlich auch eine Party.

Eine Standardgestaltung für einen Open Space, die alle diese Elemente verwendet, finden Sie weiter unten. Sollte der Open Space länger dauern als ursprünglich angenommen, können Sie einfach den „mittleren" Tag wiederholen. Dauert die Veranstaltung kürzer, reichen meist Eröffnung, Open Space und Fazit. Dafür sollten mindestens fünf Stunden zur Verfügung stehen, was in der Praxis aber schon sehr knapp bemessen ist.

Eröffnung (erster Tag)

Es hat sich gezeigt, dass eine informelle Eröffnung gut funktioniert, vor allem wenn es sich um eine bereits eingespielte Arbeitsgruppe handelt. Ein gemeinsames Essen vor dem Event und Zeit für gegenseitige Updates reichen hier in der Regel aus, um die Gruppe einzustimmen. Sollten sich die Teilnehmer noch nicht kennen, reicht es aus, wenn sich jeder kurz mit Namen und einer kurzen Geschichte aus seinem Leben vorstellt. Umfangreiche „Aufwärmübungen" haben sich in der Praxis nicht bewährt, vielmehr erzeugen sie nicht die erwünschte Stimmung. Schließlich wollen wir ja einen offenen Raum haben.

Gestaltung der Agenda (erster Tag)

Das ist der Zeitpunkt, an dem die Gruppe herausfindet und festlegt, was sie machen will. [...]

Open Space (alle Tage)

Ein offener Raum – die Worte sagen es bereits: Es geht nun um einen offenen Raum, in dem die Gruppe ihre Aufgaben bearbeiten kann. Und zu Beginn ist dort im wahrsten Sinne des Wortes: nichts.

Bekanntmachungen (mittlerer Tag und letzter Tag)

Ein kurzer Zeitraum jeden Morgen, an dem sich die Gruppe wieder darauf einstimmt, was sie wo, wann und wie tun wird. Das ist keine ausgeklügelte Sitzung, es geht nicht um große Ansprachen, sondern nur um die Fakten – um nichts anderes.

Abendnachrichten (erster Tag und mittlerer Tag)

Das ist die Zeit, um innezuhalten, nachzudenken und manchmal auch um Spaß zu haben. Die Abendnachrichten sind nicht mit einem formalen Reporting zu verwechseln. Der Ansatz lautet „Was ist die Geschichte?" – die Teilnehmer erzählen ihre Geschichten freiwillig.

Feier (letzter Tag)

Wenn Ihr Open Space Event so verläuft wie alle anderen – vor allem mehrtägige – Events, die wir bereits gesehen haben, ist es am letzten Tag an der Zeit, ein gemeinsames Fest zu feiern – auch als „Party" bekannt. Selbst für „ernste" Unterfangen wie die Planung der Unternehmensstrategie gilt: Wenn es vorbei ist, ist es vorbei. Und die Menschen werden Freude daran haben, diese Tatsache zu feiern. Wir empfehlen, dass die Feier dem Geist der restlichen Veranstaltung folgen sollte. Planen Sie also nicht zu viel vorab. Vielleicht ist es gut, Musikkonserven vorbereitet zu haben, falls die Menschen tanzen wollen. Ansonsten werden Sie alle benötigten Talente in der Gruppe finden. Lassen Sie die Gruppe diese Talente nutzen. Es werden spontane Sketche, launige Reden und lustige Lieder über das entstehen, was in den letzten Tagen passiert ist. Das wird den Abend bereichern und zur Lernerfahrung beitragen.

Abschluss (letzter Tag)

Wir versuchen, den Schluss einfach und ernsthaft zu gestalten. Einfach in dem Sinne, dass keine formalen Präsentationen oder Reden stattfinden. Ernsthaft, weil hier das weitere Vorgehen und Zusagen verkündet werden, außerdem werden die Beobachtungen zur Bedeutung der Veranstaltung geteilt. Das ideale Setup für den Schluss ist ein Kreis, ohne „vorne" und „hinten" – es gibt also keinen Vorsitz. Beginnen Sie irgendwo und gehen Sie dann im Kreis weiter. Erlauben Sie jedem, der etwas sagen will, auszudrücken, was für ihn bedeutsam war und welche Vorschläge er hat. Sie müssen dabei klar stellen dass niemand irgend etwas sagen muss. In sehr großen Gruppen ist es nicht möglich, alle Teilnehmer anzuhören. Bitten Sie in diesem Fall zwei oder drei Freiwillige darum, Ihre Meinung vor der Gruppe wiederzugeben.

Berichte

Die Session für den offiziellen Abschlussbericht ist scheinbar ein fester Bestandteil von Konferenzen geworden. Wir finden das eher langweilig und unproduktiv. Es ist nie genügend Zeit vorhanden, damit jede Gruppe alles aussprechen kann was sie will, und wenn doch genügend Zeit vorhanden ist, sind die meisten Teilnehmer uninteressiert. Wir empfehlen als Alternative schlicht ein Textverarbeitungsprogramm, eine spezielle Konferenz-Software, oder sogar beides zusammen.

In einer Konferenz haben die 200 Teilnehmer insgesamt 65 Task-Force-Berichte erstellt, insgesamt 200 Seiten, und diese waren am Ende der Konferenz für alle Teilnehmer verfügbar. Technisch gesehen benötigen Sie nur ein paar einfache Laptops und die Aufforderung an jeden der Gruppenorganisatoren, die Ergebnisse der Überlegungen in die entsprechende Software einzutragen. Entweder machen es die Gruppenorganisatoren selbst, oder ein kleines Sekretariatsteam übernimmt die Aufgabe, wenn die Gruppenorganisatoren selbst „Langsam-Tipper" sind.

Wir drucken dann einfach jeden Bericht aus, so wie er ist und veröffentlichen ihn an einer Wand. Dadurch haben wir ein Echtzeit-Berichtssystem über die laufenden Diskussionen. Der offensichtliche Vorteil dabei ist, dass die Teilnehmer während des Verlaufs schon sehen können, was geschieht und nicht erst am Ende der Veranstaltung, wenn es zu spät ist. Und natürlich ist es eine angenehme und positive Überraschung, wenn die Beschreibungen des Diskussionsverlaufs – im Englischen „Proceedings" genannt – schon am Ende der Konferenz zur Verfügung stehen, statt erst sechs Monate später.

Verpflegung

Sie haben sicher bemerkt, dass auf der Agenda keine Essens- oder Kaffeepausen vorkommen. Der Grund dafür ist einfach: Sobald die Arbeit in kleinen Gruppen beginnt, wird es nie einen Zeitraum geben, in dem nichts Wichtiges passiert. Gemäß dem dritten Prinzip wird alles dann entstehen, wenn die richtige Zeit dafür ist. Dies schafft eine kleine, aber lösbare Herausforderung für die Verpflegungspausen. Unser Ansatz ist, Kaffee und Softdrinks im Hauptraum zur Verfügung zu stellen, damit die Teilnehmer sich bedienen können, wenn es für sie passend ist. Das ist deutlich besser, als alle Gruppen gleichzuschalten und wichtige Diskussionen zu unterbrechen, nur weil gerade eine Kaffeepause angesetzt ist. Mit Mahlzeiten verfahren wir ebenso: Wir verwenden Buffets, die über mehrere Stunden zur Verfügung stehen. Somit kann jeder essen, wann er möchte.

Zwei Ausnahmen gibt es jedoch bei diesem Konzept: ein Abendessen zur Eröffnung am Vorabend, falls gewünscht, und ein gemeinsames Abendessen am letzten Abend.

Zusammenfassend lässt sich sagen: Der Zeitplan und der Takt der Veranstaltung muss sich nach den Bedürfnissen der Teilnehmer und des Lernprozesses richten und nicht nach den Anforderungen der Küche bzw. des Caterings.

Prinzipien und Gesetze

Die vier Prinzipien

1. Wer auch immer kommt, es sind die richtigen Leute.
2. Was auch immer geschieht, es ist das Einzige, was geschehen konnte.
3. Es beginnt, wenn die Zeit reif ist.
4. Vorbei ist vorbei – nicht vorbei ist nicht vorbei.

(und ein zusätzliches)

Wo auch immer es geschieht, es ist der richtige Ort.

Ein Gesetz

Der Teilnehmer bleibt nur so lange in einer Gruppe, wie er es für sinnvoll erachtet, also solange er etwas lernen und/oder beitragen kann. Benutze deine beiden Füße, um an einen produktiveren Platz zu gehen.

Machen Sie sich darauf gefasst, überrascht zu werden!

Open Space Rollen

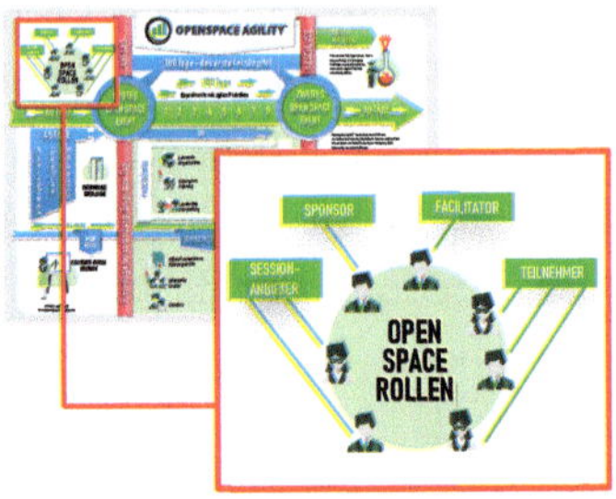

Open Space Technology (OST) bietet eine leichtgewichtige Vorlage, um großartige Zusammenkünfte und Besprechungen einzuberufen und durchzuführen.

OST hat lediglich vier Rollen. Diese Rollen legen Grenzen fest und unterstützen dabei, den Raum für Selbstorganisation zu öffnen. Es gibt keine Zwänge oder Verpflichtungen im Open Space.

Der **Sponsor** bewilligt die Veranstaltung und verdeutlicht, dass die Organisation die Veranstaltung sowie ihre Ergebnisse wertschätzt. Er übergibt die Befugnisse für die Veranstaltung an den Facilitator, der diese leitet. Dann geht der Sponsor „aus dem Weg“, damit sich der offene Raum entfalten kann.

Der **Facilitator** hat vom Sponsor die Befugnis, die Veranstaltung vom Anfang bis zum Ende durchzuführen. Der Facilitator behält die Befugnis und die Verantwortung, den Raum für Selbstorganisation offen zu halten. Den Rest der übertragenen Befugnis und Verantwortung für den Erfolg der Veranstaltung überträgt er an die Teilnehmer.

Die **Teilnehmer** organisieren sich selbst. Sie entscheiden, zu welchen Sessions sie gehen, nehmen an Diskussionen teil und teilen die Ergebnisse und Erkenntnisse mit der gesamten Organisation.

Anbieter einer Session sind Teilnehmer, die Themen für die Gruppendiskussionen vorschlagen. In jeder Diskussion ist der Anbieter dafür verantwortlich, die Diskussion für alle Teilnehmer offen zu halten und die Proceedings zusammenzustellen.

Befugnisse und Selbstorganisation bei Open Space

In jeder sozialen Situation gibt es die Dimension der „Befugnis“. Da Open Space eine sehr explizite soziale Situation ist, hat auch der Open Space diese Dimension der Befugnis. Die Dynamik und die Verteilung von Befugnis ist bei Open Space sehr einfach. Es gibt drei grundlegende Rollen: den Sponsor, den Facilitator und die Teilnehmer.

- Der Sponsor, also der Gastgeber, begrüßt die Teilnehmer und autorisiert die Veranstaltung.
- Dann übergibt er die Befugnis, die Veranstaltung durchzuführen, an den Facilitator.
- Dieser hingegen gibt die Befugnisse direkt an die Teilnehmer weiter, an jeden einzelnen davon. Die Teilnehmer haben eine wesentliche Rolle bei der Koordination der Veranstaltung.

Der Facilitator behält ein kleines Stück der vom Sponsor erhaltenen Befugnis für sich. Dieser Teil der Befugnis bezieht sich darauf, den Raum zu halten. Damit ist gemeint, den Raum offen zu halten oder die Offenheit aufrecht zu erhalten.

Das Halten des Raumes kann auf unterschiedliche Arten erreicht werden und unterscheidet sich von Facilitator zu Facilitator und von Situation zu Situation. Was wir ganz sicher wissen ist, dass bei einem Open Space Event die Teilnehmer – zumindest in der Theorie – die Freiheit haben, das Event auf ihre eigene Art und Weise zu genießen. Sie können sich nach ihren eigenen Vorstellungen in die Veranstaltung einbringen, ohne dass sich andere einmischen und ihnen vorschreiben, was sie zu tun haben.

Open Space Events fördern ein hohes Maß an Selbstorganisation, indem sie eine reichhaltige und fruchtbare Umgebung schaffen, in der Selbstorganisation einfach entstehen kann.

Sponsor

Ein effektiver Sponsor muss

- eine Führungskraft aus der Linie sein, die genug Macht hat, um eine ein- oder mehrtägige Veranstaltung einberufen zu können.
- bereit sein, die Sponsor-Rolle vollständig einzunehmen, mit allen Pflichten und Aufgaben die damit in Zusammenhang stehen.
- leidenschaftlich dazu bereit sein, zusammen mit anderen direkt nach dem Event gemäß den Proceedings zu handeln.

Der Sponsor trägt vor, während und nach dem Open Space Event eine hohe Verantwortung.

Vor dem Event

- Der Sponsor lädt andere dazu ein, mit ihm das Thema für das Open Space Event festzulegen. Auf diese Weise findet er auch heraus, wer genug Leidenschaft besitzt und sich verantwortlich dafür fühlt, bei der Konzeption und der Planung des Open Space Events zu unterstützen.
- Er versendet die Einladung an alle Mitarbeiter, die von der agilen Transformation betroffen sein werden. Indem er die Einladungen persönlich verschickt, unterstreicht der Sponsor die Bedeutung des Events. Würde er diese Aufgabe delegieren, würde das signalisieren, dass er „Wichtigeres" zu tun hat.
- Der Sponsor engagiert sich aus Führungssicht im Storytelling zum Open Space Event – er spricht über den Zweck und die Maßnahmen, die auf Basis der Ergebnisse ergriffen werden.

Während des Events

- Der Sponsor begrüßt alle Teilnehmer und dankt ihnen, dass sie der Einladung gefolgt sind und sich somit aktiv in die agile Transformation einbringen.
- Er stellt noch einmal die Chancen und Herausforderungen dar, denen die Organisation im Moment gegenübersteht.
- Er macht klar, dass die Arbeit und die Ergebnisse dieses Events sehr bedeutend sind. Worte, Mimik, Körperhaltung, Stimmlage und Authentizität sind wichtige Signale. Die Teilnehmer werden während des gesamten Events auf diese Dinge achten. Diese Signale drücken aus, wie sich der Sponsor mit dem Event und der agilen Transformation in Wirklichkeit fühlt.
- Der Sponsor stellt den Facilitator vor, übergibt ihm die Durchführung des Open Space Events und macht dann den Weg für den offenen Raum frei.
- Während des Open Spaces macht er als Teilnehmer auf Augenhöhe mit, ohne in irgendeiner Art zu bestimmen oder Druck auszuüben.

Nach dem Event

- Der Sponsor verteilt so schnell wie möglich die Proceedings an alle, üblicherweise in einer E-Mail mit einem Link zum Dokument. Indem er die Proceedings zeitnah verteilt, zeigt er, dass er die Ergebnisse des Open Spaces wertschätzt und die agile Transformation begrüßt.
- Er trommelt sein Entscheidungsgremium zusammen, um mit ihm die Ergebnisse des Open Spaces zu bewerten und gemäß den Vorschlägen sofort zu handeln.
- Auch nach dem Event unterstützt der Sponsor die Organisation in der agilen Transformation durch Storytelling.

Es ist unabdingbar, dass der Sponsor und andere Führungskräfte unentwegt ihre intensive Unterstützung für die agile Transformation signalisieren. Der beste Weg, um diese Unterstützung zu beweisen, ist ohne Zeitverzögerung gemäß der Empfehlungen in den Proceedings zu handeln.

Facilitator

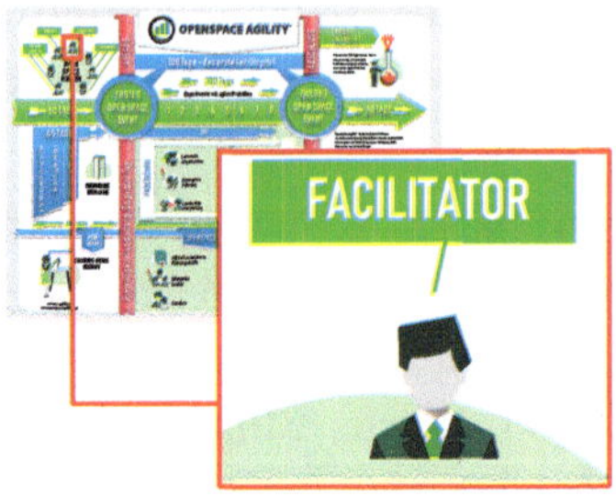

Gemäß Harrison Owen sind die Kernelemente für tiefgreifendes kreatives Lernen wirkliche Freiheit und wirkliche Verantwortung. Open Space bietet eine sichere und offene Plattform, auf der die Teilnehmer die Themen, die sie am meisten bewegen, identifizieren, diskutieren und lösen können. Sie tragen die Verantwortung für den Erfolg der Veranstaltung. Die Aufgabe des Facilitators ist es, den Teilnehmern zu dienen, indem er den Raum offen hält.

Dazu wird er vom Sponsor formell ermächtigt, die Veranstaltung durchzuführen. Daher ist es ideal, wenn der Facilitator keine weitere Verantwortung in der Organisation trägt. Während der Veranstaltung gibt der Facilitator die ihm vom Sponsor übergebene Befugnis wiederum an die anwesenden Teilnehmer weiter. Er ermächtigt sie, Aspekte, die dem Thema der Veranstaltung dienen, zu finden, zu diskutieren und zu lösen.

Der Facilitator bereitet den Raum vor, sodass die Teilnehmer die Umgebung und Unterstützung vorfinden, die sie für das kreative Lernen benötigen:

- Im Raum befindet sich ein Stuhlkreis, in dessen Mitte nichts ist außer ein paar leere Blätter Papier und ein paar Stifte.
- Es gibt eine große leere Wand, an der die Beschreibungen der Sessions angebracht werden können. Hier wird die Agenda entstehen.
- Poster im Raum weisen auf das Thema des Open Spaces hin, auf die vier Prinzipen, auf das eine Gesetz und darauf, dass alle für Überraschungen bereit sein sollten.

Nachdem der Facilitator die Befugnis vom Sponsor übernommen hat, erklärt er kurz das Konzept von Open Space und hält dann den Freiraum geöffnet. Der Facilitator erklärt den Ablauf eines Open Space:

- Jeder Teilnehmer kann zum Anbieter einer Session werden, indem er eine Session zu einem für ihn wichtigen Thema vorschlägt und in der Agenda einplant. Anbieter einer Session sind angehalten, die Diskussionen und Empfehlungen zu dokumentieren und diese mit der ganzen Organisation zu teilen.
- Die Teilnehmer hingegen werden eingeladen, die Sessions ihrer Wahl zu besuchen.
- Dann erklärt der Facilitator die vier Prinzipien und das eine Gesetz.
- Abschließend sagt er etwas wie: „Wir sehen uns alle hier zur Abschlussrunde wieder."

Dann geht der Facilitator aus dem Weg, in dem Wissen und Vertrauen, dass sich die Teilnehmer ab jetzt selbst organisieren werden.

Während des restlichen Events macht der Facilitator was immer er als nötig erachtet, um die Atmosphäre des Open Spaces aufrecht zu erhalten. Das kann bedeuten, dass er umhergeht und beobachtet, was gerade geschieht. Es kann auch heißen, dass er den Müll wegräumt oder andere Dinge entfernt, die der Stimmung schaden könnten.

Am Ende des Open Spaces schafft der Facilitator die Bedingungen und den Rahmen für den Schlusskreis und lädt alle Teilnehmer dazu ein, mit den anderen zu teilen, was sie gelernt haben und welche Maßnahmen sie setzen werden.

Teilnehmer

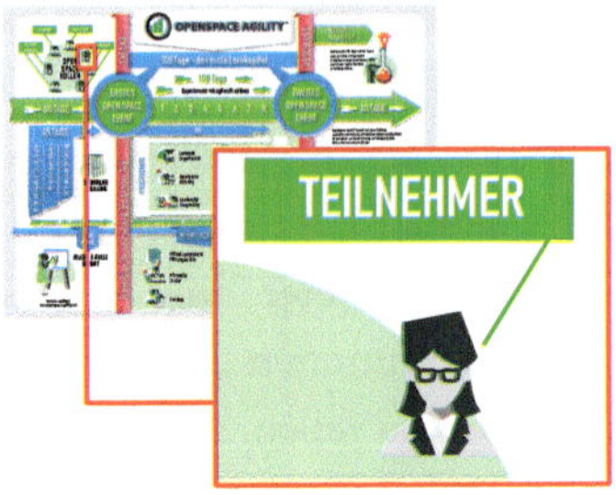

Die Teilnehmer entscheiden, ob sie überhaupt zum Open Space Event gehen, und wenn ja, welche Sessions sie besuchen oder welche Gespräche sie führen wollen. Der Facilitator überlässt jedem Teilnehmer die volle Freiheit zu entscheiden, in welcher Form er teilnehmen möchte. Im Gegenzug akzeptieren die Teilnehmer, dass sie für den Erfolg der Veranstaltung verantwortlich sind. Die Teilnehmer organisieren sich selbst, um jene Aspekte des Open-Space-Themas zu beleuchten, für die sie am meisten brennen und um die Ergebnisse dieser Gespräche mit der ganzen Organisation zu teilen.

Die Teilnahme an Open Space Events ist vollkommen freiwillig. Die Personen, die dabei sind, sind dort, weil sie sich so entschieden haben – unabhängig davon, ob sie die agile Transformation unterstützen oder ablehnen. Open Space gibt den Teilnehmern die Freiheit, jene Dinge anzusprechen, zu diskutieren und zu lösen, die ihnen am wichtigsten sind.

Jeder Teilnehmer kann frei wählen, an welchen Sessions und Gesprächen er teilnehmen will.

Die Teilnehmer können auch zu Session-Anbietern werden und Workshop-Themen vorschlagen.

Session–Anbieter

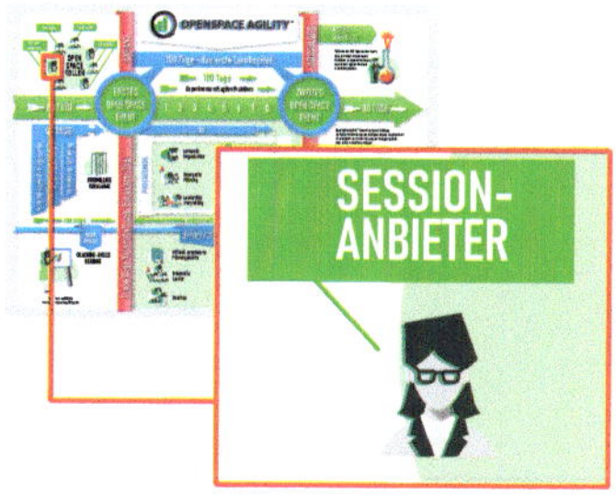

Session-Anbieter sind Teilnehmer, die Workshops oder informelle Diskussionen für Kleingruppen initiieren. Sie werden im Rahmen des Open Spaces zu (informellen) Leadern. Jeder Teilnehmer kann ein Session-Anbieter werden, indem er

- ein Thema vorschlägt und es in den Session-Marktplatz einbringt;
- mit den anderen Anbietern vereinbart, wann und wo seine Session stattfinden wird;
- die Diskussion eröffnet, die Teilnehmer begrüßt und sie zum Mitmachen einlädt;
- sicherstellt, dass die Ergebnisse der Diskussion dokumentiert werden, damit sie Teil der Proceedings werden können.

Einen Workshop bzw. eine Diskussion einzuberufen bedeutet, dass der Anbieter das Thema erklärt und die Session frei und offen hält. Es bedeutet nicht, ein Auditorium zusammenzusuchen, das dem Anbieter zuhören möchte. Ein Session-Anbieter sollte folgende Leitlinien im Hinterkopf haben:

- Es ist in Ordnung, ein Thema in mehr als einer Session aufzugreifen.
- Wenn keine Teilnehmer zu Ihrer Session kommen, können Sie überlegen, ob Sie zu einer anderen Session gehen oder die Zeit nutzen, um noch einmal alleine über das Thema nachzudenken. Ihre Lösungsvorschläge könnten die neuen Top-Prioritäten in der Organisation werden.
- Es ist in Ordnung, wenn Teilnehmer während Ihrer Session kommen oder gehen – sie halten sich lediglich an das Gesetz der zwei Füße.

OpenSpace Agility

OpenSpace Agility (OSA) ist eine zuverlässige Methodik für schnelle und nachhaltige agile Transformationen. Sie setzt auf dem auf, was Sie und Ihre Organisation derzeit tun und kann somit zu jedem Zeitpunkt eingesetzt werden.

OSA vereint die Kraft von Einladungen, Open Space, Spielemechanik, Übergangsriten, Storytelling und mehr, um agile Ansätze in Ihrer Organisation zu verankern. OSA setzt in erster Linie auf die beteiligten Menschen und in zweiter Linie auf bestimmte Praktiken. Sie können also beliebige agile Praktiken oder Frameworks zusammen mit OSA einsetzen. Denn schnelle, effektive und nachhaltige Transformationen beruhen auf Menschen, nicht auf Frameworks, Beratern oder Coaches.

Sie können OSA einsetzen, um einer laufenden Transformation neues Leben einzuhauchen oder um es gleich beim ersten Anlauf richtig zu machen.

- Steckt Ihre Transformation fest? OSA kann Ihnen helfen.
- Sie beginnen gerade Ihre Reise in die Agilität? OSA ist Ihr Startpunkt.
- OSA ist nicht kompliziert.
- Es beginnt mit einem Open Space und schließt das erste Lernkapiteln mit einem zweiten Open Space.
- Es beteiligt die Menschen.

Beginnen und beenden Sie Lernkapitel mit einem mindestens eintägigen Open Space für alle Mitarbeiter. Führen Sie Agilität zwischen diesen beiden Zeitpunkten auf agile Art und Weise ein. Experimentieren Sie mit Praktiken und Konzepten, die im Einklang mit dem Agilen Manifest stehen.

Dadurch ist der OSA-Ansatz iterativ inkrementell, wie die agilen Ansätze selbst. OSA hat einen klaren Startpunkt, einen definierten Mittelteil und ein klares Ende für jeden Schritt in der Transformation.

Vorbereitung

- Überprüfen Sie, ob die Organisation bereit und willens ist, mit Agilität und Open Space zu experimentieren.
- Bereiten Sie den Sponsor auf das vor, was er tun und sagen soll.
- Stellen Sie vor allem sicher, dass der Sponsor dazu bereit ist, auf Basis der Open Space Proceedings sofort Maßnahmen zu ergreifen und diese Bereitschaft auch allen verkündet.
- Vergewissern Sie sich auch, dass der Sponsor und andere Führungskräfte dazu bereit sind, mit Storytelling die Bemühungen rund um die agile Transformation zu unterstützen.

Start mit Open Space

- Führungskräfte planen OpenSpace Agility. Sie legen das Thema fest, definieren eine Experimentierphase von 60 bis 100 Tagen und erlauben der Organisation, mit verschiedenen agilen Ansätzen und Praktiken zu experimentieren. Sie laden alle in der Organisation zum Mitmachen ein. Das Ziel ist, jedem die Möglichkeit zu geben sich einzubringen.
- Die erste Veranstaltung ist ein umfassendes Open Space Event, wobei die Teilnahme zu 100 Prozent freiwillig ist. Jede Person auf allen Hierarchieebenen der betroffenen Business Units ist eingeladen, bei diesem Open Space Event mitzumachen. Dadurch erreichen Sie eine gute Durchmischung von Personen und Ideen.
- Im Schlusskreis, am Ende des ersten Open Space Events (OST-1) wird jedem klar, dass das zweite Event (OST-2) in 100 Tagen stattfinden wird. Ebenso wird allen klar, dass die Organisation die Ergebnisse des Open Spaces prüft und Veränderungen vornehmen wird.

Experimentieren und Lernen

- Laden Sie die Teams dazu ein, ihre Zweifel ruhen zu lassen und sich so zu verhalten, als ob agile Prinzipien und Praktiken funktionieren könnten.
- Die Teams werden verstehen, wozu sie nun bemächtigt sind. Sie verpflichten sich, mit agilen Ansätzen zu experimentieren.
- Unterstützen Sie das Experimentieren!
- Die Führungskräfte engagieren sich durch wohlüberlegtes Storytelling, das die Phase des Experimentierens unterstützt.
- Die Teams können mit beliebigen agilen Ansätzen oder Praktiken experimentieren, solange diese kompatibel mit dem Agilen Manifest sind, also mit dessen vier Werten und zwölf Prinzipien. Das ist die einzige harte Einschränkung, andere Einschränkungen gibt es bei OSA nicht. Falls also eine Praktik gegen das Agile Manifest verstößt, ist sie aus dem Rennen.
- Außer dieser einen Einschränkung und der Limitierung der Phase auf 100 Tage gibt es keine Vorschriften zu den Praktiken. Die Teams finden Praktiken, die für sie Sinn machen und innerhalb der Leitplanken des agilen Manifests liegen.
- Der Fokus liegt darauf zu lernen, was agile Praktiken sind und wie sie im Sinne der aktuellen Situation, Position und Mission der Organisation eingesetzt werden können. Diese Art des Lernens wird durch die Führungskräfte unterstützt.
- Idealerweise organisieren sich auch die Führungskräfte in Teams und experimentieren mit agilen Praktiken, zum Beispiel mit kurzen täglichen Meetings, iterativem Vorgehen und Retrospektiven. Das sendet wichtige Signale aus und erzählt eine konsistente Geschichte über die Führung.

Schließen mit Open Space

- Nach 100 Tagen des Experimentierens und des Lernens findet erneut ein Open Space statt (OST-2). Diese umfassende, absolut freiwillige Veranstaltung ist ein Übergangsritus – ein Blick zurück und ein Blick in die Zukunft. Ein Kapitel geht zu Ende und ein neues beginnt.
- Genauer gesagt: Das zurückliegende Kapitel wird abgeschlossen und ein neues Kapitel des Experimentierens beginnt. Bei diesem OST-2 haben die Teams ein gemeinsames Verständnis darüber, was gut funktioniert und wie sie weiterhin arbeiten möchten. Ihnen ist jedoch auch klar, was sich ändern muss.
- Das ist der Startschuss für eine neue Dimension der Selbstorganisation. Die ganze Organisation verlässt die Mittelmäßigkeit und bewegt sich in Richtung Exzellenz durch kontinuierliche Verbesserung.
- Das Ergebnis ist ein großer Fortschritt für die anwesende Gruppe.
- Jedes Open Space Event schließt ein Lernkapitel und öffnet ein neues. Dieser Zyklus wiederholt sich regelmäßig, während die Organisation sich weiter inspiziert und adaptiert („inspect and adapt").

Nach der ersten Iteration der OpenSpace Agility wird das Denken der Organisation unabhängiger sein und sie wird mehr Verantwortung für das eigene Lernen übernehmen.

Die nächste Iteration planen

Der letzte Teil von OSA ist das halbjährliche Open Space Event, das idealerweise im Januar und im Juli stattfindet. Diese Events sind essenziell für die Transformation – die ganze Organisation sollte daran teilnehmen. Übrigens: Für neue Kolleginnen und Kollegen sind diese Veranstaltungen eine gute Möglichkeit, um in die Kultur der Organisation eingeweiht zu werden.

Zusammenfassung

- OpenSpace Agility ist wirklich einfach, es skaliert und ist nicht kompliziert. Jeder Zyklus beginnt und endet mit einem Open Space Event. Dazwischen bildet Lernen die Basis für die nächste Stufe der Verbesserung.
- OSA treibt Selbstmanagement und Selbstorganisation voran.
- Dieser Fortschritt wird durch die Organisation selbst erreicht, durch die Belegschaft, die Sie bereits haben. Ihre Mitarbeiter werden engagiert sein und alles tun, was nötig ist.
- Dadurch reduziert sich die Abhängigkeit der Organisation von hochbezahlten externen Beratern (die ja von der Zukunft Ihrer Organisation kaum oder nicht betroffen sind).

OSA funktioniert aus einem einfachen Grund: Es erzeugt ein hohes Maß an Engagement quer durch die ganze Organisation. Dieses Engagement ist wesentlich für den Erfolg der Transformation. Kein anderer Ansatz erzeugt mehr Engagement als OSA.

OSA wurde entwickelt, um eine schnelle, effektive und nachhaltige agile Transformation zu erzeugen. Ermutigen Sie die ganze Organisation, einen Zustand eigenständiger, selbsterhaltender Agilität zu erreichen. Sparen Sie Geld, indem Sie die Anzahl von Beratern und Beratertagen reduzieren, die für einen greifbaren Erfolg und kontinuierliche Verbesserung nötig sind.

OpenSpace Agility funktioniert mit genau dem, was Sie derzeit tun und Sie können es jederzeit anwenden.

OpenSpace Agility Rollen

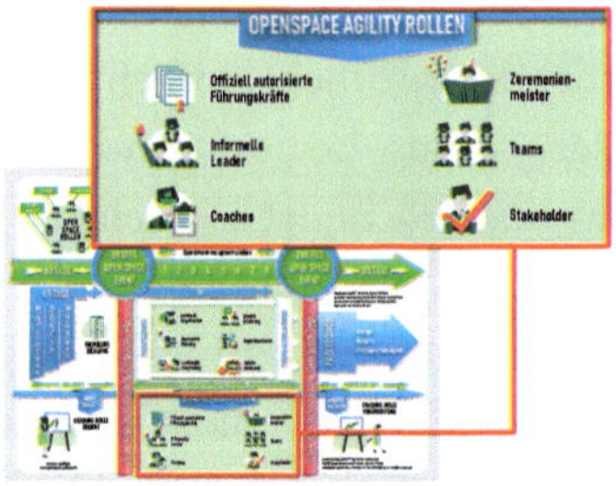

OSA kennt sechs Rollen. Diese Rollen definieren Grenzen, liefern Anleitungen zur Frage „Wer darf was?“ und öffnen den Raum, damit sich Selbstorganisation entwickeln kann. Es gibt keinen Zwang.

Der **Zeremonienmeister** bietet Hilfe und Anleitung in der Frage „Wo stehen wir gerade?“. Diese Rolle besitzt keine Macht in der Organisation.

Coaches stehen als Ansprechpartner und Experten zur Verfügung. Ihnen ist es nicht gestattet, ihre Unterstützung aufzudrängen.

Stakeholder sind von der Einführung agiler Prinzipien und Praktiken betroffen. Sie profitieren außerdem von den Produkten, die entwickelt werden.

Führungskräfte erhalten ihre Macht explizit von der Organisation. Sie können diese an die ihnen direkt oder indirekt unterstellten Mitarbeiter weitergeben.

Informelle Leader erhalten ihre Macht informell durch die Gruppe. Diese Leader treten in Erscheinung, wenn sie von der Gruppe eingeladen werden, für etwas Verantwortung zu übernehmen, das ihnen wichtig ist und sie diese Verantwortung auch annehmen.

Teams umfassen die Entwickler, Product Owner und alle anderen, die mit agilen Ansätzen experimentieren.

Zeremonienmeister

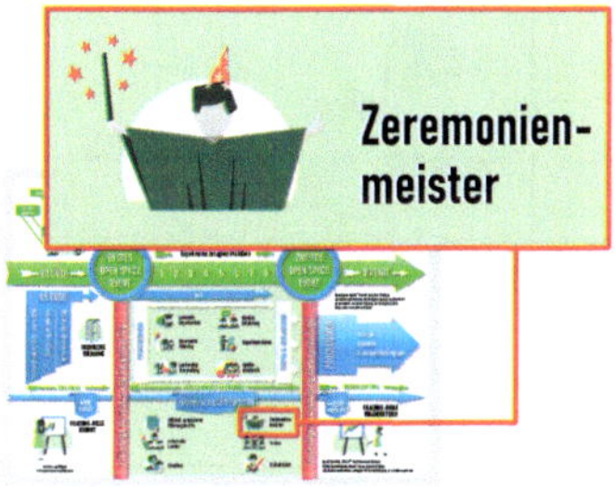

Der Zeremonienmeister wacht über den Übergangsritus und bietet Unterstützung bei der Frage „Wo stehen wir gerade?". Übergangsriten sind kulturelle Zeremonien, die Menschen von einem stabilen Zustand in den anderen bringen. Zwischen diesen stabilen Zuständen existieren nur Übergang und Veränderung. OSA bedient sich also der Erkenntnisse der Sozialwissenschaften im Allgemeinen und der Kulturanthropolgie im Speziellen. Daher nutzt OSA auch Übergangsriten: Die Organisation beginnt die Erfahrung auf eine Weise, erlebt eine Veränderung des Zustands und geht aus der Erfahrung als etwas Neues und Anderes hervor.

Übergangsriten wecken das Gefühl der „Communitas", den Geist der Gemeinschaft. Jeder akzeptiert die Spielregeln und dann geht die gesamte Gruppe gemeinsam durch die Erfahrung. Die geteilte Erfahrung erzeugt Gefühle von Zugehörigkeit, Mitgliedschaft und Communitas.

Solche Übergänge lösen in den Teilnehmern oft sehr viel aus. Die Menschen sind nicht mehr „hier", aber auch noch nicht „dort" und fühlen sich in diesem unklaren Zustand des Übergangs oft verloren.

Der Zeremonienmeister bietet bei diesen schwierigen Übergängen Rückhalt und Orientierung. Er sollte so auftreten, dass er als weiser Anleitender und Ermutiger wahrgenommen wird und nicht als jemand, der die Verantwortung hat oder ein Vollstrecker ist.

Coaches

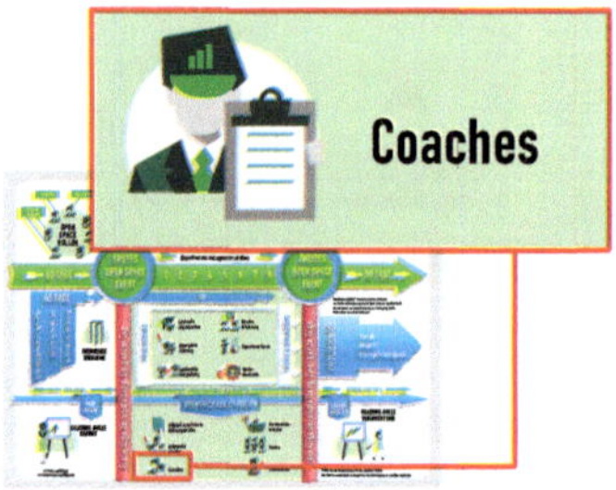

OpenSpace Agility Coaches zeigen, wie gute Facilitation funktioniert und laden andere dazu ein, sich diese Fähigkeiten anzueignen.

Jeder OSA Coach ist bestimmten Teams zugeordnet, üblicherweise nicht mehr als drei Teams gleichzeitig. Während der 100 Tage des Experimentierens mit agilen Praktiken bieten die Coaches Unterstützung und Anleitung und führen vielleicht auch verschiedene Vorher-Nachher-Analysen durch. Diese Vergleiche können zur Diagnose oder als Metriken verwendet werden.

Verschiedene Materialien, die unter www.openspaceagility.com/resources zu finden sind, können dem Coach dabei helfen festzustellen, wo die Teams (und die Organisation) derzeit stehen und wo sie sich in einem überschaubaren Zeitraum hinbewegen können.

Bei der Rolle des Coaches geht es darum, anderen zu helfen, die agilen Prinzipien zu verstehen und bei der Durchführung von Experimenten mit einzelnen Praktiken zu unterstützen.

Besonders wenn Agilität für eine Organisation etwas völlig Neues ist, ist es wichtig, kraftvoll loszulegen. Für die Coaches bedeutet das, dass sie so gut wie jeden Tag vor Ort sein müssen. Sobald wie möglich sollten sie aber auch zumindest für einige Zeit abwesend sein, um die Verantwortung in der Organisation zu belassen. Ein guter Ansatz ist es zum Beispiel, Mitarbeiter nach dem erfolgreichen Training für die Rolle als Scrum Master oder Facilitator ein oder zwei Tage das „echte" Leben ohne den Coach erleben zu lassen. Das bereitet das Team auf die Zeit nach den 100 Tagen vor, wenn die Coaches die Organisation verlassen.

Apropos Manager

Die Coaches arbeiten eng mit den Teams zusammen, sie müssen aber auch die Führungskräfte in der neuen Art des Denkens und des Verhaltens coachen.

Jeder OSA Coach muss sorgsam darauf achten, wie tragfähig die Unterstützung innerhalb des Management-Teams ist. Starke Unterstützung durch den CEO oder einen anderen Top-Executive bedeutet nicht, dass auch alle anderen im Management-Team der Veränderung zustimmen. Manager im Widerstand können und werden daran arbeiten, den Fortschritt zu verlangsamen. Agilität verändert die Spielregeln für alle in der Organisation – und nicht alle Mitspieler fühlen sich mit dieser Veränderung wohl.

Das Management-Team, sowohl die Unterstützer als auch die Gegner der Agilität, können von diesem Coaching profitieren, indem sie zeigen:

- „Wir Führungskräfte setzen uns mit den agilen Prinzipien auseinander und probieren agile Praktiken aus."
- „Wir brauchen eure Kompetenz, eure Leidenschaft, eure Fähigkeiten und eure Energie, um die Transformation erfolgreich zu meistern."
- „Wir ermutigen euch, auf jeder Ebene Vorschläge zu machen – es wird keine negative Konsequenzen haben. Wir werden die wichtigsten Bedenken aus den Open Space Proceedings aufgreifen und handeln."
- „Wir tragen auf höchster Ebene die Verantwortung für die Ausrichtung der Organisation, für Entscheidungen und Ergebnisse. Ihr könnt selbstständig bestimmte Dinge umsetzen. Für andere Dinge benötigt Ihr unsere Genehmigung, denn manche Vorschläge können wir zu diesem Zeitpunkt noch nicht umsetzen."
- „Wir sind dazu bereit, überrascht zu werden. Verblüfft uns!"

OSA Coaches drängen Teams, Führungskräften und Managern ihre Hilfe nicht auf. Sie arbeiten eng mit jenen zusammen, die ihre Bereitschaft signalisieren, die agilen Prinzipien und Praktiken zu erlernen.

Stakeholder

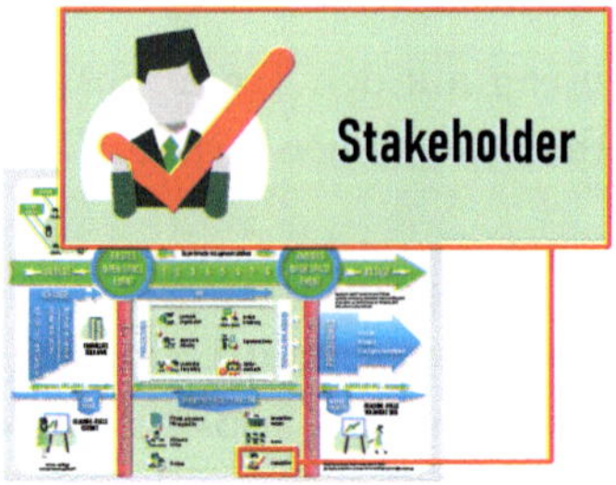

Zu den Stakeholdern zählt jeder in der Organisation, der von der Einführung agiler Prinzipien und Praktiken betroffen ist. Die echten agilen Prinzipien und die unterstützenden Praktiken werden die Kultur in der Organisation schlussendlich in jeder denkbaren Dimension beeinflussen. Daher ist jeder in der Organisation ein Stakeholder und es ist erfolgskritisch, jeden zum Anfangs- und Schlussevent des Open Spaces einzuladen. OpenSpace Agility stellt sicher, dass alle betroffenen Parteien teilnehmen können. Die Organisation kann keine agile oder irgendeine andere Transformation erzwingen, sie kann lediglich fruchtbare Rahmenbedingungen für Engagement und Wachstum bieten.

Eine Einladung zu den Open Space Events ist die beste Möglichkeit, um Stakeholder einzubinden. Was sie danach tun, bleibt ihnen überlassen. Stakeholder können wertvolles Feedback geben. Werden sie nicht eingebunden, verzichtet die Organisation auf wichtige Verbesserungsmöglichkeiten. Die Rückmeldungen und das Engagement der Stakeholder sind also unentbehrlich und eine ehrliche und authentische Einladung ist der beste Weg, um diese Unterstützung zu bekommen.

Offiziell autorisierte Führungskräfte

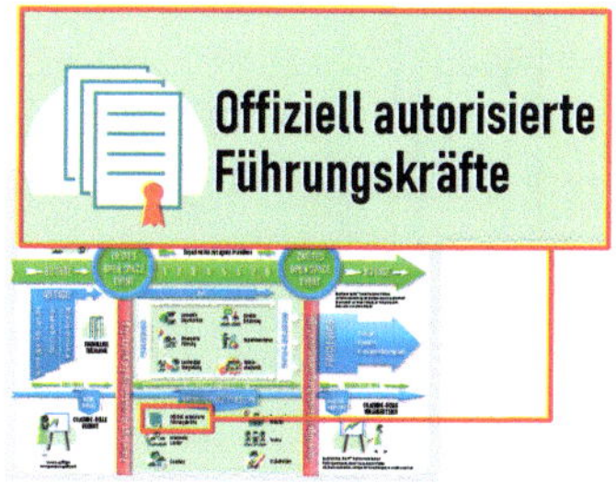

Organigramme, Titel und Arbeitsplatzbeschreibungen legen formal die Rollen, Machtbefugnisse und Verantwortungen für jeden Menschen in der Organisation fest. Formal autorisierte Führungskräfte haben die Erlaubnis, Entscheidungen über Menschen, Geld und Regeln zu treffen.

OpenSpace Agility hängt von einer Führungskraft als Sponsor ab, die über genügend Macht verfügt. Diese Führungskraft muss sicherstellen können, dass das erste und zweite Open Space Event sowie alle Experimente absolut freiwillig sind und dass es keine formalen Konsequenzen hat, wenn jemand nicht mitmachen möchte. Der Sponsor muss deutlich herausstellen, dass OSA auf Einladungen und auf freiwilliger Teilnahme basiert.

Hochrangige Führungskräfte werden vom Sponsor beauftragt, gemäß der wichtigsten Ideen in den Proceedings der OST-1 und OST-2 zu handeln. Indem der Sponsor und die Führungskräfte es unterstützen und fördern, sich in den Open Space Events einzubringen, werden informelle Leader sichtbar. Diese beschleunigen die agile Initiative und die Experimente in Richtung Hochleistung.

Das Verhalten der Führungskräfte – vor allem der formal autorisierten – wird von den Menschen in einer Organisation immer beobachtet. Wenn ihr Verhalten dem Streben der Organisation nach Agilität und Hochleistung entspricht, helfen diese Führungskräfte mit, die Erfolgsgeschichte der Organisation zu schreiben.

Informelle Leader

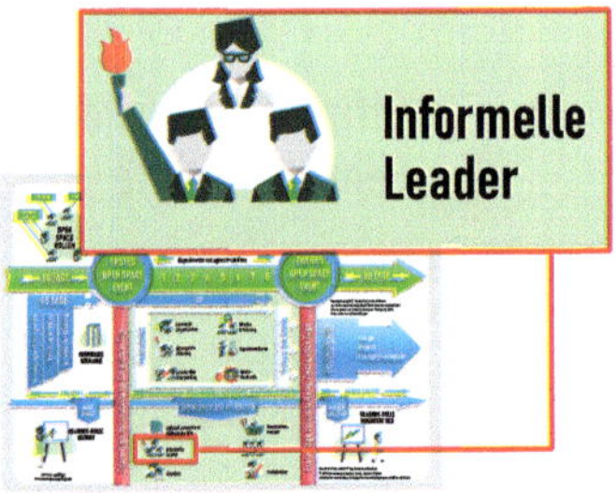

Leadership umfasst die Macht und die Verantwortung zu handeln. Führungskräfte sind durch ihre Stellung ermächtigt, Entscheidungen über Menschen, Regeln und Geld zu treffen. Andere Leader gründen ihre Rolle auf den Beziehungen zu und den Interaktionen mit den Menschen in der Organisation.

Eine solche informelle Macht wird bewusst oder unbewusst zugewiesen, projiziert, gefordert, abgelehnt oder auch entzogen, sobald Menschen zusammenarbeiten. Wenn sie sich sicher fühlen, akzeptieren und begrüßen Menschen die Möglichkeit, ein informeller Leader zu werden oder solchen zu folgen.

Diese informellen Leader sind der Herzschlag der OpenSpace Agility. Sie bringen die besten Ideen ein, direkt aus dem Umfeld, in dem gearbeitet wird. Diese Ideen entstammen ihren Fähigkeiten und ihrer Leidenschaft und wurden wahrscheinlich bisher nicht gesehen.

Es kann eine Herausforderung für die Menschen sein, diese entscheidende Rolle anzunehmen. Schöne Reden über Empowerment und neue Regeln reichen meistens nicht aus, um die Gewohnheit abzulegen, für alles um Erlaubnis zu fragen.

Open Space Technology und OSA nutzen die Spielemechanik, um das Experimentieren mit der Rolle des Leaders für den Einzelnen sicher zu machen. Bei jedem Open Space Event können alle in der Organisation damit experimentieren, selbst Leader zu sein oder sichtbar werdenden Leadern auf jenen Gebieten zu folgen, die ihnen wichtig sind. Das beseitigt den Engpass, der entsteht, wenn jede Initiative von den formellen Führungskräften alleine gestemmt werden muss. Informelles Leadership steigert das Engagement erheblich und führt zu Höchstleistung.

Teams

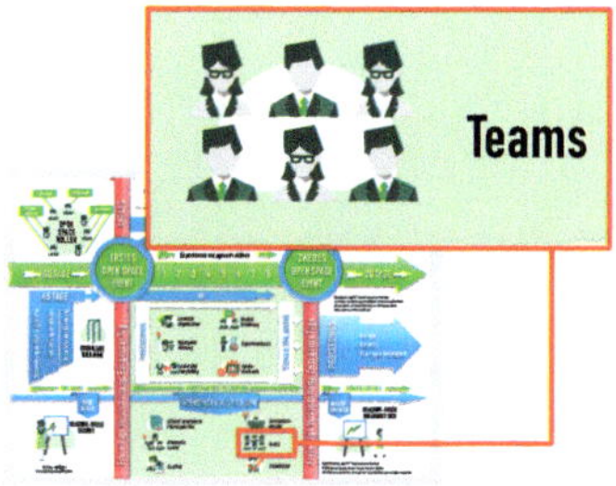

Bei den meisten agilen Transformationen stehen zunächst die Software-Entwicklungsteams im Mittelpunkt. Bei OpenSpace Agility experimentieren die Teams über 100 Tage hinweg mit agilen Praktiken und passen ihr Verhalten dabei so an, dass kontinuierliche Verbesserung möglich wird.

Die Teams können groß oder klein sein. Sie können sich dazu entschließen, mit Scrum zu arbeiten oder mit Kanban, oder aber auch mit ganz anderen agilen Ansätzen.

In der Phase des Experimentierens geht es hauptsächlich ums Lernen. Allzu oft wird Druck ausgeübt: Es soll Software oder ein Produkt geliefert werden, obwohl die Teams erst noch herausfinden müssen, wie das auf die neue Art und Weise überhaupt funktioniert. Ja, natürlich: Es wird erwartet, dass die Teams auch liefern, während sie lernen. Bei OSA treffen die Teams aber bewusst die Entscheidung, spezifische Praktiken auszuprobieren.

Sie werden sich fragen: „Wie können sich die Teams abstimmen, wenn jedes Team etwas anderes machen darf?“ Die Antwort ist überraschend einfach: Indem alle Teams und alle Stakeholder regelmäßig zu Open Spaces eingeladen werden. Eine zentrale Steuerung ist nicht notwendig. Wenn die Menschen voller Leidenschaft und Verantwortung zu den Events kommen, kommen die besten Ideen ans Tageslicht, es werden die besten Maßnahmen definiert und diese Maßnahmen werden auch umgesetzt. Spätestens wenn alle auf OST-2 zusteuern, ist den Teams sehr wohl klar, was für die gegenseitige Abstimmung zu tun ist.

Der Anfang (PDCA: Plan)

Konzepte

- Einladungen verwenden, um das Engagement zu erhöhen
- Das erste Open Space Event vorbereiten
- Spielemechanik

Kontext

- Der Sponsor und andere hochrangige Führungskräfte sind davon überzeugt, dass Agilität und Open Space dazu beitragen können, wesentliche Herausforderungen der Organisation zu lösen.
- Agilität ist ein anderer Denkansatz, um Arbeit zu erledigen. Manche Menschen in der Organisation haben Angst vor der Veränderung oder widersetzen sich dieser.
- Open Space erlaubt es Menschen, sich zu verändern, ohne dazu gezwungen zu werden. Das ist etwas völlig anderes als das Erteilen von Anordnungen.
- Der Sponsor und andere Führungskräfte müssen deutlich zeigen, dass sie die Versuche mit Agilität unterstützen und sie müssen der Organisation explizit erlauben, bei diesen Experimenten mitzumachen.

Aufgaben

- Das Thema für OST-1 verfassen
- Die Einladung für OST-1 entwerfen und versenden
- OST-1 durchführen und gemäß der Proceedings handeln

Einladung

OpenSpace Agility setzt auf die Kraft der Einladung. Die Einladung muss jedoch authentisch sein. Es darf keine negativen Konsequenzen geben, wenn die Einladung ausgeschlagen wird.

Aus der Einladung muss klar hervorgehen, was das Ziel ist, welche Regeln es gibt und wie die Rückmeldung zum Fortschritt erfolgt, sodass jeder Eingeladene für sich entscheiden kann, ob er die Einladung annimmt oder nicht.

Das Aussprechen einer echten Einladung statt eines Befehls drückt den Respekt gegenüber der anderen Person aus. Respekt für die Menschen ist ein zentraler und fundamentaler Wert der Prinzipien von Lean und Agile.

Durch das Aussprechen einer Einladung wird ein kleines Stück Entscheidungsbefugnis an den eingeladenen Menschen übertragen. Wenn das authentisch geschieht – also ohne Konsequenzen, wenn die Einladung abgelehnt wird – zeigt das, dass jeder in der Organisation einen wichtigen Anteil am Schreiben der Erfolgsgeschichte der Organisation hat.

Freiwillige Teilnahme

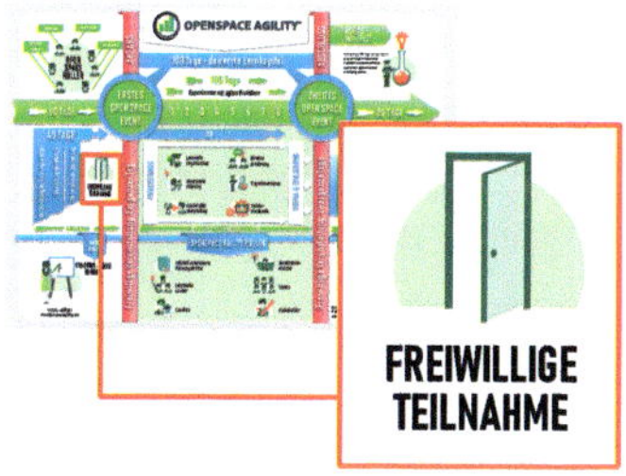

Wie Harrison Owen sagt: „Ohne Leidenschaft interessiert es niemanden. Ohne Verantwortung wird nichts geschehen.“

Leidenschaftliche und verantwortungsvolle Menschen, die der Einladung folgen, werden die harte Arbeit der agilen Transformation übernehmen. Erlauben Sie diesen Menschen freiwillig teilzunehmen, indem Sie eine ehrliche Einladung aussprechen, statt eine Anordnung zu erteilen.

Ein Mensch, der eingeladen wird, hat die Kontrolle darüber, was als Nächstes geschehen wird. Die Einladung ermächtigt ihn dazu, selbst zu entscheiden, ob er zur Gruppe jener Menschen gehören will, die die Erfolgsgeschichte des Unternehmens schreiben.

Das Gefühl, die Kontrolle zu behalten und das Gefühl der Zugehörigkeit führen dazu, dass die Menschen engagiert bleiben. Die Kraft der freiwilligen Teilnahme durch das Annehmen einer ehrlichen Einladung ist nicht zu unterschätzen.

Wenn Mitarbeiter sich dazu entscheiden freiwillig mitzumachen, werden sie sich auch in hohem Maße für die Ergebnisse verantwortlich fühlen. Sie bekommen die Möglichkeit, ihre Leidenschaft zu zeigen und Verantwortung dafür zu übernehmen, dass Dinge umgesetzt werden.

Auf natürliche Art und Weise steigt dadurch das Engagement quer durch die Organisation.

Eines der wichtigsten Ergebnisse der freiwilligen Teilnahme ist die Information, ob die Organisation überhaupt bereit und dazu in der Lage ist, sich in die angestrebte Richtung zu bewegen.

Vorbereitung der Führungskräfte

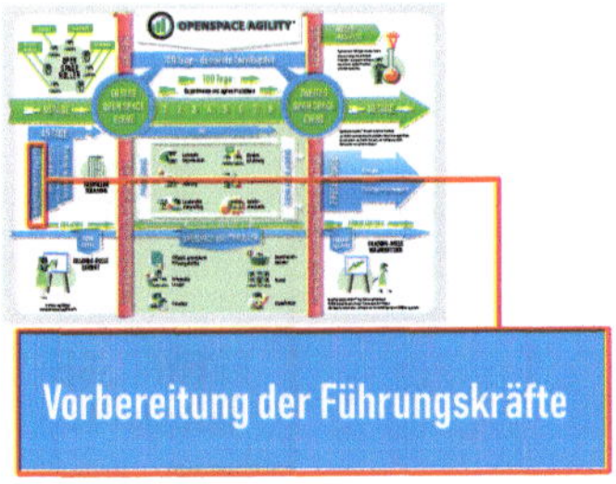

Der Sponsor, die Geschäftsleitung und andere hochrangige Führungskräfte müssen sich auf das vorbereiten, was während der Open Space Events und während der agilen Transformation geschehen wird. Tun sie dies nicht, wird die Umsetzung scheitern.

Vor, während und nach den Open Space Events einer Umsetzung von OSA müssen diese Führungskräfte außerordentlich gut mit den gesamten Unternehmen kommunizieren.

Die Vorbereitung der Führungskräfte ist ein schrittweises Vorgehen. Die Schritte umfassen das Folgende:

- Die Unterschiede zwischen einer Anordnung und einer Einladung sowie deren unterschiedliche Auswirkungen verstehen und akzeptieren.
- Das Open Space Format und die Rolle der Führungskräfte als Sponsor, (Gastgeber) dieser Veranstaltungen begrüßen.
- Sich vor, während und nach den Open Space Events als Storyteller einbringen.
- Die informellen Leader unterstützen, ermutigen und ihnen erlauben „sich zu zeigen“.

OSA umfasst eine Sammlung von Richtlinien, Materialien und Dokumenten, mit denen sich die Führungskräfte darauf vorbereiten können, sich einzubringen und die Geschichte der agilen Transformation ihrer Organisation zu schreiben.

Auch die Führungskräfte werden Liminalität und Communitas erleben – daher brauchen sie einen Coach. Und auch sie werden davon profitieren, wenn sie der Zeremonienmeister ermutigt und bestärkt.

Die Coaching Rolle beginnt

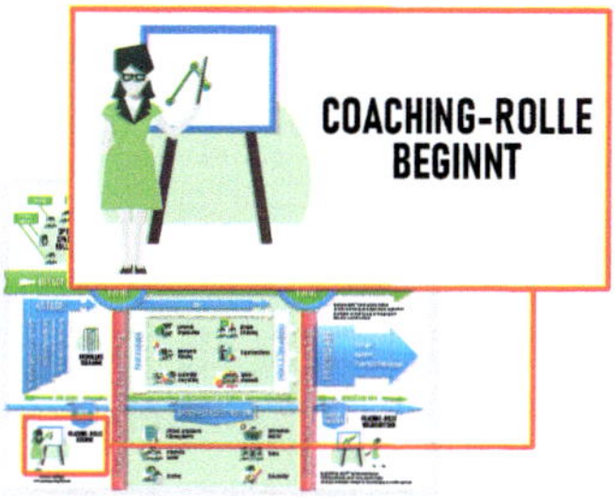

OpenSpace Agility wurde entwickelt, damit Organisationen herausfinden können, wie sie agile Prinzipien begrüßen können. Das geschieht, indem sie mit agilen Praktiken experimentieren.

Ein wesentlicher Teil dieses Ansatzes ist der Coach beziehungsweise das Coaching-Team. Die Coaches müssen ...

- ... agile Werte vermitteln und zeigen, wie diese angewendet werden.
- ... Anleitungen für einzelne Praktiken liefern (z.B. für Scrum, Kanban) und zeigen, warum diese Praktiken für die aktuelle Situation des Teams hilfreich sein könnten.
- ... spezielle Angebote für Management-Teams bereitstellen, wie zum Beispiel die Moderation von Meetings oder Lernübungen.
- ... gute Handlungs- und Haltungsmuster entwickeln. Dazu gehören das Thema Respekt, das Einhalten agiler Prinzipien, Storytelling und die Spielemechanik.
- ... herausfinden, wer neue Fertigkeiten erlernen will und diese Personen dann in eine Mentor-Beziehung einladen. Das umfasst das Lernen durch Beobachten, das Handeln und Vier-Augen-Gespräche mit dem Coach, Tag für Tag.

Die Coaching-Rolle startet mit der Vorbereitung der Führungskräfte vor dem ersten Open Space Event. Sie besteht während der 100 Tage des Experimentierens und bis zum OST-2 fort. Danach endet die Coaching-Rolle und die Teams übernehmen die Verantwortung für die Umsetzung dessen, was sie gelernt haben. Ab diesem Zeitpunkt kann der Coach entweder mit anderen Teams arbeiten oder die Organisation verlassen. Eine neue Gruppe von Coaches wird dann die nächste Phase des Lernens begleiten.

Spielemechanik

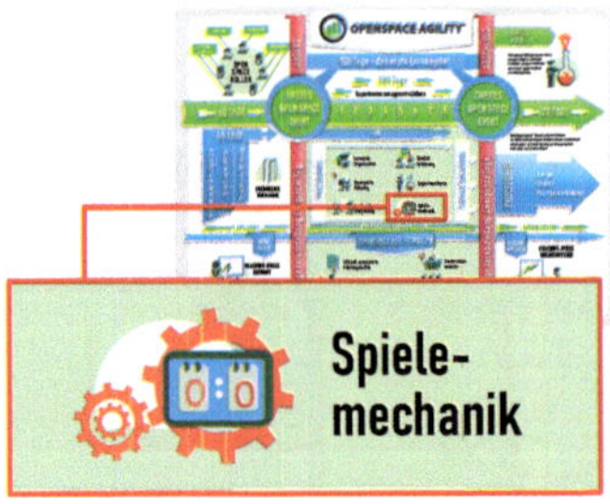

Die besten Spiele haben klare Ziele und Regeln, sie zeigen den Spielstand an und die Teilnahme ist freiwillig. Die Spieler wissen, warum sie dabei sind, was sie zu tun haben und wie gut sie sind. Fans machen mit und erzählen Geschichten über „unsere“ Erfolge und in welchen Bereichen „wir“ uns verbessern müssen.

Jane McGonigal, selbst Entwicklerin von Computerspielen, hat diese Prinzipien in „Besser als die Wirklichkeit“ beschrieben (McGonigal 2012) und sie gelten auch für Meetings, Aufgaben, Projekte und Initiativen. Starke Spiele zeichnen sich durch folgende Merkmale aus:

- **Ziel**: Klare Ziele beschreiben den Sinn des Spiels. Bei OpenSpace Agility ist das Ziel die kontinuierliche Verbesserung und das Lernen auf Organisationsebene, indem mit agilen Praktiken experimentiert wird. Klare Ziele beantworten die Frage nach dem „Warum“: „Warum sind wir in diesem Meeting?“, „Warum machen wir das auf diese Art?“
- **Regeln**: Klare Regeln zeigen den Teilnehmern, welches Handeln von ihnen erwartet wird und wie sie mit anderen interagieren sollen, um das Ziel des Spiels zu erreichen. Die Regeln spiegeln die Werte und die Kultur des Spiels wider (z.B. Wettbewerb, Zusammenarbeit). Durch allgemein anerkannte Regeln erfahren die Menschen ein Gefühl von Mitgliedschaft und Zugehörigkeit innerhalb der Gemeinschaft der Teilnehmer.
- **Feedback**: Key Performance Indikatoren geben ein Gespür für die Fortschritte und Errungenschaften. Solche Indikatoren sind zum Beispiel der für die Kunden erzeugte Wert, Time-to-Market, nachhaltige Geschwindigkeit, Anzahl der Fehler im Produkt, Mitarbeiter-Enga-

gement usw. Durch aussagekräftiges, sichtbares Feedback können die Menschen ihr Verhalten anpassen, um besser zu werden und ein Gefühl von Meisterschaft und Glück zu erfahren. Feedback entsteht ebenso durch persönliche Erfahrungen und das Storytelling der Führungskräfte, während die Teilnehmer die Erfolgsgeschichte der agilen Transformation schreiben.

- **Freiwillige Teilnahme**: Die meisten Menschen möchten ein gewisses Maß von Kontrolle über ihr Leben haben. Wenn sie selbst entscheiden können mitzumachen, haben sie auch ein stärkeres Gefühl von Zugehörigkeit. Kontrolle, Zugehörigkeit und Feedback führen zu einem starken Gefühl von Sinn und Verantwortung. Freiwilligkeit ist also essenziell. Sie ist ein hervorragender Ansatz, um Gleichgültigkeit zu vermeiden, die oft durch Zwang und Anordnungen entsteht.

Wie man ein gutes Spiel gestaltet

Verwenden Sie die Spielemechanik für Meetings, Aufgaben, Projekte und Initiativen, um das Engagement, Fortschritt und Verantwortungsbewusstsein zu steigern. Starke Spiele liefern die besten Ergebnisse. Der Schlüssel dazu ist, Ihr Vorhaben anhand der vier Komponenten eines guten Spiels zu beschreiben, und die Prinzipien klar und deutlich auszudrücken. Zum Beispiel:

- **„Die Ziele sind … sodass wir …“**: „Unsere Experimente mit .... sind nun abgeschlossen. Jetzt müssen wir entscheiden, was wir auf der Basis der Erkenntnisse als Nächstes tun.“
- **„Die Regeln sind …“**: „Seien Sie voll mit dabei, wenn Sie im Raum sind. Wenn jemand ‘auschecken’ möchte, kann er den Raum verlassen und wiederkommen, wenn er wieder voll dabei sein kann.“
- **„Wir werden unseren Fortschritt wie folgt messen ...“**: „Wir bringen die Agendapunkte dort an, wo sie jeder sehen kann und haken jeden erledigten Punkt ab“, oder „Wir machen jede Stunde eine zehnminütige Pause.“
- **„Sie sind eingeladen, mitzumachen“**: „Können wir uns alle auf diese Ziele, Regeln und Feedback einigen?“

60 Tage

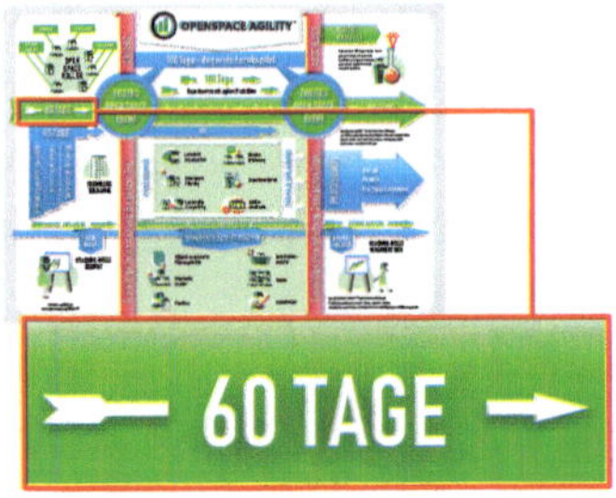

Es dauert etwa 60 Tage, um das erste Open Space Event und die 100 Tage bis zum agilen Unternehmen vorzubereiten. Die Organisation geht eine bedeutende Verpflichtung ein, wenn sie zur agilen Transformation aufbricht. Die Verpflichtung zum Erfolg beginnt mit einer sauberen Vorbereitung und Verbreitung quer durch die ganze Organisation.

Die ersten beiden Wochen (etwa 15 Tage) sind für die Vorbereitung der Führungskräfte gedacht, für die Ausarbeitung des Themas und für den Entwurf und Versand der Einladung.

Die nächsten sechs Wochen (etwa 45 Tage), sind notwendig um OST-1 um die Einladung in der Organisation zu verbreiten.

Diese Zeitspannen werden für eine typische Organisation empfohlen, die 200 oder mehr Menschen zum Event einladen will. Kleinere Implementierungen von OpenSpace Agility wurden schon mit weniger Vorlauf erfolgreich durchgeführt. Eine gute Vorbereitung ist jedoch essenziell, deshalb empfehlen wir 60 Tage.

Zur Vorbereitung gehört, die Einladung für den Open Space zu erstellen und zu versenden. Wenn sich eine Prozessveränderung anbahnt, sollten die betroffenen Personen genügend Zeit bekommen, um zu verstehen, „was das alles bedeutet". Stellen Sie sicher, dass alle Eingeladenen genügend Zeit haben, die Einladung zu „untersuchen", darüber nachzudenken, mit Freunden und Kollegen darüber zu sprechen und sich dann zu entscheiden, ob sie die Geschichte der agilen Transformation erleben und gestalten wollen oder nicht.

Themenfindung

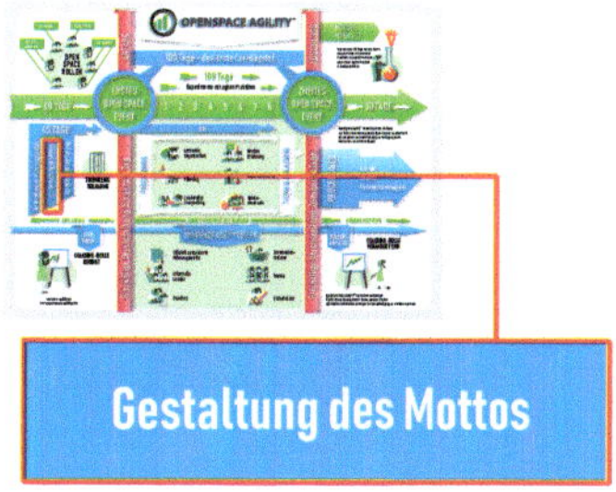

Jeder Open Space muss ein Thema haben. Das Thema spannt den Rahmen für die Erfahrungen auf, es dient als Überschrift. Es gibt die Vision und die angestrebte Richtung des Management-Teams wieder, ebenso wie den Wunsch nach kreativem Input aus der ganzen Organisation. Ein gut formuliertes Thema inspiriert die Menschen dazu, die Erfolgsgeschichte der Organisation mitzuschreiben.

Das Thema wird in einem moderierten Workshop entwickelt, der vom Sponsor einberufen wird. Im Idealfall lädt der Sponsor Menschen ein, die einen repräsentativen Querschnitt durch die Organisation widerspiegeln. Und idealerweise erscheinen diese auch alle.

Das Thema wird immer als Frage formuliert. Zum Beispiel:

- „Wie können wir uns gegenseitig unterstützen?“
- „Warum Agilität jetzt?“
- „Was müssen wir tun, um den Wettbewerb zu schlagen?“

Das Thema muss offen genug sein, um Raum für verschiedene Aspekte zu bieten und konkret genug, um der zu adressierenden grundlegenden Thematik eine klare Richtung zu geben.

Die Formulierung des Themas sollte, wörtlich oder zwischen den Zeilen, ebenso die folgenden Aspekte erkennen lassen:

- Manches ist bereits bekannt („Warum müssen wir handeln?“)
- Manches ist noch unklar („Wie gehen wir am besten vor?“)
- Manches entwickelt sich erst („Was sollten wir tun?“)

Einladung entwerfen und versenden

Menschen treffen sich zu Open Space Events, um Dinge zu besprechen, die sie bewegen. Der Sponsor ist dafür verantwortlich, die Einladung für das Event zu entwerfen und zu versenden.

Das Thema wurde bereits entwickelt und festgelegt, und aus dem Themen-Workshop sind Geschichten hervorgegangen, die erzählt werden können. Sofern ein repräsentativer Querschnitt der Organisation an diesem Workshop teilgenommen hat, verbreiten sich positive und unterstützende Geschichten in der ganzen Organisation.

Die Einladung enthält einige Details mehr zum Thema, aber nicht zu viele. Sie bietet die Möglichkeit, aktiv mitzumachen und die Geschichte der Transformation mitzuschreiben.

Daher muss die Einladung so formuliert sein, dass die Geschichte noch nicht komplett vorgegeben ist. Die besten Einladungen lassen genau diese Details weg – weniger ist mehr! Das Ziel ist, die Menschen zum freiwilligen Mitmachen zu inspirieren, denn sie selbst sollen die Geschichte schreiben.

Die Einladung sollte

- klar machen, dass die Veranstaltung dem Sponsor und der Organisation wichtig ist;
- gerade genug Information über das Thema und das Open Space Format liefern, um die Menschen zur Teilnahme zu inspirieren;
- darauf hinweisen, wann das Event stattfindet;
- genügend Zeit für die Rückmeldungen der Eingeladenen lassen;
- deutlich machen, dass die Teilnahme absolut freiwillig ist.

Jedes Open Space Event sollte durch eine ehrliche Einladung angekündigt werden. Das bedeutet, dass sich niemand zur Teilnahme gezwungen fühlt. Es darf keine realen oder angedachten Sanktionen für diejenigen geben, die nicht teilnehmen.

Am besten formuliert der Sponsor die Einladung mit Unterstützung eines Coaches, der Open Space und OpenSpace Agility kennt. Der Coach kann Beispiele zur Verfügung stellen und den Sponsor dazu ermutigen, etwas Ähnliches mit seinen eigenen Worten zu formulieren.

Auf jeden Fall wird aber der Sponsor die Einladung versenden. Dadurch wird klar, dass das Event wichtig ist und die Verantwortung für die Einladung nicht einfach nach unten delegiert wird.

Es ist eine gute Idee, den Teilnehmern genügend Zeit für die Antwort zu lassen, schließlich müssen sie sorgsam darüber nachdenken. Für viele Menschen wird es das erste Open Space Event sein, und sie zögern vielleicht. Lassen Sie allen ausreichend Zeit, um über das bevorstehende Event zu diskutieren, über ihre Ideen zum gegebenen Thema und ob sie planen daran teilzunehmen.

Zusätzlich zur eigentlichen Einladung ist es wichtig, Informationsmaterial wie Handzettel und Poster zu entwerfen und diese an den von allen frequentierten Orten wie Küchen, Eingangsbereichen und Fluren auszulegen und aufzuhängen. Das Entwerfen und Verteilen des Informationsmaterials kann der Sponsor natürlich delegieren. Die Einladung und die zusätzlichen Materialien ergänzen einander und machen das Event zu einem Gesprächsstoff für die nächste Zeit.

45 Tage

Das Erstellen der Einladung ist nun erledigt. Der Sponsor hat die Einladung für das erste Open Space Event entworfen und versendet.

In den nun folgenden 45 Tagen laufen die Vorbereitungen weiter:

- Verteilen Sie die Handzettel/Poster in allen Gebäuden.
- Engagieren Sie sich im Storytelling. Erzählen Sie, was die Organisation in der Vergangenheit bereits gelernt hat, und welches Potenzial das kommende OST-1 für noch mehr Lernen bietet.
- Betonen und bestätigen Sie immer wieder, dass die Teilnahme zu 100 Prozent freiwillig ist.
- Hören Sie auf die Geschichten, die sich die Menschen in Ihrer Organisation erzählen, wenn sie über die Einladung reden und darüber, was diese wirklich bedeuten mag.

Diese 45 Tage sollten genug Zeit bieten, damit jeder die Einladung für das Open Space Event aufnehmen und verarbeiten kann. Die Menschen brauchen diese Zeit, um zu überlegen, wie sie sich verhalten sollen. Das tun sie, indem sie unter anderem die Einladung mit Kollegen und Freunden in der Organisation diskutieren.

Die 45 Tage sind keine strenge Regel. Generell gilt: Je mehr Menschen Sie einladen, desto mehr Zeit ist nötig.

Erstes Open Space Event (OST-1)

Die 60 Tage der Vorbereitung sind vorüber. Thema und Einladung wurden entwickelt, in der ganzen Organisation verteilt und sozialisiert. Das erste Open Space Event findet statt!

OST-1 ist der offizielle Startschuss für OpenSpace Agility. Es ist eine Veranstaltung mit Signalwirkung. Hier passieren mehrere Dinge:

- Die Teilnehmer lernen, wie Open Space funktioniert.
- Sie lernen verschiedene Sichtweisen zu agilen Ansätzen kennen: jene der Teams, der Geschäftsleitung, der Führungskräfte und Stakeholder.
- Das Management-Team stellt klar, dass es hinter den Open Space Prinzipien steht und gemäß den Proceedings handeln wird.

Open Space wird für viele Teilnehmer eine neuartige Erfahrung sein, ebenso wie das Erlebnis von Offenheit quer durch die ganze Organisation.

Während OST-1 identifizieren und diskutieren die Teilnehmer wichtige Aspekte des vorgegebenen Themas und wie sie in den nächsten 100 Tagen mit agilen Praktiken experimentieren wollen. Sie erfahren auch, dass OST-2 bereits eingeplant ist.

Das ermächtigt den Einzelnen dazu, Zweifel für diese Zeitspanne auszusetzen und davon auszugehen, dass agile Praktiken funktionieren könnten. Gleichzeitig wird experimentiert, um den am besten geeigneten Ansatz zu identifizieren. Es ist nicht notwendig, Anordnungen zu erteilen.

Freiwillige Veranstaltung: Ein voller Tag

Das erste Open Space Event hat zwei entscheidende Eigenschaften:

- Es ist absolut freiwillig. Die Einladung nicht anzunehmen und nicht am Open Space Event teilzunehmen, ist also vollkommen in Ordnung.
- Es sollte nicht länger als einen Tag dauern.

Open Space wird für viele Teilnehmer eine neue Erfahrung sein. Sie sind vielleicht nicht mit agilen Werten und Prinzipien vertraut.

Daher wird es einige Zeit benötigen, bis die Organisation das Lernen und die Erfahrungen aus dem ersten Open Space Event verarbeitet hat. Ein eintägiges Event macht die Sache einfacher und ermöglicht es, dass alle schnell in die Experimentierphase starten.

Die Einführung von Agilität betrifft Menschen oben, unten, links und rechts in der Organisation. Werden diese Menschen zu einem Open Space eingeladen, können sich die verschiedenen Perspektiven gegenseitig befruchten. Natürlich können manche der eingeladenen Personen auch Gegner der agilen Idee sein, oder sie tolerieren die Idee vorerst und wollen erst einmal abwarten. Andere wiederum können starke Befürworter sein.

Deshalb muss die Teilnahme am Event freiwillig sein, es darf keinerlei Druck ausgeübt werden. Diejenigen, die nicht teilnehmen wollen, müssen das ohne negative Folgen tun können.

Am besten ist es für das Event, wenn sich Menschen mit verschiedenen Perspektiven und aus unterschiedlichen Positionen treffen. Menschen, die ehrlich davon begeistert sind, das in der Einladung beschriebene Thema des Events erforschen zu können.

Proceedings aus OST-1

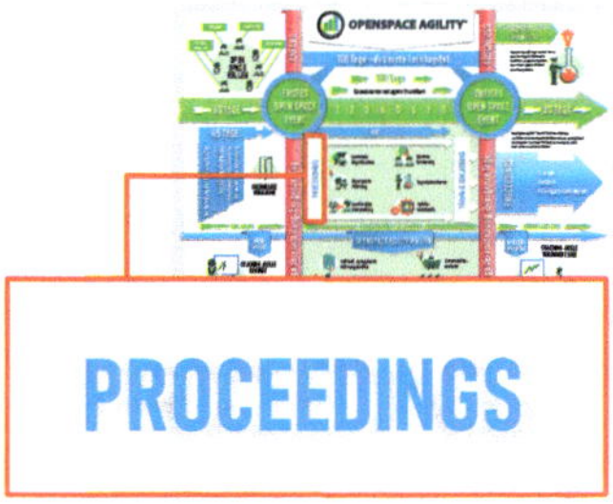

Proceedings erzählen die Geschichte des Open Space Meetings und helfen der Organisation, mit dem Schreiben der Geschichte der Transformation zu beginnen. Diese Proceedings haben folgenden Sinn:

- Jede Diskussion wird mit jedem in der Organisation geteilt.
- Die wichtigsten Punkte und die empfohlenen Maßnahmen werden dokumentiert.
- Es wird Raum geschaffen, damit informelle Leader auftauchen können. Sie zeigen sich von selbst und übernehmen einen aktiven Part beim Schreiben der Geschichte („unserer Geschichte“) auf dem Weg zu Agilität und Höchstleistung,
- Dem Sponsor wird ermöglicht, sein Versprechen – gemäß der Proceedings zu handeln – einzulösen.

Jeder Anbieter einer Session übernimmt die Verantwortung, die Teilnehmer seiner Session dazu einzuladen, Inhalte für die Proceedings zu liefern, damit die Ergebnisse der Diskussion in der ganzen Organisation verteilt werden können.

- Proceedings enthalten handschriftliche oder abgetippte Notizen, Diagramme, Bilder, Teilnehmerlisten usw.
- Sie werden von einem oder mehreren Teilnehmern gesammelt, die sich dazu bereit erklären, diese direkt nach der Session zentral abzulegen.
- Proceedings werden mit der ganzen Organisation spätestens 24 Stunden nach dem Ende von OST-1 per E-Mail oder über einen Link geteilt.

Im Laufe des Verbesserungsprozesses werden manche Session-Anbieter zu informellen Leadern. Nachdem OST-1 dazu einlädt, an der neuen Geschichte mitzuschreiben, neigen die Session-Anbieter dazu, die Session-Reports ohne viel Hilfe zu verfassen. Es ist sinnvoll, ihnen einige Hinweise zu geben: So sollten die Reports auf jeden Fall Empfehlungen enthalten sowie eine Liste der Teilnehmer. Diese Liste kann dabei helfen, informelle Leader und jene Personen zu identifizieren, die bei bestimmten Themen mithelfen wollen.

Der Facilitator des OST-1 muss die Anbieter der Sessions und die Teilnehmer dabei unterstützen, die Ergebnisse ihrer Sessions so schnell wie möglich während des Events in die Proceedings zu bekommen. Diese Unterstützung beinhaltet auch eine gewisse Infrastruktur (zum Beispiel Kameras und Notebooks) sowie Platz und Tische für diese Ausrüstung und helfende Hände für den effektiven Umgang mit diesen Geräten.

Ein wesentliches Element von Open Space ist die zeitnahe Verteilung der Proceedings an alle Teilnehmer. Der Facilitator sorgt dafür, dass die Proceedings möglichst schnell nach dem Schlusskreis verfügbar sind, idealerweise innerhalb weniger Stunden. Die Proceedings sollten auch eine Nachricht des Sponsors enthalten, aus der hervorgeht, dass die Organisation so bald wie möglich gemäß den Empfehlungen handeln wird.

Wir empfehlen folgende Vorgehensweise: Der Sponsor begutachtet die Proceedings und bringt die am meisten interessierten Personen zusammen. Mit ihnen analysiert, diskutiert und handelt der Sponsor in Bezug auf

- die wichtigsten Bedenken gemäß der Proceedings;
- die Vorschläge aus den Proceedings, die ohne weitere Genehmigung direkt umgesetzt werden können;
- die besten Vorschläge, die zusätzliche Genehmigungen erfordern und in der Frage, wie diese Genehmigung erlangt werden kann;
- jene Empfehlungen, die außerhalb der Macht des Sponsors liegen.

Die Mitte (PDCA: Do)

Konzepte

- Ausrichtung an den Werten und Prinzipien des Agilen Manifests
- Lernen durch das Experimentieren mit agilen Praktiken
- Führung und Autorität
- Geschichten erzählen – das Storytelling

Kontext

- Das OST-1 hat mehrere Bereiche aufgedeckt, die adressiert werden müssen.
- Der Sponsor hat schnell auf die Proceedings reagiert und die Teams autorisiert, agile Praktiken auszuwählen und mit ihnen zu experimentieren.
- Die Führungskräfte und Teams brauchen nun Coaching, Ermutigung und Bestärkung, wenn sie neue, agile Arbeitsweisen erleben.
- Niemand ist sich wirklich sicher, wie die Experimente ausfallen werden.

Aufgaben

- Stellen Sie sicher, dass die Praktiken mit dem Agilen Manifest übereinstimmen.
- Führen Sie Experimente lange genug durch, um besser beurteilen zu können, ob die ausgewählte Praktik dem Team tatsächlich hilft, seine Arbeit besser zu erledigen.
- Ermöglichen Sie den Teams, sich selbst zu organisieren, so dass Führung und Autorität entstehen können, während die Teammitglieder lernen zu führen und zu folgen.

100 Tage

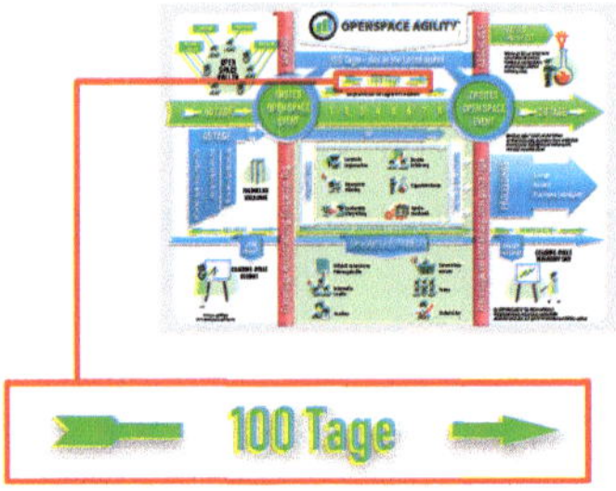

Einhundert Tage (16 Wochen, 8 Iterationen) ist der empfohlene nominale Zeitraum für das Experimentieren mit agilen Praktiken in OpenSpace Agility. Mit rund 100 Tagen hat die gesamte Organisation genug Zeit, um Erfahrungen zu sammeln und Verschiedenes für sich herauszufinden. Das kann auch innerhalb eines kürzeren Zeitrahmens funktionieren, wenn dieser sorgfältig gehandhabt wird. Es können bereits 60 Tage ausreichen, wenn die Implementierung gut kommuniziert und gemanagt wird.

Die „100 Tage“ liegen zwischen OST-1 und OST-2. In dieser Zeit engagieren sich die Führungskräfte im Leadership Storytelling, um das Experimentieren mit den agilen Praktiken zu fördern. Zu den „agilen Praktiken“ gehören alle Methoden und Techniken, die die vier Werte und zwölf Prinzipien des Agilen Manifests unterstützen (oder zumindest nicht verletzen).

Führungskräfte, Direktoren, Manager und Teams werden ermutigt, das Misstrauen aufzugeben und davon auszugehen, dass agile Praktiken beim Experimentieren und Lernen funktionieren können.

Das neue Lernen wirkt auch in OST-2 hinein, bei dem die Erfahrungen analysiert werden und jeder ausdrücken kann, was er von der agilen Transformation will, darüber denkt und fühlt. Auf diese Weise erstreckt sich der freie und offene Geist des Open Spaces über die Open Space Events hinaus.

Idealerweise schafft die OSA-Implementierung so fruchtbare Bedingungen, dass der notwendige Freiraum für „100 Tage“ geöffnet und gehalten werden kann.

Zeit

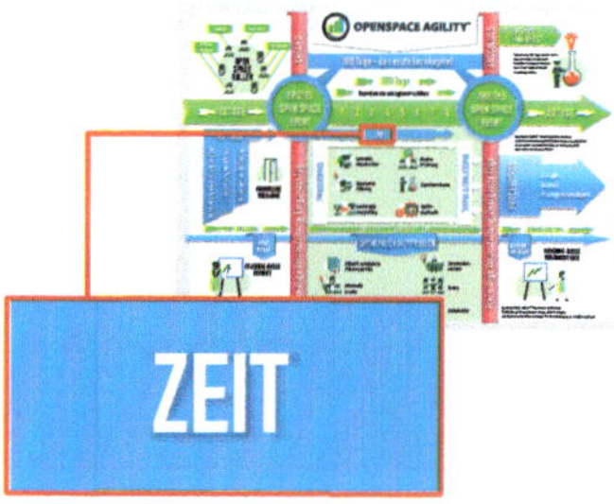

Die Zeit schafft Grenzen, die unsere Erfahrungen umrahmen. Das Bewusstsein, dass die Zeit abläuft, kann es Menschen einfacher machen, ihr Misstrauen aufzugeben und davon auszugehen, dass die neuen Konzepte funktionieren können. Außerdem kann dieses Bewusstsein dabei helfen, Dinge zu erledigen.

OpenSpace Agility implementiert „Agile" auf eine agile Art und Weise und liefert regelmäßig inkrementelle Verbesserungen in einer gleichbleibenden Geschwindigkeit.

Während der „100 Tage" zwischen den beiden Open Space Events werden das Experimentieren und das Lernen gefördert. Die vorhersehbare und zuverlässige Lieferung von funktionierender Software (bzw. funktionierenden Produktinkrementen, Anm. d. Übers.) ist das ultimative Ziel. Die Reise beginnt mit dem Experimentieren, Lernen und Anpassen. Alles das ist zeitlich eingegrenzt, um den Teilnehmern einen klaren Anfang, eine klare Mitte und ein klares Ende zu vermitteln.

Der empfohlene zeitliche Abstand zwischen OST-1 und OST-2 beträgt etwa 100 Tage. Es kann auch funktionieren, den Zeitraum auf 60 Tage zu beschränken – vorausgesetzt, dass alle Elemente sorgfältig gehandhabt werden.

Das wichtigste Element ist dabei die Kommunikation über das nächste Open Space Event. Während die Organisation mit agilen Praktiken experimentiert, sollte kontinuierlich kommuniziert werden, dass die Ergebnisse der Experimente in OST-2 sorgfältig analysiert werden.

Konkret heißt das, dass jeder das genaue Datum des OST-2 kennen muss. Das bedeutet auch, dass die formal autorisierten (disziplinarischen) Führungskräfte das Datum früh genug und wiederholt mitteilen müssen.

Iterationen

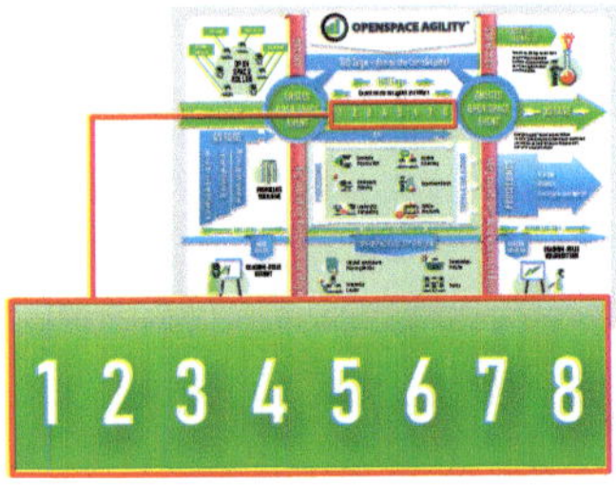

Das Agile Manifest fordert, dass „regelmäßig lauffähige Software geliefert werden soll" und dass „das Team in regelmäßigen Abständen sein Verhalten reflektiert und entsprechend abstimmt und anpasst".

Iterative Entwicklung ist am besten für Arbeiten geeignet, die geplant werden können. Dies bedeutet nicht, dass Scrum verwendet werden muss oder dass Iterationen erforderlich sind. Die Zahlen 1 bis 8 im OpenSpace Agility Big Picture schlagen zwar Iterationen vor, OSA verlangt aber nicht, dass jedes Team sie verwenden muss.

Wenn die Arbeit nicht geplant werden kann, passen flussbasierte Verfahren wie Kanban vielleicht besser.

Unabhängig davon, ob sich die Praktiken auf die iterative Entwicklung oder auf die Reduzierung von Prozess- und Durchlaufzeiten konzentrieren, sollte das Team sein Verhalten regelmäßig reflektieren, justieren und anpassen.

Experimente mit agilen Praktiken

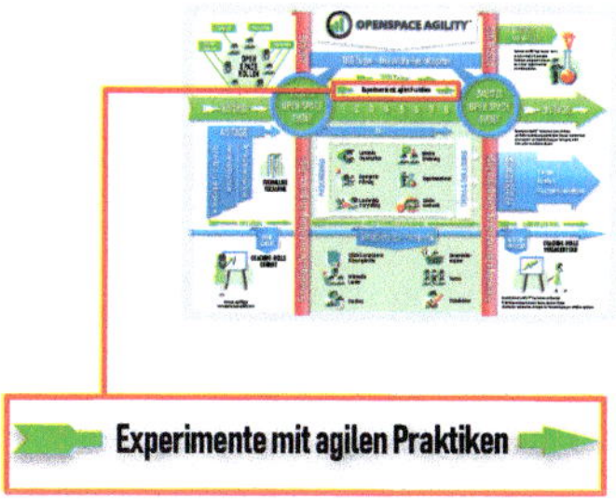

In OpenSpace Agility werden Teams ermächtigt und ermutigt, mit agilen Praktiken zu experimentieren und die am besten geeigneten auszuwählen. Am besten ist es, wenn sie diese Praktiken dann an ihren Kontext anpassen.

Die einzige Einschränkung ist das Agile Manifest. Die Teams lernen die vier Werte und die zwölf unterstützenden Prinzipien des Agilen Manifests kennen und werden dann dazu ermutigt, mit Praktiken zu experimentieren, die mit dem Manifest übereinstimmen.

Die beiden wichtigsten Ergebnisse von OSA sind ein hohes Engagement der Mitarbeiter und kontinuierliches organisationales Lernen.

Experimente mit agilen Praktiken binden Menschen in direkte Lernerfahrungen ein, weil diese Experimente

- durch die Geschäftsführung autorisiert werden.
- durch das Geschichtenerzählen zelebriert werden.
- durch das Agile Manifest bestätigt werden.
- durch die Coaches unterstützt werden.
- durch die „100 Tage" des Experimentierens eine feste Time-Box erhalten.
- im Rahmen laufender Projekte durchgeführt werden.
- während des zweiten Open Space Meetings überprüft und angepasst werden.

Experimente fördern das Lernen

Organisationales Lernen findet statt, wenn Menschen das Bestehende in Frage stellen, wenn sie neue Dinge ausprobieren und gemeinsam lernen.

Da es keinen spezifischen Weg gibt, Agilität zu „machen", jedoch viele Möglichkeiten, um Agilität zu praktizieren, findet das Experimentieren heraus, was für die beteiligten Personen funktioniert und was nicht.

Um zu vermeiden, dass sich Mandate bilden oder man sich darauf konzentriert, schnell den „richtigen" Weg der Implementierung von Agilität zu finden (was oft zu starren, suboptimalen Praktiken führt), ist jeder eingeladen, zu experimentieren und Situationen zu schaffen, in denen Lernen stattfinden kann.

Anführer und Initiatoren neuer oder etablierter Praktiken können hervortreten und Akteure in der jetzt entstehenden Geschichte der Veränderungen und des Lernens werden.

Einige agile Praktiken werden in zahlreichen Quellen formalisiert und beschrieben, einschließlich Scrum, Kanban, Extreme Programming usw. Andere agile Praktiken werden sich als etwas herausstellen, das man im Einklang mit dem Agilen Manifest einerseits und mit dem Zweck, der Kultur, dem Kontext und der Situation der Organisation ausprobieren kann. Eine großartige Möglichkeit, Antworten auf die Frage „Was könnte Agile leisten?" zu bekommen, ist, die Annahmen hinter den aktuell genutzten Praktiken zu hinterfragen – „Warum tun wir das?" und auszusprechen „Wir müssen x, y und z annehmen".

Angst und Sorge erschweren das Lernen. Wenn Skepsis, Sorge und Widerstand dem Experimentieren im Weg stehen, kann es hilfreich sein, sich selbst und andere daran zu erinnern:

- Lass das Misstrauen eine Zeit lang bleiben
- Handle so als ob
- Tu einfach so, als könnten diese Praktiken funktionieren

Beim Experimentieren ist nichts in Stein gemeißelt. Alle Experimente werden während des zweiten Open Space überprüft und angepasst – dort sind alle Stimmen gleichermaßen ermächtigt und eingeladen zu sprechen.

Agiles Manifest

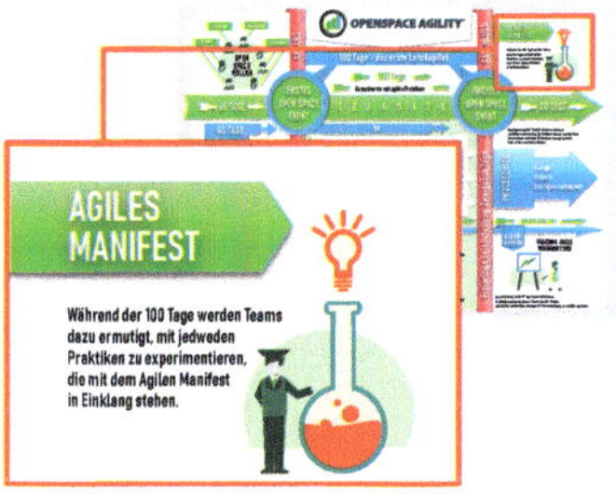

Im Jahr 2001 trafen sich 17 einflussreiche Führer des Extreme Programming, Scrum, Feature-Driven Development und anderer agiler Praktiken, um die grundlegenden Werte und Prinzipien der agilen Softwareentwicklung zu diskutieren. Gemeinsam haben sie das „Agile Manifesto" (im Deutschen oft als Agiles Manifest bezeichnet, Anm. d. Übers) verabschiedet und veröffentlicht. Das Agile Manifesto ist zu finden unter www.agilemanifesto.org.

Das Agile Manifest ist nicht perfekt. Es ist jedoch ein wesentlicher Maßstab und eine Quelle der Wahrheit für Organisationen, die in der agilen Softwareentwicklung Kompetenz aufbauen wollen.

Die Vertreter der OpenSpace Agility sind sich einig, dass „agile" Praktiken als solche definiert werden, die mit den vier Werten des agilen Manifests und den zwölf unterstützenden Prinzipien übereinstimmen.

In der traditionellen Softwareentwicklung wird viel Zeit und Energie in Prozesse und Werkzeuge investiert. Dabei werden umfassende Spezifikationsdokumente produziert, es werden detaillierte Verträge ausgehandelt und Pläne werden strikt eingehalten. Dieser Zugang zur Softwareentwicklung macht es sehr schwierig, sich an sich ändernde Geschäftsanforderungen anzupassen.

Gemäß dem Agilen Manifest sind Individuen und Interaktionen, funktionierende Software, die Zusammenarbeit mit Kunden und die Reaktion auf Veränderungen die wichtigeren Werte. Agile Organisationen sollten Prozesse und Tools, geeignete Dokumentationen, Verträge und Pläne dazu verwenden, um die wichtigeren Werte zu unterstützen.

Die zwölf unterstützenden Prinzipien beschreiben, wie man eine agile Arbeitsumgebung schaffen kann.

Agile Werte

(Offiziell Übersetzung von: www.agilemanifesto.org/iso/de/manifesto.html, Anm. d. Übers.)

Wir erschließen bessere Wege, Software zu entwickeln, indem wir es selbst tun und anderen dabei helfen. Durch diese Tätigkeit haben wir diese Werte zu schätzen gelernt:

Individuen und Interaktionen mehr als Prozesse und Werkzeuge

Funktionierende Software mehr als umfassende Dokumentation

Zusammenarbeit mit dem Kunden mehr als Vertragsverhandlung

Reagieren auf Veränderung mehr als das Befolgen eines Plans

Das heißt, obwohl wir die Werte auf der rechten Seite wichtig finden, schätzen wir die Werte auf der linken Seite höher ein.

Kent Beck
Mike Beedle
Arie van Bennekum
Alistair Cockburn
Ward Cunningham
Martin Fowler
James Grenning
Jim Highsmith
Andrew Hunt
Ron Jeffries
Jon Kern
Brian Marick
Robert C. Martin
Steve Mellor
Ken Schwaber
Jeff Sutherland
Dave Thomas

Agile Prinzipien

(Offiziell Übersetzung von: www.agilemanifesto.org/iso/de/principles.html, Anm. d. Übers.)

Wir folgen diesen Prinzipien:

1. Unsere höchste Priorität ist es, den Kunden durch frühe und kontinuierliche Auslieferung wertvoller Software zufrieden zu stellen.
2. Heiße Anforderungsänderungen selbst spät in der Entwicklung willkommen. Agile Prozesse nutzen Veränderungen zum Wettbewerbsvorteil des Kunden.
3. Liefere funktionierende Software regelmäßig innerhalb weniger Wochen oder Monate und bevorzuge dabei die kürzere Zeitspanne.
4. Fachexperten und Entwickler müssen während des Projektes täglich zusammenarbeiten.
5. Errichte Projekte rund um motivierte Individuen. Gib ihnen das Umfeld und die Unterstützung, die sie benötigen und vertraue darauf, dass sie die Aufgabe erledigen.
6. Die effizienteste und effektivste Methode, Informationen an und innerhalb eines Entwicklungsteams zu übermitteln, ist im Gespräch von Angesicht zu Angesicht.
7. Funktionierende Software ist das wichtigste Fortschrittsmaß.
8. Agile Prozesse fördern nachhaltige Entwicklung. Die Auftraggeber, Entwickler und Benutzer sollten ein gleichmäßiges Tempo auf unbegrenzte Zeit halten können.
9. Ständiges Augenmerk auf technische Exzellenz und gutes Design fördert Agilität.
10. Einfachheit – die Kunst, die Menge nicht getaner Arbeit zu maximieren – ist essenziell.
11. Die besten Architekturen, Anforderungen und Entwürfe entstehen durch selbstorganisierte Teams.
12. In regelmäßigen Abständen reflektiert das Team, wie es effektiver werden kann und passt sein Verhalten entsprechend an.

Agiles Manifest als Rahmen

Die vier Werte und zwölf Prinzipien des Agilen Manifests definieren die Bedeutung von „Agile“ im Rahmen der OpenSpace Agility.

Es gibt eine wesentliche Voraussetzung bzw. Einschränkung, wenn mit agilen Praktiken experimentiert wird: Alle Praktiken müssen mit dem Agilen Manifest im Einklang stehen. Zumindest sollte jede Praktik die Kernwerte und die unterstützenden Prinzipien des Manifests nicht offensichtlich verletzen.

Eine gute Idee ist es, die Werte und Prinzipien in den Teamräumen und an anderen Orten auszuhängen, an denen alle Betroffenen daran erinnert werden können. Jeder wird ermutigt, Fragen zu stellen und darauf zu bestehen, dass die Praktiken mit dem Manifest übereinstimmen.

Da der erste und der zweite Open Space nur minimal strukturiert sind, ermutigt das die Teilnehmer dazu, eine breite Palette von Themen und Ideen zu diskutieren. Für die Experimente innerhalb der „100 Tage“ bietet das Agile Manifest gerade genug Struktur, um sicherzustellen, dass wirklich Agile verwendet wird, um mit Agile zu experimentieren.

- Beruhen die aktuellen Praktiken mehr auf Individuen und Interaktionen als auf Prozessen und Werkzeugen?
- Unterstützen diese Praktiken die Bemühungen, funktionierende Software zu liefern, ohne dafür umfassende Spezifikationen und andere Dokumentation zu fordern?
- Fördern sie die Zusammenarbeit zwischen Kunden und dem Team anstatt Diskussionen über detaillierte Vertragsspezifikationen?
- Unterstützen sie das Ändern von Plänen als Reaktion auf sich ändernde Bedürfnisse?

Wenn das der Fall ist, werden diese Praktiken gefördert. Wenn nicht, ist es an der Zeit, diese Praktiken genauer zu untersuchen und zu ändern.

- Stellt die Organisation ihre Kunden zufrieden, indem sie frühzeitig, häufig und kontinuierlich wertvolle Software oder andere Produkte liefert?
- Machen die Prozesse die Veränderungen so nutzbar, dass für die Kunden ein Wettbewerbsvorteil entsteht?
- Arbeiten die Geschäftsverantwortlichen und die Entwickler täglich zusammen, am besten in persönlichen Gesprächen?
- Entwickelt die Organisation Projekte rund um motivierte Teams, statt zu versuchen, Teams um wertvolle Projekte herum zu bilden?
- Sind lauffähige Software oder andere Produkte der primäre Maßstab für den Fortschritt?
- Können Sponsoren und Entwickler auf Dauer ein konstantes Tempo halten?
- Konzentriert sich die Organisation auf technische Exzellenz und gutes Design?
- Wird die Menge der Arbeit, die nicht getan werden muss, maximiert?
- Bestimmen die Teams, welche Arbeit sie übernehmen und wie sie das machen?
- Reflektiert jedes Team regelmäßig sein Verhalten und passt es an, um effektiver zu werden?

Wenn die Organisation den vier Werten und zwölf Prinzipien des Agilen Manifests folgt, wird sie jedes Mal mit „Ja“ antworten. Andernfalls müssen die Praktiken geändert werden.

Das Agile Manifest definiert eine klare Grenze zwischen agilen (erwünschten) Praktiken und nicht agilen (unerwünschten) Praktiken. Innerhalb dieser Grenze gibt es völlige Freiheit für die Selbstorganisation und das Experimentieren. Die Ergebnisse können erstaunlich sein.

Experimentieren

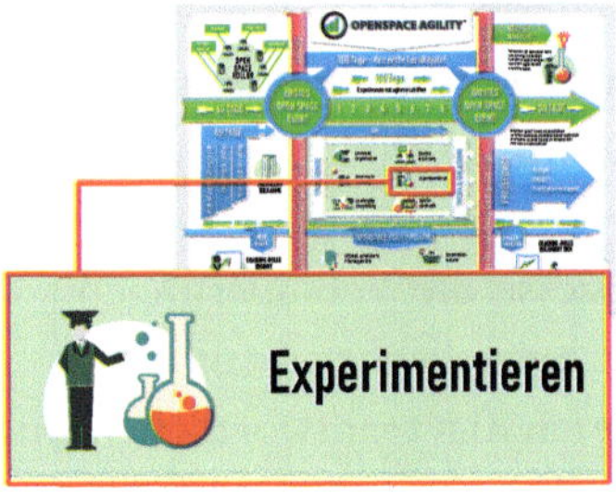

In der Zeit zwischen dem ersten und dem zweiten Open Space Event werden die Teams ermutigt, innerhalb der Leitplanken der agilen Prinzipien zu experimentieren.

Angesichts der vielen gescheiterten agilen Transformationen in der Branche kann man leicht verstehen, dass viele Menschen OpenSpace Agility mit einem gewissen Zynismus gegenüberstehen. OSA ermutigt Teams, das Misstrauen aufzugeben und mit verschiedenen Praktiken zu experimentieren. Sobald die Teams erkennen, dass die spezifischen Praktiken, mit denen sie arbeiten, tatsächlich funktionieren, verschwindet der Zynismus allmählich und das Team macht Fortschritte auf seiner Reise zur Hyperproduktivität.

Das Experimentieren ist der Schlüssel, um fruchtbare Bedingungen für die kontinuierliche Verbesserung in der gesamten Organisation zu schaffen.

Um Veränderungen in einer Organisation herbeizuführen, müssen die Menschen ihr Verhalten ändern. Menschen leisten gegen Veränderung und Unsicherheit Widerstand. Wichtige Übergänge sind voller Stress und Angst vor dem Unbekannten.

Wenn die Personen die Kultur der Organisation kennenlernen und merken, wie die Arbeit vorangeht, fühlen sie sich mit den Spielregeln allmählich wohler. Es ist ganz natürlich, dass Angst und Unsicherheit entstehen, wenn die Arbeitsweise verändert wird.

Das Experimentieren kann diese Angst reduzieren, da sich die Veränderung als erfolgreich beweisen muss. Ohne Angst und Sorge vor den Veränderungen können die Experimente für eine bestimmte Zeit durchgeführt werden. Die Ergebnisse der Experimente fördern neue Gewohnheiten und veränderte Verhaltensweisen.

Direkte Erfahrung

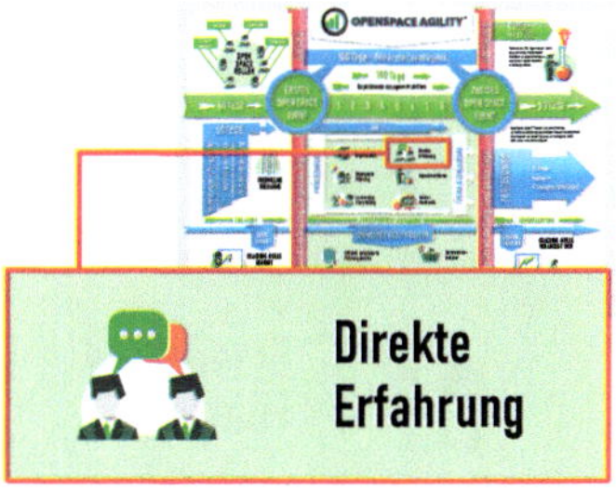

In OpenSpace Agility werden sachliche Berichte über und Inspektionen der direkten Erfahrungen mehr geschätzt als logische Argumente, Debatten und Meinungsverschiedenheiten.

Der Grund ist sehr einfach: Innerhalb jener Zeit, in der die Vorteile eines bestimmten Ansatzes diskutiert werden, können bereits mehrere Experimente durchgeführt werden, die wertvolle Ergebnisse durch die direkte Erfahrung bringen. Mit anderen Worten: „Bei manchen Dingen ist es besser, sie zu fühlen, statt darüber zu reden."

Während der „100 Tage" zwischen den beiden Open Space Events werden die Teilnehmer ermutigt, so viele Experimente wie möglich durchzuführen, die mit dem Ziel des kontinuierlichen Lernens und der kontinuierlichen Verbesserung im Sinne der ganzen Organisation im Einklang stehen.

Die meisten Menschen werden durch OSA zu Problemlösern. Sie beschäftigen sich intensiv damit, Lösungen für schwierige Probleme zu finden und diese Lösungen zu überprüfen. Sie schätzen konkrete Beweise mehr als erschöpfende Spekulationen über Gefühle, Annahmen und erwartete Ergebnisse.

Die direkte Erfahrung wird im Rahmen der periodisch wiederkehrenden Open Space Events „ausgepackt". Während dieser Veranstaltungen werden die Teilnehmer ermutigt, auszudrücken, was sie in Bezug auf den Einsatz agiler Prinzipien und verwandter Praktiken wollen, denken und fühlen. Sie ziehen ihre eigenen Schlüsse und finden selbst die besten Wege heraus, um die agile Transformation vorwärts zu bringen.

Emergente Führung

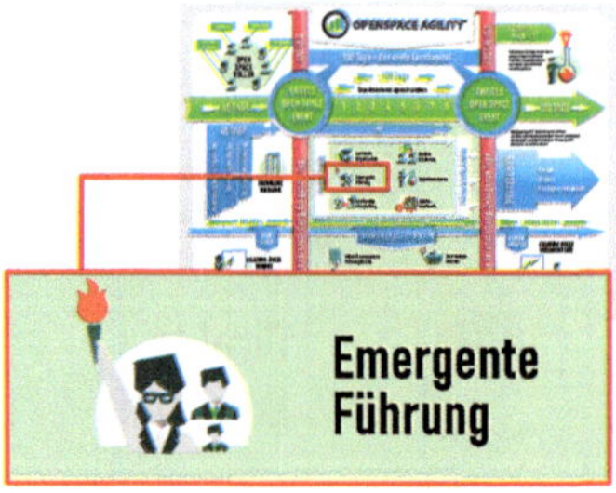

Formal autorisierte Führungskräfte werden ernannt. (Informelle) Leader treten im Laufe der Zeit in Erscheinung.

- **Formal autorisierte Führungskräfte** kümmern sich um die zukünftigen Ergebnisse der Organisation. Sie versuchen, das Engagement, den Fortschritt, die Verantwortlichkeiten und die Autorisierung für jene Mitarbeiter zu kontrollieren, die die Arbeit machen, indem sie formale Strukturen wie Prozesse, Werkzeuge, Vorgesetzte, Verträge, Rollen und Pläne verwenden.
- **(Informelle) Leader** kümmern sich um das Bedürfnis der Menschen nach Zugehörigkeit in der Organisation. Sie beeinflussen das Engagement, den Fortschritt, die Verantwortlichkeit und die Autorisierung der Menschen in der Organisation, indem sie informelle oder unsichtbare Strukturen wie Normen, Kultur, Geschichten, Status und Beziehungen nutzen.
- **Emergente Führung** hebt die verborgenen Werte einer Organisation. Emergente Führungskräfte entwickeln Engagement, Fortschritt, Verantwortlichkeit und Autorisierung innerhalb der Organisation, indem sie fließende, temporäre Strukturen wie Einladungen, freiwillige Teilnahme, direkte Erfahrung, Eigenverantwortung und persönliche Entwicklung nutzen.

Organisationales Lernen und Innovation werden durch emergente Führung möglich, weil eine Person die Initiative ergreift und die Führung für etwas übernimmt, für das sie brennt und das sie gerne ausprobieren möchte. Wenn es für die Menschen sicher ist, das Misstrauen beiseite zu lassen und davon auszugehen, dass auch sie selbst führen können, lernt die gesamte Organisation und hebt die verborgenen Schätze in ihren Menschen und in ihren Prozessen.

Formale und (informelle) Führungskräfte spielen eine wichtige Rolle bei der Förderung der emergenten Führung:

- **Engagement**: Damit emergente Führungskräfte die Herausforderung annehmen und aus ihren Komfortzone treten, müssen sie dazu eingeladen werden. Wenn das Hervortreten aus der Masse als Risiko wahrgenommen wird, werden die Menschen es auch nicht versuchen. Es kann also weder einen formalen Auftrag durch die formale Führung geben noch einen informellen Auftrag oder Gruppenzwang durch informelle Führer. Das Merkmal der Einladung ist, dass jeder sie annehmen oder ablehnen kann, ungeachtet der formellen Titel und des informellen Status.
- **Fortschritt**: Der Fortschritt wird bei OpenSpace Agility anhand der Geschichten über Initiativen, Experimente, emergente Führungskräfte und direkte Lernerfahrungen gemessen. Unabhängig vom Ergebnis müssen die formal autorisierten Führungskräfte Geschichten über die Bemühungen zum Lernen in einem „sicheren Raum“ erzählen und feiern. Informelle Führungskräfte müssen die Menschen dabei unterstützen und dazu ermutigen, ihre eigenen Lerngrenzen herauszufordern.
- **Verantwortung**: Emergente Führungskräfte treten in Erscheinung, weil sie ihre Ausrichtung auf den Zweck, die Autonomie und die Meisterschaft schärfen wollen. Sie sagen: „Ich möchte es möglich machen.“ Formal autorisierte Führungskräfte betonen die Verantwortung auf Basis von Verträgen, während informelle Führungskräfte die Beziehungen betonen. Emergente Führungskräfte fühlen sich einem persönlichen Zweck und dem Sinn ihres Teams für Autonomie und Meisterschaft (d.h. Lernen) verpflichtet.
- **Autorität**: Formal autorisierte Führungskräfte autorisieren die Arbeit, indem sie Pläne machen. Informelle Führungskräfte tun dies, indem sie auf Veränderungen reagieren. Emergente Führung ermächtigt jeden, als Führer in Erscheinung zu treten und

im Rahmen einer temporären Führungsrolle zu experimentieren. Formal autorisierte Führungskräfte und informelle Führungskräfte müssen emergente Führung zulassen und fördern. „Darf ich diese Initiative leiten?" ist eine Einladung, die angenommen oder abgelehnt werden kann.

Leadership Storytelling

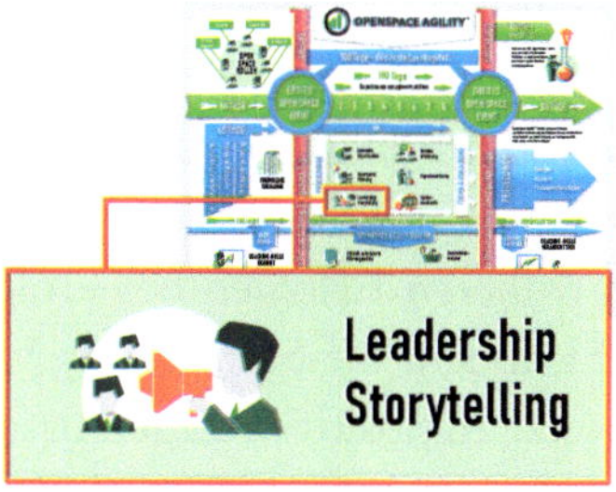

Ein großer Teil der Kultur einer Organisation wird durch die Geschichten geschaffen und widergespiegelt, die sich die Menschen in dieser Organisation erzählen. Geschichten über die Vergangenheit, die Gegenwart und die Zukunft helfen dabei, eine kohärente Erzählung über das Wesen der Organisation zu erschaffen. Durch das Erzählen und Nacherzählen dieser Geschichten wird die Organisation lebendig.

Wenn eine Organisation und ihre Mitarbeiter Veränderungen durchmachen, steigt der Bedarf an Geschichten. Die Menschen erwarten instinktiv von ihren Führungskräften, dass sie diese Lücke schließen. Können die Führungskräfte keine kohärenten Erzählungen über die Veränderung liefern, werden die Menschen ihre eigenen Geschichten entwickeln, um den erlebten Veränderungen einen Sinn zu verleihen. Wenn Geschichten nicht aus einer Intention heraus entstehen, sondern als Reaktion, kann es passieren, dass diese Geschichten mit dem Zweck der Veränderung zusammenpassen – oder auch nicht. Die Organisation riskiert damit, dass eine Kultur entsteht, die auf zufälligen, unzusammenhängenden Geschichten basiert, die nicht mit den Zielen der Organisation übereinstimmen. Das schafft ein völlig unnötiges und kontraproduktives Maß an Verwirrung, Widerstand und Angst.

Diese Lücke können Führungskräfte füllen, indem sie zielgerichtet Geschichten erzählen und entwickeln. Organisationale Veränderungen haben dann Erfolg, wenn der Zweck der Veränderung durch kohärentes Storytelling von den formal autorisierten Führungskräften kommuniziert wird. Das Leadership Storytelling beginnt vor dem ersten Open Space Meeting, setzt sich während des Experimentierens mit agilen Praktiken und im OST-2 fort und wird in der Zukunft weitergeführt, während sich die Organisation immer weiter entwickelt.

Vergangenheit, Gegenwart und Zukunft

Positive Geschichten über die Vergangenheit zu erzählen, ehrt jene Menschen, die zu den früheren Erfolgen beigetragen haben. Ein kohärentes Narrativ entsteht, indem die Stärken der Vergangenheit identifiziert werden, die auch jetzt zu positiven Ergebnissen führen können. Da die Veränderungen jetzt – in der Gegenwart – stattfinden, werden hier auch die Erfahrungsberichte zu den Experimenten geteilt: Wer versucht was und was ist das Resultat? Diese Geschichten unterstützen den Ansatz, durch die Veränderung zu gehen, indem man möglichst viele Lernexperimente durchführt. Geschichten über die Zukunft sind Visionen. Diese Geschichten werden darüber informieren, wie die gegenwärtigen Aktivitäten zu zukünftigen Arbeitsweisen führen werden.

Geschichten erschaffen

Geschichten über die Vergangenheit, Gegenwart und Zukunft zu erzählen, hilft dabei, ein kohärentes Narrativ über den Verlauf der Veränderungen zu bilden, die während des Übergangsritus der „100 Tage" geschehen sind. Durch bewusste, authentische Handlungen und Verhaltensweisen können Führungskräfte solche Geschichten über organisatorische Veränderungen generieren.

Damit diese Geschichten entstehen können, müssen sich die Führungskräfte bewusst auf eine Art und Weise verhalten, die zur Geschichte der Veränderung passt und das Erzählen der Geschichten dann jenen zu überlassen, die sich dazu berufen fühlen. Worauf auch immer die formal autorisierten Führungskräfte ihre Aufmerksamkeit richten, wird dem Rest der Organisation signalisieren, was wichtig ist.

Menschen orientieren sich an ihren Führungskräften, um der Veränderung einen Sinn zu geben. Durch Leadership Storytelling wird es wahrscheinlicher, dass Veränderungsinitiativen tatsächlich Wurzeln schlagen und erfolgreich sind.

Lernende Organisation

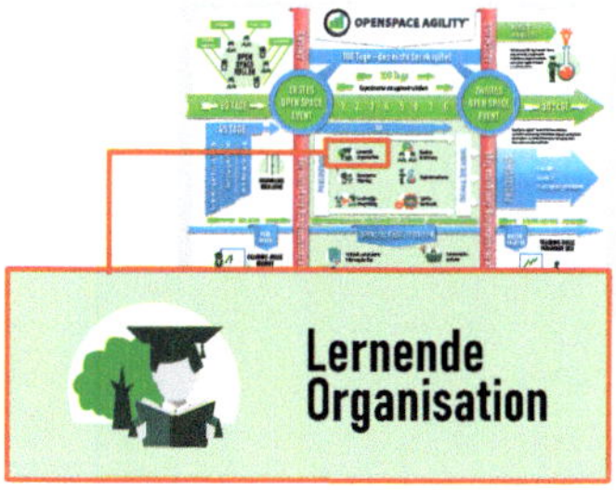

Für moderne Unternehmen ist das organisationale Lernen der entscheidende Wettbewerbsvorteil. Die zunehmende Komplexität des technologischen Fortschritts macht es zwingend erforderlich, die geballte Intelligenz unserer Teams zu nutzen. Wenn das passiert, ist das Ergebnis ein kollektiver Erfolg für das Unternehmen. Studien zeigen, dass Lösungen, die von Teams erarbeitet wurden, weit besser sind als Lösungen, die von Einzelpersonen – sogar den „klügsten“ – erarbeitet werden.

Das Lernen und die Umsetzung des Gelernten sind oft im Konflikt: Lernen führt uns von Natur aus auf das Gebiet der unbekannten und potentiellen Misserfolge. Um organisationales Lernen zu ermöglichen, muss die Kultur den Teams erlauben, schnell Fehler zu machen und daraus zu lernen.

Organisationales Lernen ist der Motor der Innovation, und das wirkt sich unmittelbar auf das Unternehmensergebnis aus. Außerdem: Wenn Sie ein wenig Gespür für die Zeichen der Zeit haben, werden Sie bemerken, dass die größten Talente der gerade aufstrebenden Mitarbeitergeneration nur in lernenden Organisationen arbeiten wollen.

In den meisten Unternehmen hat die Generation der Millenials die Baby Boomer zahlenmäßig bereits überholt. Es ist eine Generation, deren mentales Modell ganz anders ist als das der früheren Generationen. Die Menschen in dieser Generation schätzen vor allem eine engagierte Belegschaft. Es ist eine Netzwerkkultur, man ist ohne Einschränkungen miteinander verbunden. Zusammenzuarbeiten und miteinander auszukommen ist wichtiger, als Recht zu haben. Millennials lieben die Zusammenarbeit. Wenn Unternehmen für diesen immer wichtiger werdenden Talentepool attraktiv sein wollen, müssen sie produktive Umgebungen schaffen, in denen die Teamarbeit gedeiht.

Der Abschluss (PDCA: Check)

Konzepte

- Vorbereitung für den zweiten Open Space
- Neues Thema und neue Einladung
- Was sollte die Organisation als Nächstes tun?

Kontext

- Die Teams haben einen Open Space selbst erlebt und wissen deshalb, was sie beim OST-2 und bezüglich Selbstorganisation erwarten können.
- Die Teams haben über 100 Tage lang durch das Experimentieren mit agilen Praktiken direkte Erfahrungen gesammelt. Sie haben gesehen, was funktioniert hat und was nicht, und sie haben gelernt, wie sie ihre Praktiken mit dem Agilen Manifest in Einklang bringen.
- Die Zeit wird knapp. Der Coach wird bald abreisen. Es ist Zeit für die Teams, sich weiterzuentwickeln und die Verantwortung dafür zu übernehmen, die agile Transformation voranzutreiben.
- Das OST-2 dient als Übergangsritus, da das aktuelle Lernkapitel endet und ein neues Kapitel beginnt.

Aufgaben

- Entwickeln Sie das Thema für OST-2
- Entwerfen und versenden Sie die Einladungen für OST-2
- Veranstalten Sie OST-2 und handeln Sie auf Basis der Proceedings

Thema und Einladung

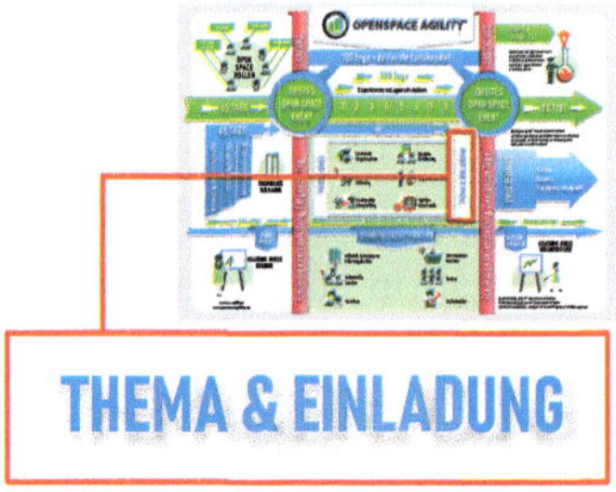

Das Thema und die Einladung sind in der Vorbereitung jedes Open Space Events besonders wichtige Komponenten. Vor OST-1 wurden auf diese Weise der Open Space, die agile Initiative, das Thema und die Bedeutung der freiwilligen Teilnahme vorgestellt.

Am Ende der „100 Tage" des Experimentierens mit agilen Praktiken erwartet die Organisation OST-2. Und im Allgemeinen werden die Leute, die daran teilnehmen wollen, gut darauf vorbereitet sein.

Die Geschichte der Veränderungen, die während der letzten 100 Tage passiert sind, sind ihnen noch frisch im Gedächtnis. Sie wissen genau, wie schnell die Proceedings nach dem Open Space verteilt und bearbeitet werden. Das Storytelling der Führungskräfte während der letzten 100 Tage hat den Prozess des Experimentierens bestärkt und unterstützt.

Außerdem gibt es ein wachsendes Bewusstsein für die schwierigsten Hindernisse, vor denen die Organisation steht und für das Ziel der kontinuierlichen Verbesserung. Den Menschen ist bewusst, dass sich die Rolle des Coachings verändern wird und dass der Coach nur mehr begrenzt verfügbar ist. Die Zeit wird knapp.

Die Coaches helfen dem Sponsor, das Thema und die Einladung für OST-2 zu erarbeiten und können daher die Taktik ändern und offener kommunizieren. Ihre Rolle wird sich bald ändern – daher müssen sie ihre Rhetorik zuspitzen.

OST-2 wird nicht mehr so neuartig sein und wird daher tendenziell weniger Besucher haben. Diejenigen aber, die teilnehmen, werden besser vorbereitet sein und dazu bereit sein, klar umrissene Themen mit mehr Fokus und Engagement anzugehen.

Zweites Open Space Event (OST-2)

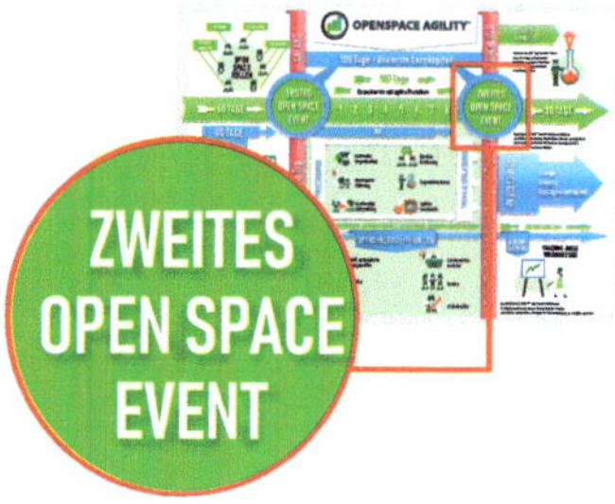

Das zweite Open Space Event wird anders sein als OST-1.

- Jeder weiß, wie Open Space funktioniert. Die ursprüngliche Neuartigkeit von Open Space ist nicht mehr vorhanden.
- Es ist nicht nur eine Zukunftskonferenz, die nach vorne schaut, sondern auch eine Retrospektive, die zurückblickt.
- Jeder hat beobachtet und erlebt, wie sich die formal autorisierten Führungskräfte nach OST-1 und während der „100 Tage" verhalten haben.
- Einige der Widerständler tolerieren die agilen Prinzipien inzwischen oder sind sogar zu Befürwortern geworden.
- Die Tolerierenden könnten jetzt die Agile Transformation unterstützen.
- Jeder hat eine sehr gute Vorstellung davon, wo die anderen bei ihren Experimenten mit agilen Prinzipien und Praktiken stehen.
- Leicht zu beseitigende Hindernisse wurden größtenteils ausgeräumt, einige sehr heikle Probleme und Themen bestehen noch.
- Diejenigen, die dazu neigen, das System zu manipulieren, werden wahrscheinlich einen Plan schmieden, wie sie am OST-2-Event teilnehmen können, um „mitzuspielen".

Der Sponsor kann diese Energie nutzen, indem er sich auf das Beseitigen der in den Proceedings beschriebenen Hindernisse konzentriert.

Das Folgende können Sie erwarten:

- Es werden weniger Personen teilnehmen. Beim OST-1 waren einige Schaulustige mit dabei, die am OST-2 meistens nicht mehr teilnehmen.

- Die Themen konzentrieren sich auf wenige große Probleme, aber es sind genau jene Dinge, die den Sprung auf die nächste Stufe des Fortschritts behindern.
- Der Schlusskreis ist kleiner.
- Der Coach verlässt das Unternehmen oder wechselt in eine substanziell neue Rolle, zum Beispiel: Er wechselt vom Coaching der Teams in das Coaching ausschließlich für Product Owner, Moderatoren, Scrum Master oder Führungskräfte.

Das OST-2-Event ist ein wichtiger Inspektionspunkt. Während dieses Treffens untersucht die Organisation die Ergebnisse der letzten „100 Tage" des Experimentierens mit agilen Praktiken.

Jene Praktiken, die nicht klar funktionieren, werden als Ergebnis von Diskussionen in diesem Meeting angepasst, abgestimmt oder sogar verworfen.

Was der kontinuierlichen Verbesserung im Wege steht, wird in der Regel klar identifiziert und diskutiert.

OST-2 ist ein Aufruf zum Handeln.

Beim OST-2 konzentrieren sich genau jene Teilnehmer, die sich wirklich für kontinuierliche Verbesserung einsetzen. Die Personen, die am OST-2 teilnehmen, sind jene Personen, die den offenen Ansatz und die wirksamen Ergebnisse von OpenSpace Agility mögen.

Freiwillige Veranstaltung: Zwei volle Tage

Das zweite Open Space Event ist ein großartiger Ort, um Maßnahmen zu definieren und zu setzen. Die Gruppe hat das OST-1 und die „100 Tage" des Experimentierens mit agilen Praktiken erlebt. Die gesamte Gruppe kennt die offenen Punkte, die Möglichkeiten und die Probleme. Die einzelnen Mitglieder der Organisation wissen sehr genau, wer den Veränderungsprozess gerade unterstützt – und wer nicht. Es kann daher sein, dass das OST-2 zu einem längeren Meeting wird. Eine zweitägige Veranstaltung bietet genügend Zeit, um die offenen Punkte zu identifizieren, Probleme zu lösen und Maßnahmen zu ergreifen.Die Teilnehmer können sofort auf eine Art und Weise handeln, die über die formal autorisierten Führungskräfte hinausgeht und alle Anwesenden einschließt. Beim OST-2 geht es darum, den Fokus, die Absichten und die Ergebnisse zu schärfen. Es geht darum, zu handeln.

Am besten startet das OST-2 am Nachmittag des ersten Tages und dauert dann einen ganzen weiteren Tag. Durch diesen breiteren Zeitrahmen können am Ende auch Aktivitäten gesetzt werden, die Energie, Bewegung und eine gewisse „Fluchtgeschwindigkeit" für jene Themen erzeugen, die am dringendsten angegangen und gelöst werden müssen.

Während des letzten Teils des zweiten Tages kann der Facilitator spezielle Aktivitäten einbinden, die der Gruppe dabei helfen, Verantwortung und Handlungsbereitschaft für jene Themen zu übernehmen, die der Gruppe im Wege stehen. Die „100 Tage" sind vorbei und die Menschen fühlen sich gestärkt. Den formal autorisierten Führungskräften bietet das OST-2 eine großartige Möglichkeit, um zu signalisieren, dass die Gruppe genügend Befugnisse („Erlaubnis") hat, um die Führung in der Agilen Transformation zu übernehmen und selbstständig die Fluchtgeschwindigkeit zu erreichen.

Die Proceedings von OST-2

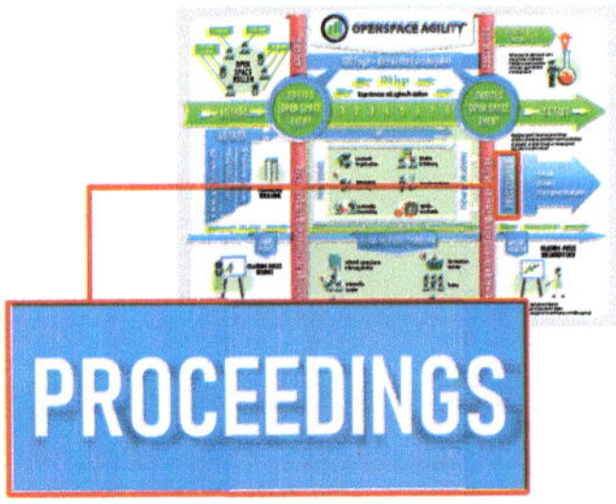

Die Proceedings des zweiten Open Space Events erfüllen viele derselben Funktionen wie die Proceedings des OST-1 und erfordern die gleiche Unterstützung.

Es gibt aber auch signifikante Unterschiede:

- Die Teilnehmer verstehen den Prozess bereits, daher brauchen sie weniger Orientierung und es muss ihnen nicht mehr die Hand gehalten werden.
- Das OST-2 hat normalerweise einen kleineren, aber umso entschlosseneren Teilnehmerkreis. Diejenigen, die teilnehmen, zeigen typischerweise ein viel höheres Maß an Engagement und Fokus.
- Die Themenliste ist kürzer und konzentriert sich auf die größten Hindernisse und Schwierigkeiten, die einer leistungsstarken und lernenden Organisation im Wege stehen.
- Hier ereignet sich ein ähnliches Nach-OST-Treffen (um die Proceedings auszuwerten, Anm. d. Übers.), aber die Rolle des Coaches ändert sich oder endet sogar, nachdem sich die Führungskräfte die OST-2-Proceedings angesehen haben. Im Hinblick auf die Veränderung ihrer Rolle spitzen die Coaches ihre Rhetorik zu, und das macht die Proceedings des OST-2 zu einer reichen Quelle an Material. Denn in diesen Proceedings kann der Coach die kritischen Punkte betonen, auf die die Führungskräfte achten sollten.

Dass sich die Rolle der Coaches nach dem OST-2 ändert, nimmt die fokussierte und engagierte emergente Führung als Signal zum „Gasgeben“ wahr. Sie verstehen nun, was getan werden muss, um die nächste Stufe zu erreichen.

Weiterentwicklung (PDCA: Act)

Konzepte

- Ein Kapitel endet, ein anderes beginnt
- Reflexion, Inspektion und Anpassung des Verhaltens
- Wiederkehrender Open Space

Kontext

- Dieses Kapitel des organisationalen Lernens ist abgeschlossen. In OST-1 sind Probleme zum Vorschein gekommen, die von den Führungskräften aufgegriffen wurden und die Teams haben sich dazu ermächtigt, in einem definierten Zeitfenster Experimente durchzuführen.
- Die engagiertesten Leute haben am OST-2 teilgenommen und die verbleibenden großen Probleme identifiziert. Auf Basis der Proceedings haben die Führungskräfte gehandelt und die Teams zum Weitermachen ermächtigt.
- Die Menschen haben Selbstorganisation und das Gefühl von Kontrolle erfahren und sie haben den Fortschritt bemerkt, als sie einen neuen Level erreicht haben.

Aufgaben

- Ändern Sie die Rolle der Coaches
- Planen Sie den nächsten wiederkehrenden Open Space

30 Tage

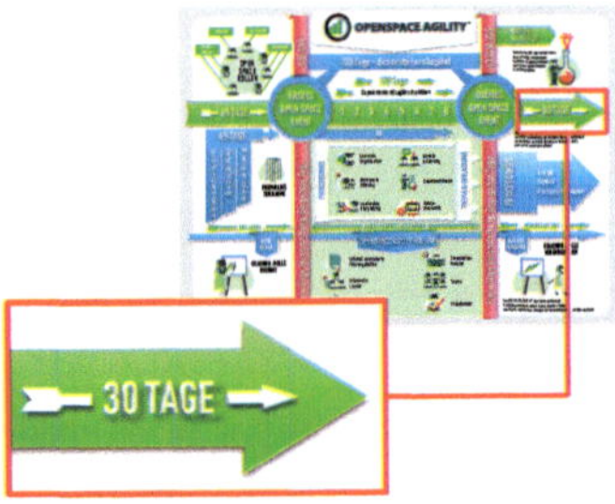

Das zweite Open Space Meeting ist eine Abschlussveranstaltung. Es grenzt das vorhergehende Kapitel des organisationalen Lernens vom nächsten ab und ist der Schlusspunkt des organisationalen Übergangsritus. Dieser Übergangsritus ist am effektivsten, wenn die Organisation das Gefühl des „Auflevelns“ oder Aufsteigens hat.

Nach dem OST-2 sollte der Coach die Organisation für mindestens 30 Tage verlassen. Dadurch verstärkt sich das Gefühl des Fortschritts und des Aufstiegs auf den nächsten Level. Es unterstützt das Gefühl, etwas erreicht zu haben.

Wenn sich die Coaching-Rolle nicht ändert, schwächt dies das Gefühl des Fortschritts. Die Rolle muss sich also ändern, denn das Ziel von OpenSpace Agility ist es, die Organisation so früh wie möglich in einen Zustand der sich selbst erhaltenden, unabhängigen Agilität zu bringen. Das kann nur passieren, wenn die Rolle des Coaches und dessen wahrgenommene Autorität innerhalb des Teams kleiner werden.

Die „30-Tage“-Periode nach dem OST-2 ist eine Zeit, in der die Menschen das Gelernte aus dem OST-1, den Experimenten und dem OST-2 integrieren. Es ist eine Zeit, in der sie über das Gelernte nachdenken, in der sie die Ergebnisse analysieren und ihr Verhalten anpassen.

Das ist ein guter Zeitpunkt, um einige Fragen zu stellen, wie zum Beispiel:

- Sind Champions der agilen Transformation sichtbar geworden?
- Lassen sich diese namentlich identifizieren?
- Wie schnell hat die Organisation in der Zeit zwischen OST-1 und OST-2 auf die „Proceedings“ reagiert?

- Welche Maßnahmen ergreift die Organisation, ohne direkt vom Coach dazu aufgefordert zu werden?
- Was passiert mit Menschen, Plänen und Richtlinien als Ergebnis von OpenSpace Agility?
- Nimmt die Organisation wesentliche Änderungen vor?
- Was sind die Ergebnisse der ersten 100 Tage des Experimentierens mit agilen Praktiken?
- Haben die Teams gelernt, ihre Praktiken an das Agile Manifest anzupassen, damit sie ihre Arbeit besser erledigen können?

Die Coaching-Rolle verändert sich

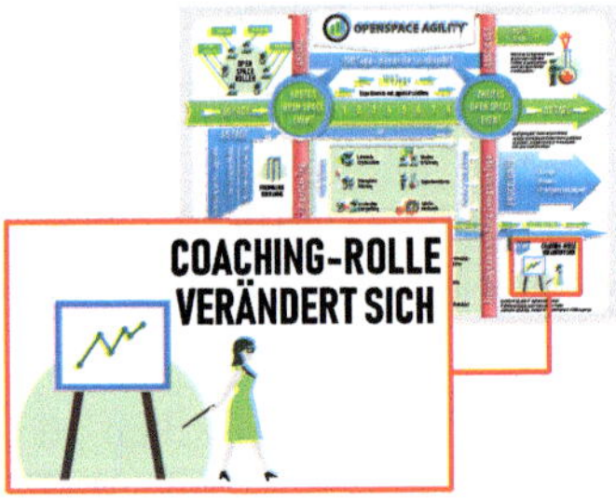

Eines der grundlegenden Konzepte von OpenSpace Agility ist, dass sich die Menschen gut fühlen, wenn sie das Gefühl des Fortschritts erfahren. Dieses Gefühl des Fortschritts wird bei Spielen durch das „Aufleveln“ ausgelöst. Bei Standard-Implementierungen von Agile bleiben die gleichen Coaches möglicherweise jahrelang in denselben Teams. Das wird zu einem Hindernis für Teams, die nach Fortschritt und spezifischen Ereignissen suchen, die diesen Fortschritt widerspiegeln.

Daher müssen die Coaches immer wieder betonen, dass ihre Rolle naturgemäß befristet ist. Sie müssen gegenüber den Top-Managern, Direktoren, Führungskräften und Teams kommunizieren, dass sie selbst mit dem herausfordenden (und lohnenden) Prozess des Lernens beginnen müssen, durch den sie den Zustand der unabhängigen und sich selbst erhaltenden Agilität erreichen können. Dies bedeutet, sich kontinuierlich verbessern zu können, ohne dass eine externe Autorität namens „Coach“ gebraucht wird, die ihnen sagt, was sie tun „sollten“.

Organisationen machen Fortschritte in kleinen Schritten und brauchen ein gewisses Maß an Coaching auf diesem Weg. Die Organisation muss den Fortschritt spüren, wenn sie das vorhergehende Kapitel des organisationalen Lernens beendet und ein neues beginnt. In diesem vorherigen Kapitel war der Coach eine Autoritätsperson. Wenn der Coach diese Rolle verlässt und mit anderen Teams oder in anderen Organisationen arbeitet, werden die vorherigen Teams aufleveln und das nächste Kapitel ihrer agilen Transformationsgeschichte selbst schreiben.

Das Coaching kann im neuen Kapitel fortgesetzt werden, aber mit einem anderen Coach und einem anderen Zeremonienmeister. Zweck der

Rollenverlagerung ist, ein Gefühl des „Auflevelns" und des Fortschritts zu vermitteln, während die gesamte Organisation den Weg der Transformation geht. Die Zeiten des organisationalen Lernens werden von Open Space Events eingerahmt, die das Ende eines Kapitels und den Beginn eines anderen Kapitels unterstreichen.

Die Open Space Veranstaltungen sind wichtige Rituale oder Zeremonien, die durch Zeit und Erfahrungen Grenzen definieren. Diese Entwicklung kennen wir auch aus unserer Schulzeit: Wenn wir von Klasse zu Klasse aufsteigen, unterstreichen Abschlusszeremonien das Ende einer Lernerfahrung und den Beginn einer neuen Lernerfahrung. Mit OSA ist es genauso.

Energie, Handeln, Fluchtgeschwindigkeit

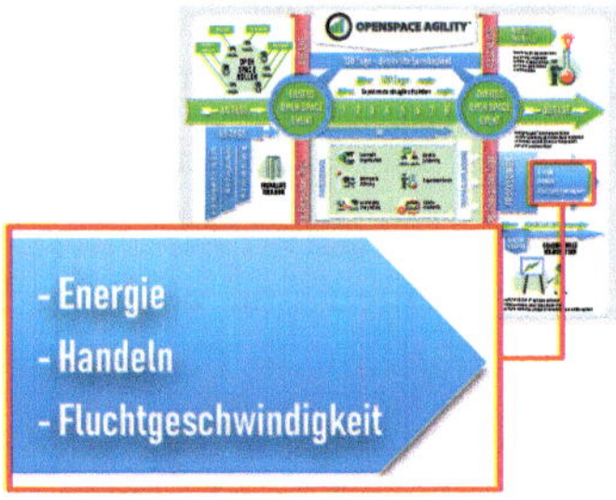

Zu dem Zeitpunkt, an dem das zweite Open Space Event stattfindet, sind die Teilnehmer energiegeladen und bereit, etwas zu unternehmen. Sie haben in einer offenen Umgebung mit agilen Praktiken experimentiert. Während OST-2 blicken sie einerseits zurück und andererseits nach vorne auf den nächsten Schritt des Loslösens von Praktiken, die nicht funktionieren.

Fördern und initiieren Sie im Rahmen von OST-2 Aktionen, statt darauf zu warten, dass formal autorisierte Führungskräfte etwas Bestimmtes tun. Hier und jetzt können sie die Menschen zu noch mehr Engagement und Selbstverpflichtung ermutigen. Erfahrene formal autorisierte Führungskräfte können diese Energie in die richtigen Bahnen lenken, indem sie jene Bereiche aufzeigen, in denen die Gruppe selbst Maßnahmen ergreifen darf.

Üblicherweise kommen beim OST-2 drei oder vier große Probleme zum Vorschein, die im Weg stehen und gelöst werden müssen. Möglicherweise ist ein Produkt-Road-Mapping auf Unternehmensebene nötig. Oder es gibt bestehende Richtlinien und Rollen, die geändert oder überhaupt abgeschafft werden müssen, weil sie die kontinuierliche Verbesserung behindern. Es wird Probleme geben, die groß sind, Aufmerksamkeit verlangen und Maßnahmen erfordern.

Um diese Probleme anzugehen und den Schwung aufrechtzuerhalten, ist es am besten, im Rahmen von OST-2 Aktivitäten zur Problemlösung zu setzen.

Der Coach, der Open Space Facilitator und der Sponsor sollten gemeinsam für dieses Meeting einige Aktivitäten entwerfen, die das Handeln und das Übernehmen von Verantwortung für die Problemlösung stark fördern.

Eine unbedingte Voraussetzung ist, dass der Sponsor alle diese Maßnahmen ordnungsgemäß genehmigt.

Idealerweise sieht der IST-Zustand der Organisation nach dem OST-2 folgendermaßen aus:

- Die Gruppe kann die drängendsten Probleme eindeutig identifizieren.
- Für jedes Problem gibt es einen „Champion", der die Leidenschaft und die Verantwortung mitbringt, um die Aufgabe anzugehen und zu lösen.
- Für jedes Problem gibt es ein größeres Team, das helfend unterstützt.
- Für jedes Problem gibt es zwischen dem Champion und dem Team eine klare Vereinbarung darüber, wer nach dem OST-2 das Problem angehen wird. Auf diese Art und Weise manifestiert sich allmählich in der gesamten Organisation ein Gefühl des Fortschritts. Es dauert nicht lange, und die Kultur beginnt sich in die Richtung der kontinuierlichen Verbesserung zu drehen, mit der festen Absicht, großartige Ergebnisse zu erzielen.

Wenn das passiert, verschwinden viele Hindernisse von selbst. Diejenigen, die eine neue Kultur nicht wirklich unterstützen, erkennen nämlich, dass sich in den vergangenen „100 Tagen" mehr als nur ein paar Dinge geändert hat. Die Kultur bewegt sich und erreicht allmählich die Fluchtgeschwindigkeit, die sie für das Vorankommen braucht.

Höhere Leistung

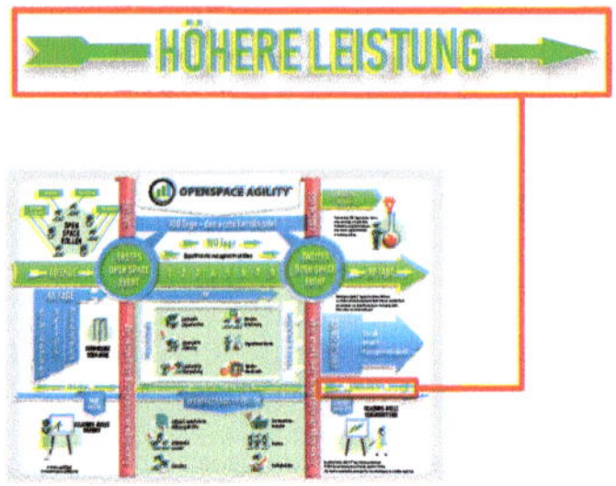

Unternehmen setzen OpenSpace Agility mit der Absicht ein, eine höhere Leistung zu erzielen. Diese höhere Leistung entsteht Team für Team im Laufe des Transformationsprozesses.

Den Teams wird die passende Struktur zur Verfügung gestellt, damit sie lernen und mit den verschiedenen agilen Praktiken experimentieren können. Das große Ziel ist, eine Reihe agiler Praktiken zu finden, die die Leistung beschleunigen.

Haben die Teammitglieder einmal die Kraft der autonomen Entscheidungen zu ihrer Arbeitsweise erlebt, schärft das ihre Motivation und ihre Fähigkeit, Bereiche zu erkennen, die Aufmerksamkeit erfordern. Dieses höhere Engagement führt zu noch höherer Leistung.

Wenn ein Team diese Geschwindigkeit erreicht, ist die positive Einstellung ansteckend.

Nach einiger Zeit fängt die gesamte Kultur an, die kontinuierliche Verbesserung zu schätzen. Wenn das geschieht, beginnt sich die Kultur wirklich zu verändern.

Wiederkehrende Open Space Events

In der Praxis denkt die Organisation jetzt viel unabhängiger und fühlt sich stärker für ihr eigenes Lernen verantwortlich. In symbolischer Hinsicht ist die Änderung des Status der Coaches extrem wichtig und wird während des Übergangsritus noch einmal betont, um deutlich zu machen, dass die Organisation auf dem besten Wege ist, die agilen Ideen in ihr kulturelles Gefüge zu integrieren.

Der letzte Aspekt von OpenSpace Agility ist das halbjährliche Open Space Event. Diese Ereignisse, die im Januar und Juli stattfinden, sind wichtig und wegweisend – die ganze Organisation wartet darauf. Es sind gleichzeitig Veranstaltungen, bei denen neue Mitarbeiter in die Kultur aufgenommen werden.

Da diese kulturellen Events zu Fixpunkten im Kalender der Organisation gehören, sinkt das Risiko der Abhängigkeit von einzelnen Führungskräften – es könnte sogar ganz verschwinden. In vielen Fällen scheitern agile Initiativen nämlich, weil ein mit viel Entscheidungsmacht ausgestatteter Sponsor, der gleichzeitig eine progressive Führungskraft ist, das Unternehmen verlässt. Der notwendige sichere Raum für die Umsetzung von Agile verschwindet mit dieser Führungskraft.

Wiederkehrende, halbjährliche Open Space Events schaffen den notwendigen Rahmen, damit die agile Transformation weitergehen kann – unabhängig davon, ob der frühere Sponsor noch in der Organisation ist oder nicht.

OpenSpace Agility Theorie

OpenSpace Agility beruht auf einigen Kernideen der Spielemechanik und der Kulturanthropologie. Beides werden wir im Folgenden detailliert beschreiben. Es ist wichtig, die Theorie von OSA zu verstehen, bevor Sie es implementieren. Lesen Sie dieses Kapitel also sorgfältig.

Freude

Arbeit kann als Spiel betrachtet werden. Sind die grundlegenden Voraussetzungen für die Freude an der Arbeit nicht vorhanden, kündigen die Menschen innerlich oder verlassen das Unternehmen. Werden die zentralen Anforderungen hingegen erfüllt, erfahren die Menschen automatisch Spaß, Zufriedenheit und möglicherweise ein tiefgreifendes Wohlbefinden. Durch gezieltes Design und den Einsatz der Mechaniken guter Spiele schafft OpenSpace Agility Freude.

Die Arbeit ist KAPUTT, wenn es keinen Spaß mehr macht zu spielen. Bauen Sie daher die Mechanik guter Spiele in die Arbeits- und Besprechungsstrukturen ein, um im Arbeitskontext Freude zu liefern.

Das sind die Voraussetzungen für Freude an der Arbeit:

- Ein Gefühl der Kontrolle
- Ein Gefühl des Fortschritts
- Ein Gefühl der Zugehörigkeit und Mitgliedschaft
- Ein Gefühl eines höheren Sinns und höherer Bedeutung

Wenn man die Sache auf diese Weise betrachtet, wird es möglich, Interaktionen, Besprechungen und die Arbeit selbst besser zu gestalten, sodass die Teilnahme daran auf eine befriedigende, unterhaltsame und natürlich produktive Erfahrung hin optimiert wird.

OpenSpace Agility nutzt die Spielemechanik, um die Einführung von Agile angenehm und unterhaltsam zu gestalten.

Spiele

Spiele haben vier grundlegende Eigenschaften. Wenn die Werte für jede Eigenschaft „wohlgeformt" sind, ist das Spiel angenehm, macht Spaß und ist befriedigend. Sind die vier Eigenschaften nicht „wohlgeformt", macht das Spiel keinen Spaß und die Leute machen nicht mehr mit. Ist das nicht möglich, engagieren sie sich einfach nicht mehr (sie kündigen innerlich).

Die vier grundlegenden Eigenschaften eines guten Spiels sind:

- Ein klares Ziel
- Ein klares Regelwerk, das einheitlich angewendet wird
- Ein klarer Weg, um Feedback zu erhalten und den Fortschritt zu verfolgen
- Eine freiwillige Teilnahme

Gut ausgeführte agile Muster und Praktiken sind in der Regel (aber nicht immer) wohlgeformte Spiele. Wohlgeformte Spiele sind mit Zufriedenheit, Glück und sogar Freude verbunden; schlecht definierte Spiele hingegen mit Abkopplung, einem niedrigen Lernniveau und einem ausgeprägten Mangel an Freude.

OpenSpace Agility macht Veränderungen der Kultur einfacher, indem es zu einem guten Spiel gemacht wird. Die wichtigste Komponente dieses Spiels ist die Einladung, die an die Stelle der Anordnung tritt. Die Teilnehmer werden dazu eingeladen, mit agilen Praktiken zu experimentieren, statt dazu gezwungen zu werden, ohne Teil des Entscheidungsprozesses zu sein.

Kultur ist ein Spiel und die agile Kultur ist dabei keine Ausnahme. Die Einführung von Agilität ist ein Spiel. Damit sie Spaß macht, müssen wir vier Eigenschaften optimieren: die Ziele, Regeln, Feedbackschleifen und die Möglichkeit, am Spiel freiwillig teilzunehmen oder auszusteigen. Den Fokus auf die Spielemechanik zu legen, ist bei OpenSpace Agility essenziell.

Einladung, Freiwilligkeit und Engagement

Anordnungen bremsen das Engagement und können Ihre agile Transformation sogar ruinieren. Agile Praktiken anzuordnen, mindert das Potenzial für echtes Engagement.

Eine Einladung fördert das Engagement, weil sie den Menschen die Wahl lässt. Das Gefühl, die Kontrolle zu haben und dazuzugehören sind Quellen der menschlichen Freude. Wenn man zu- oder absagen kann, wächst das Gefühl der Kontrolle. Eine Einladung anzunehmen, stärkt das Gefühl der Zugehörigkeit und der Einbeziehung.

Das Anordnen agiler Praktiken funktioniert hingegen selten, weil es bei diesem Spiel keine Opt-in-Möglichkeit gibt. Das Spiel ist nicht „wohlgeformt" und daher macht es auch keinen Spaß, es zu spielen. Auf den ersten Blick mag das unlogisch sein, doch Anordnungen schmälern das Engagement – und das ist schließlich der Treibstoff einer schnellen und dauerhaften agilen Transformation. Eine Einladung ist der weit bessere Ansatz und sie entspricht auch den Prinzipien des Agilen Manifests.

Denken Sie einmal über diese Zitate von Martin Fowler nach, einem Unterzeichner des Agilen Manifests:

„A team may choose a totally waterfall, un-agile process. In that case, clearly the process is no more agile than apples taste of strawberries. But agile methods aren't the best for all situations, and personally I'd rather have a team work in a non-agile manner they chose themselves than have my favorite agile practices imposed upon them."

Martin Fowler, „Agile Imposition" blog post, 2006

Frei übersetzt von den Autoren:

> *„Ein Team kann sich für einen total un-agilen Wasserfall-Prozess entscheiden. In diesem Fall ist der Prozess eindeutig so wenig agil wie Äpfel nach Erdbeeren schmecken. Aber agile Methoden sind nicht in allen Situationen die beste Lösung und mir persönlich ist es lieber, wenn ein Team freiwillig auf eine nicht agile Art und Weise arbeitet, statt zu meinen bevorzugten agilen Praktiken gezwungen zu werden."*

Hier sind weitere Zitate aus dem gleichen Aufsatz:

„Imposing an agile process from the outside strips the team of the self-determination which is at the heart of agile thinking."

> *„Einen agilen Prozess von außen aufzuzwingen, nimmt dem Team die Selbstbestimmung, die das Herz des agilen Denkens ist."*

„... imposing agile methods introduces a conflict with the values and principles that underlie agile methods."

> *„... das Aufzwingen agiler Methoden führt zu einem Konflikt mit den Werten und Prinzipien, die agilen Methoden zugrunde liegen."*

"So I hope I've made clear that imposing agile methods is a very red flag."

> *„Ich hoffe, ich habe klar dargestellt, dass das Aufzwingen agiler Methoden ein starkes Warnsignal ist."*

OpenSpace Agility ist ein gutes Spiel, zum Teil wegen seines freiwilligen Charakters. Eine Einladung kann die unabhängigen Denker in Ihrer Organisation zusammenbringen. Genau diese sind es, die zum Erfolg des agilen Ansatzes beitragen können.

Liminalität und Lernen

Die Liminalität bezeichnet einen Übergangszustand des Seins. Das lateinische Wort „limes" bedeutet „Schwelle". Der Zustand der Liminalität ist ein Niemandsland des Übergangs, der Verwirrung, des Drucks und der Unbestimmtheit. Es fehlt die Klarheit. Man ist nicht mehr dort, wo man war, und noch nicht dort, wo man sein wird – die Liminalität hat das Potenzial, Leute verrückt zu machen.

Liminalität ist ein anstrengender Seinszustand, der in einer Zeit des Übergangs auftritt. Agile Transformationen erfordern neue Denkweisen, und diese Veränderung kann erhebliche Sorgen und Ängste verursachen. Als Lösung nutzt OpenSpace Agility das gut untersuchte kulturelle Hilfsmittel des „Übergangsritus", um die Liminalität zu steuern und den Stress zu reduzieren.

Agilität anzunehmen bedeutet immer, viel Neues zu lernen. Das Lernen ist anstregend, weil es bedeutet, einen Übergang zu durchleben. Bei Erwachsenen erzeugt echtes Lernen Instabilität und Stress, bis das Lernen integriert ist.

Über mentale Modelle

Wir sehen die Welt entsprechend unserer Modelle. Ältere Erwachsene halten an einem Modell der Realität fest, und echtes Lernen stellt die Gültigkeit dieses Modells in Frage. Wenn sich frühere Annahmen als nicht mehr gültig herausstellen, erzeugt das einen instabilen Zustand, der so lange anhält, bis das neue Verständnis integriert ist.

Die Einführung von Agilität in einer Organisation erzeugt auf jeden Fall Liminalität. Der Auslöser sind die eigenen Vorstellungen der Teilnehmer über Agilität. Das ausgelöste Verhalten basiert auf Angst und ist eine natürliche Reaktion auf den instabilen Zustand der Liminalität.

Bevor Agile aufgetaucht ist, hat jeder die Rollen und die Methoden der Zusammenarbeit gut gekannt. Neue Rollen und neue Arten der Zusammenarbeit erfordern jedoch eine neue Denkweise. Und dieser Prozess des Lernens kann sehr stressig sein.

Wenn man mit einem unangenehmen Übergang konfrontiert ist, ist die natürlichste und sicherste Reaktion, sich umzudrehen und wieder zurückzugehen. Genau das machen Menschen in Organisationen immer wieder. Sie kehren Agile den Rücken und gehen dorthin zurück, wo sie hergekommen sind. Dieser Rückzug macht die Sorgen, Befürchtungen und Ängste kleiner – also die grundlegenden Gefühle, die in einem Übergangszustand ausgelöst werden.

Übergangsriten

Seit Tausenden von Jahren werden Übergangsriten eingesetzt, um anstrengende Übergänge in der menschlichen Entwicklung zu meistern. OpenSpace Agility integriert einen Übergangsritus, der mit einem Open Space Event beginnt und endet. Dies bringt Struktur in das Chaos, das mit der Integration von neu Gelerntem einhergeht.

Stammesgesellschaften auf der ganzen Welt und während verschiedener Epochen haben genau die gleiche Schlussfolgerung gezogen: Mit Liminalität muss man sorgfältig umgehen. Der beste Weg, um Liminalität zu handhaben, ist ein Übergangsritus.

Zweck eines Übergangsritus ist es, den Übergang von einem Seinszustand zu einem anderen zu erleichtern. Stammesgesellschaften praktizieren solche Übergangsriten seit Tausenden von Jahren.

Heute wird Agile routinemäßig in Organisationen eingeführt, während die grundlegende menschliche Dynamik der Liminalität ganz einfach ignoriert wird. Das ist ein schwerwiegender Fehler, den OSA vermeiden möchte.

Stabilität im Übergangszustand

Eine Hypothese von OpenSpace Agility ist, dass die Einführung von Agile in typischen Organisationen Liminalität auf der Gruppenebene erzeugt. Wird diese Liminalität von einem Übergangsritus begleitet, gibt es die Chance auf eine schnelle und nachhaltige Einführung von Agile.

Der Kerngedanke von OpenSpace Agility besteht darin, dass das Erkennen und Ansprechen von Liminalität die mit der Einführung von Agile verbundenen Sorgen, Befürchtungen und Ängste verringert. Zumindest schafft es das Potenzial für eine schnelle und nachhaltige Einführung von Agile. Am ehesten erreicht man das, indem man die alte Sitte des Übergangsritus nutzt. Ein Übergangsritus schafft für die Teilnehmer eine strukturierte Erfahrung, da Anfang, Mitte und Ende definiert sind.

OpenSpace Agility ist eine wiederholbare Technik für die schnelle und nachhaltige Einführung von Agile. Es passt mit allem zusammen, was gerade passiert und kann jederzeit eingesetzt werden. Es umfasst Übergangsriten, Spielemechanik, Open Space, Storytelling und mehr, damit die Agilität in Ihrer Organisation Wurzeln schlagen kann.

Der Übergangsritus

Übergänge sind schwierig. Die Einführung von Agilität ist ein großer Übergang, und das bedeutet, dass viel Neues gelernt werden muss und der Stress der Liminalität entsteht. Der beste Weg, um diese Art von Stress in einem sozialen System zu bewältigen, ist ein Übergangsritus. Dies ist ein Ritual, dessen Struktur den Anfang, die Mitte und das Ende einer Übergangserfahrung definiert.

Experience Design

Einen Übergangsritus zu gestalten, ist eine Aufgabe des Experience Designs. Übergangsrituale sind wie Einrahmungen, die das hochgradig destabilisierende Gefühl der Liminalität reduzieren. Das ist wichtig, weil Stress zu den unterschiedlichsten Problemen führen kann – dazu gehören schwerwiegende Sorgen, Angst, Panik, Depression und sogar verschiedene Formen von Neurosen.

Übergangsriten enthalten in der Regel mindestens eine sehr furchteinflößende Erfahrung. Ein Beispiel: Der Angehörige eines afrikanischen Stammes muss für den Übergang von der Kindheit zur Volljährigkeit möglicherweise ein gefährliches Tier wie einen Löwen oder eine Hyäne töten. Nun werden Sie sich vielleicht fragen, ob ein Übergangsritus wirklich eine so gute Idee ist. Wollen wir die Menschen wirklich furchteinflößenden Erfahrungen aussetzen?

Denken wir einen Moment darüber nach. Was kommt – kulturell gesehen – eigentlich zuerst: der extrem anstrengende Übergang oder der Übergangsritus?

Übergangsriten und Liminalität

Die anstrengenden Übergänge waren zuerst da – Übergangsriten sind die kulturelle Antwort darauf. Sie dienen dazu, die furchteinflößende Erfahrung des Übergangs in Schach zu halten und werden von einer Kultur als Antwort auf das Verlangen etabliert,die stressige Liminalität zu bewältigen.

Der Übergang kommt zuerst; später kommen die Übergangsriten als kultureller Mechanismus für den Übergang von hier nach da hinzu.

Anders ausgedrückt: Der Übergangsritus selbst erzeugt keinen Stress. Stattdessen managt ein Übergangsritus jene Liminalität, die während der Schlüsselübergänge im Leben einer Gruppe und ihrer Mitglieder entsteht.

Der stressige und notwendige Übergang – zum Beispiel von der Kindheit zum Erwachsenenalter – ist vorhanden, BEVOR ein Übergangsritus eingeführt wird.

Die primäre Aufgabe einer Einführung von Agile ist es, eine kulturelle Transformation zu bewirken. Das ist ein gewaltiger Übergang, der theoretisch nie endet, weil er auf kontinuierliches Lernen und Verbesserung ausgerichtet ist.

Mit solchen riesigen Übergängen umzugehen, ist schwierig. Übergangsriten helfen Menschen, den Wechsel in einen neuen Status zu bewältigen.

Übergangsriten als kulturelle Spiele

Übergangsriten sind kulturelle Spiele. Sie werden mit einem klaren Ziel, klaren Regeln, umfassendem Feedback und freiwilliger Teilnahme konzipiert.

- Große Übergänge im Leben einer Gruppe erzeugen Liminalität.
- Liminalität ist stressig. Sie kann misstrauisch und ängstlich machen.
- Übergangsriten sind kulturelle Methoden, die dabei helfen, mit dem liminalen Zustand des Seins umzugehen – damit die Teilnehmer dorthin gelangen können, wo sie hingelangen müssen.
- Agile Einführungen sind solche Übergänge. Sie rufen beträchtliche Angstzustände, Sorgen und den Liminalzustand hervor.
- Ein formeller Übergangsritus – also eine bestimmte Art eines kulturellen Rituals – kann den Teilnehmern dabei helfen, ein Kapitel abzuschließen und ein neues Kapitel aufzuschlagen.
- OpenSpace Agility funktioniert, weil es diese Dynamik beachtet und einen Übergangsritus etabliert, der allen Teilnehmern einer agilen Transformation hilft, von dort, wo sie sind, dorthin zu gelangen, wohin sie gelangen müssen.

- Übergangsriten sind speziell gestaltete Spiele, die aus der Notwendigkeit entstehen, das Gedeihen einer Kultur zu fördern.

Spielen und Experimentieren

Sagen wir es, wie es ist: Agile ist ein Rahmen für das Lernen, das auf häufigem Experimentieren basiert. Jedes Experiment ist ein Spiel und agiles Lernen passiert spielerisch. OpenSpace Agility unterstützt und fördert das Experimentieren und echte Verspieltheit. OSA ermöglicht die agile Erfahrung durch eine Reihe von Experimenten. Was hier tatsächlich passiert, ist Spielen – und Spielen macht Spaß.

Communitas

Die Einführung von Agilität basiert auf einem starken Gemeinschaftsgefühl, auch Communitas genannt. Es ist „der Geist der Gemeinschaft". Wenn dieser Geist wirkt und „hoch" ist, ist der Raum offen und das Gefühl der Communitas stark. Fehlt der Geist der Gemeinschaft und ist er daher „unten", dann ist der Raum geschlossen und die Communitas ist schwach.

Beispiel: Wenn Sie gerne zur Arbeit gehen, ist der allgemeine Geist bei der Arbeit wahrscheinlich „hoch". Können Sie den Freitag hingegen kaum erwarten, ist der allgemeine Geist an diesem Arbeitsplatz wahrscheinlich „unten".

Für die Einführung von Agilität ist Communitas unerlässlich. Sie entsteht durch klar verstandene und einheitliche angewendete Regeln und aus dem Gefühl, dass jeder beteiligt ist. Sie entsteht aus Gefühl, dass wir die Situation gemeinsam bewältigen.

Die Einführung von Agilität löst bei allen Fragen aus. Was ist meine Rolle? Welche Regeln gibt es? Wann hört es auf? Was bedeutet es für meinen Status in der Gruppe? Bei allen löst es etwas aus: bei Führungskräften, Managern und Teammitgliedern. Ein neues Spiel mit neuen Regeln ist stressig. Ist es ein Wunder, dass in diesem Niemandsland der neuen Regeln, der neuen Rollen und der ungewohnten Arbeitsweisen viele Einführungen von Agilität scheitern?

Übergangsriten können dabei helfen, Communitas zu erzeugen – den Geist der Gemeinschaft. Die Kulturanthropologie sagt, dass Menschen, die einen Übergangsritus durchleben, während des Übergangs tatsächlich den gleichen Status haben, auch wenn sie einen sehr unterschiedlichen Status haben, bevor der Ritus beginnt.

Dann entsteht die Communitas – alle kommen von einem bekannten Ort und gehen an einen unbekannten Ort. Alle machen den schwierigen und sogar gefährlichen Übergang gemeinsam. Und wenn es vorbei ist, haben alle eine Veränderung erlebt – von dem, was sie waren, zu dem, was sie jetzt sind. Übergangsriten können die Liminalität dieses Übergangs erleichtern.

Übergangsriten sind bewusst gestaltete kulturelle Erfahrungen. Noch einmal: Übergangsriten sind bewusst gestaltete kulturelle Erfahrungen. Es sind speziell gestaltete Kulturerfahrungen. Übergangsriten werden geschaffen, um das Gefühl der Gemeinschaft zu schaffen.

Die Einführung von Agilität erzeugt einen stetigen Strom stressiger Liminalität, weil Agilität ständiges Lernen bedeutet. „Kontinuierliche Verbesserung" ist das Ziel. Das erzeugt eine Menge Stress für die Kultur. Lernen ist Veränderung und Veränderung ist stressig, weil sie Liminalität erzeugt. Der Übergangsritus ist ein kulturelles Instrument, um mit Liminalität umzugehen.

Übergangsriten bringen Communitas, und Communitas bringt zumindest ein wenig (und vielleicht mehr als ein wenig) Trost. Alle Teilnehmer, die den Übergangsritus durchlaufen, erleben einen Anfang, eine Mitte und ein Ende. Alle erleben es gemeinsam, unabhängig von Status oder Macht. Jeder lernt.

Diese Strukturierung des Unstrukturierten ist beruhigend und nimmt ein wenig von den Sorgen und dem Stress. Daher sind Übergangsriten äußerst nützliche Hilfsmittel, die Ihnen eine schnelle und nachhaltige Einführung von Agilität ermöglichen.

OpenSpace Agility ist eine wiederholbare Technik für die schnelle und nachhaltige Einführung von Agilität. Es funktioniert mit dem, was Sie gerade tun, und kann jederzeit eingesetzt werden. Es kombiniert die Kraft der Einladung, Open Space, Übergangsriten, Spielemechanik, Storytelling und mehr, damit Ihre Einführung von Agilität Wurzeln schlagen kann.

Open Space: Leidenschaft und Verantwortung

Das Open-Space-Meeting-Format ist darauf ausgelegt, möglichst großes Engagement zu erzeugen. Das tut es, indem alle Menschen, die leidenschaftlich für etwas brennen und sich verantwortlich fühlen, am gleichen Ort zur gleichen Zeit zusammengebracht werden und Themen ansprechen, die allen wichtig sind. OpenSpace Agility nutzt Open Space, um Einladung und Engagement zu erzeugen.

Der Zeremonienmeister

Jeder legitime Übergangsritus ist eine bewusst gestaltete, kulturelle Erfahrung, und OpenSpace Agility ist keine Ausnahme. Zu diesem Design gehört auch die Rolle des „Zeremonienmeisters".

Der Zeremonienmeister hat eine wesentliche Rolle bei der Gestaltung des Übergangsritus. Er hilft dabei, die Struktur zu erhalten und stellt sicher, dass der Übergangsritus gut ausgeführt wird. Der Zeremonienmeister ist eine Art Schiedsrichter, der im Dienst aller arbeitet, die den Übergangszustand erleben. In OpenSpace Agility fungiert der Coach während des Übergangsritus als Zeremonienmeister.

Beachtet werden sollte, dass der Sponsor nicht als Zeremonienmeister fungieren kann, da er gemeinsam mit den anderen ein Teilnehmer am Übergangsritus ist.

Storytelling

„...the name of the game is Collective Storytelling. This process may begin with the leader's tale."

Harrison Owen, The SPIRIT Book, Seite 112

„... worauf es ankommt, ist das Erzählen kollektiver Geschichten. Dieser Prozess kann mit der Geschichte der Führungskraft beginnen."

In OpenSpace Agility ist bewusstes Storytelling wesentlich. Mittlerweile gilt es als bewiesen, dass Storytelling für das Herausbilden einer Kultur ausschlaggebend ist. In OSA wirken die Führungskräfte bewusst an der

Gestaltung von Narrativen mit und legen ein besonderes Augenmerk darauf, dass diese Geschichten in der Vergangenheits-, Gegenwarts- und Zukunftsform erzählt werden.

Semiotik und Setzen von Signalen

Wir steuern durch diese Welt mit Hilfe von Zeichen und Signalen. In Organisationen ist das Verhalten der Führungskräfte das wichtigste Signal. Führungskräfte signalisieren, wo wir uns gerade befinden und wohin wir gehen. Wir suchen nach diesen Zeichen und Signalen und nutzen sie zur Navigation. Im Rahmen von OpenSpace Agility setzen Führungskräfte Signale bewusst bei allem ein, was sie tun. Menschen erzählen Geschichten über das Verhalten ihrer Führungskräfte. In OSA sind die Führungskräfte auf dieses Storytelling „eingestimmt".

Geschichten sind Signale und Zeichen in einer Kultur.

Das Gefühl des Fortschritts

In OpenSpace Agility wird ein Lernabschnitt, der von zwei Open Space Events begrenzt wird, als Kapitel bezeichnet. Jedes Kapitel repräsentiert einen Übergang und einen Fortschritt. Die Rolle des Coaches ändert sich bei OSA formell am Ende jedes Kapitels. Das erzeugt das Gefühl „bestanden zu haben" und des „Auflevelns".

Die Ankündigung, dass sich die Rolle des Coaches ab dem nächsten Open Space Event ändern wird, ist ein wesentlicher Aspekt von OSA. Diese Ankündigung signalisiert, dass die Teams und alle anderen Beteiligten allmählich mehr und mehr Verantwortung dafür übernehmen müssen, dass die agile Transformation weitergeht.

Es ist wichtig, dass die Rolle des Coaches mit jedem Kapitel, das im Open Space beginnt und endet, abnimmt. Diese schwindende Autorität des Coaches hat einen symbolischen und praktischen Aspekt. In praktischer Hinsicht müssen die Teams wissen, dass sie sich nicht für immer und ewig auf die Antworten des Coaches verlassen können und daher an den Punkt gelangen müssen, an dem sie nur noch wenig (oder gar kein) Coaching für die kontinuierliche Verbesserung brauchen. In symbolischer Hinsicht bedeutet die abnehmende Autorität des Coaches, dass die Teams zumindest einige (wenn nicht alle) Autoritäten übernehmen, die ursprünglich der Coach innehatte.

Mit jedem Open Space Event nimmt die Autorität des Coaches offiziell ab. Das ist wichtig, um ein regelmäßiges und starkes Gefühl des Fortschritts in der gesamten Organisation zu schaffen. Würde sich der Status des Coaches nicht verändern, gäbe es keinen Fortschritt und tatsächlich keinen Übergang von hier nach dort. Die ganze Aufgabe des Coaches besteht darin, die Organisation an einen Punkt zu bringen, an dem die Mitarbeiter die volle Verantwortung für ihr eigenes Lernen übernehmen können. Das passiert nicht sofort.

Wiederkehrendes kulturelles Ritual

OpenSpace Agility nutzt eine Reihe von Übergangsriten, die eine schnelle und nachhaltige Einführung von Agilität ermöglichen. Jedes Übergangsritual beginnt und endet mit einem Open Space Event. Diese Rituale reduzieren für die Gruppe den Stress, der mit dem Übergang zur Agilität verbunden ist.

Was passiert danach? In OpenSpace Agility wird das Muster des periodischen Übergangsritus zu einem Teil der Kultur. Echte Agilität schafft zumindest das Potenzial für kontinuierliches Lernen. Durch das kontinuierliche Lernen entsteht kontinuierliche Liminalität.

Regelmäßige, wiederkehrende Open Space Events sind ein wesentliches Merkmal von OSA, typischerweise finden sie im Januar und Juli jedes Jahres statt. Diese Zusammenkünfte sind kulturelle Zeremonien – Rituale. Sie dienen als Meilensteine und sind wichtige kulturelle Kontrollpunkte. Die klare Terminplanung dieser Ereignisse bildet den Rahmen für das Lernen und die Liminalität, die damit einhergeht. Diese kulturellen Veranstaltungen unterstützen das kontinuierliche Lernen, das durch eine agile Kultur geschaffen wird. Diese kulturellen Veranstaltungen im Januar und Juli dienen auch dazu, neue Mitarbeiter in die Lernkultur der Organisation einzuführen.

Glossar zur Übersetzung

OpenSpace Agility leitet sich von Prime/OS™ ab, einem eher allgemeinen Rahmenwerk für Prozessänderungen in Organisationen. Prime/OS™ ist eine Kulturtechnologie, die jeder nutzen kann, um daraus weitere Modelle zu entwickeln. Mehr über Prime/OS™ erfahren Sie unter www.prime-os.com und www.prime-os.de.

Die Fachbegriffe zu OpenSpace Agility und Prime/OS™ finden Sie hier (Anmerkung der Übersetzer: Zum besseren Verständnis und als Verbindung zu den englischsprachigen Werken führen wir neben der deutschen Übersetzung auch den englischen Begriff an).

Anordnung (Mandate): Im Rahmen eines organisationalen Veränderungsprozesses ein Befehl oder eine andere Form der Kommunikation, die zur Teilnahme verpflichtet, ohne Rücksicht darauf zu nehmen, was die Betroffenen wollen, denken oder fühlen. Siehe auch **Einladung**.

BART: Ein Akronym für „Boundary“ (Grenze), „Authority“ (Befugnis), „Role“ (Rolle) und „Task“ (Aufgabe).

Befugnis (Authority): Das Recht, etwas zu tun. Siehe auch **BART**.

Befugnis-Projektion (Authority Projection): Die nahezu automatische Einordnung des Prime/OS™-Beraters als Autoritätsfigur. Das behindert oft den Fortschritt in der Kundenorganisation.

„Besser als die Wirklichkeit“ („Reality is Broken“): Ein wichtiges Buch von Jane McGonigal, das den Begriff „Spiel“ hilfreich und klar definiert (Seite 21 im Original, Seite 33 in der deutschen Ausgabe). Siehe auch **McGonigal, Jane**.

Communitas: Der Geist der Gemeinschaft, wie er in den Werken von Victor Turner und anderen beschrieben wird. Siehe auch **Turner, Victor**.

Culture Game, The: Ein Buch von Daniel Mezick, das zeigt, dass die Organisationskultur von allen Beteiligten als ein Spiel erlebt wird. Siehe auch **Mezick, Daniel**.

Denning, Stephen: Autor des Buchs „**Leadership Storytelling**“ (s.a. dort). Es ist ein nützliches Werkzeug für formal autorisierte Führungskräfte, die den Einsatz von Prime/OS™ in Betracht ziehen.

Einladung (Invitation): In Prime/OS™ eine von Führungskräften angebotene Möglichkeit, zu handeln oder sich an einer Initiative zu beteiligen. Üblicherweise bezieht sich dies auf die Teilnahme an einer Veranstaltung in der Organisation oder die Teilnahme an einem Veränderungsprozess. Echte Einladungen ziehen keine Sanktionen oder negativen Konsequenzen nach sich, wenn sie nicht angenommen werden.

Facilitator: Eine Rolle im Rahmen des Open Spaces und ähnlicher Formate, die mit einem Menschen besetzt wird, der es für die betroffenen Personen einfacher macht, am Veränderungsprozess teilzunehmen und ihn zu genießen.

Freiwillige Teilnahme (Opt-in Participation): Die wirklich freiwillige Entscheidung zur Teilnahme als Reaktion auf eine Einladung. Bei einem Spiel gehört die freiwillige Teilnahme zur guten Spielemechanik. Alle guten Spiele zeichnen sich durch klare Ziele, klare Regeln, eine Möglichkeit, um den Fortschritt zu messen und die freiwillige Teilnahme aus. Siehe auch **Anordnung**.

GPL: Die „General Purpose License“ ist eine Open-Source-Lizenz für Software und Schriftwerke, die Innovation und Zusammenarbeit fördert.

Group Relations: Eine „Community of Practice“, die sich mit Leadership, Befugnissen und unbewussten Prozessen in Gruppen beschäftigt.

Konsens (Consent): Bereitwillige, freiwillige Unterstützung eines Vorschlags.

Leadership Storytelling: Bei Prime/OS™ das Füllen eines sozialen Raums mit Bedeutung, um Ängste, Sorgen und Liminalität in der Organisation zu reduzieren. Es ist außerdem der Titel eines in diesem Zusammenhang sehr nützlichen Buchs von Stephen Denning. Siehe auch **Liminalität**.

Lernkapitel (Chapter of Learning): In Prime/OS™ der Zeitraum zwischen einem eröffnenden und einem schließenden Open Space Event. Gemäß Prime/OS™ dauert ein solches Kapitel 90 Tage.

Liminalität (Liminality): Ein instabiler Zustand zwischen zwei stabilen Zuständen. Ein Mensch erfährt Liminalität zum Beispiel dann, wenn er heiratet, den Arbeitsplatz oder den Wohnsitz wechselt. Eine Organisation erfährt Liminalität, wenn sie die Art des Arbeitens verändert, etwa bei den ersten Einsätzen neuer Methoden, bei Umstrukturierungen oder beim Erlernen neuer Prozesse. Siehe auch **Turner, Victor**.

McGonigal, Jane: Autorin des Buchs „Besser als die Wirklichkeit" („Reality is broken").

Mezick, Daniel: Autor des Buchs „The Culture Game" und Urheber der Prime/OS™-Methodik. Siehe auch **Culture Game, The**.

Open Source: Eine Lizenzierungsart, die Anerkennung, Innovation, Gemeinschaft und das gemeinsame Arbeiten fördert. Prime/OS™ wurde als Open-Source-Kulturtechnologie veröffentlicht. Siehe auch **GPL**.

Open Space: Ein Veranstaltungsformat mit entsprechender Planung, Organisation, Durchführung und Nachbereitung. Das Open-Space-Format unterstützt und fördert Selbstorganisation und Selbstmanagement. Siehe auch **Open Space Technology – ein Leitfaden für die Praxis**.

Open Space Technology – ein Leitfaden für die Praxis (Open Space Technology, A User's Guide): Ein Buch von Harrison Owen, in dem er das Open Space Format beschreibt.

Owen, Harrison: Urheber und (gemeinsam mit anderen) Gestalter von Open Space, einem Veranstaltungsformat mit entsprechenden Prozessen, das ein hohes Maß an Selbstmanagement und Selbstorganisation in Gruppen unterstützt und fördert.

Ruhephase (Quiet Period): In Prime/OS™ eine Phase von 30 Tagen, auf die ein Übergangsritus von 90 Tagen folgt. Der Übergangsritus beginnt bei Prime/OS™ und endet mit einem eintägigen Open Space Event. Während der Ruhephase hat der Prime/OS™-Berater keinen Kontakt zur Organisation.

Signal (Signaling): Die Übertragung einer Kommunikation von einem Sender zu einem Empfänger. Das Signal kann verbal oder non-verbal sein, oder eine Kombination aus beidem. Das Setzen von Signalen sollte von Führungskräften genau studiert werden, die Prime/OS™ als Methode in Betracht ziehen, um das Engagement quer durch die Organisation zu entfachen.

Signal-Ereignis (Signal Event): In Prime/OS™ eine Handlung von formal autorisierten Führungskräften, die klar macht, dass sich die Unternehmenskultur in Richtung mehr Offenheit, unternehmensweiten Dialog und Innovation in der ganzen Organisation bewegt.

Spielemechanik (Game Mechanics): Die speziellen Eigenschaften eines Spiels, die darüber entscheiden, wie wirksam das Spiel Engagement erzeugt. Gut gestaltete Spiele haben eine gut gestaltete Spielemechanik, die vor allem folgende Eigenschaften hat: ein klares Ziel, klare Regeln, ein klares Konzept für die Fortschrittsmessung und eine freiwillige Teilnahme.

Turner, Victor: Autor mehrerer wichtiger Bücher im Bereich der Kulturanthropologie, die die Gestaltung von Prime/OS™ und daraus abgeleiteter Konzepte wie OpenSpace Agility maßgeblich beeinflusst haben.

Übergangsritus (Passage rite): In der Kulturanthropologie ein Ritual, durch das sich der soziale Status der Teilnehmer verändert. Die Prime/OS™-Methodik ermöglicht es, einen Übergangsritus für moderne Teams, Gemeinschaften und Unternehmen zu entwerfen und zu gestalten. Siehe auch **Liminalität**, **Communitas**, **Zeremonienmeister**.

Zeremonienmeister (Master of Ceremonies): Eine essenzielle Rolle in einem Übergangsritus. In Prime/OS™ wird diese Rolle mit dem Prime/OS™-Experten besetzt, üblicherweise einem Organisationsberater.

Teil II
Fragen und Antworten

In den Gesprächen und Vorträgen über OpenSpace Agility haben wir festgestellt, dass immer wieder ähnliche Fragen zu bestimmten Aspekten auftauchen. Daher wollen wir in diesem zusätzlichen Teil auf einige dieser Fragen eingehen.

Falls Sie Ihre wichtigste Frage hier vermissen, schicken Sie diese an info@os-agility.de und wir antworten. Vielleicht finden Sie Ihre Frage und die entsprechende Antwort dann in der nächsten Auflage dieses Buchs.

Grundlegende Fragen zu OSA

Wie kann den Menschen im Vorfeld inhaltlich vermittelt werden, worum es geht?

Der Begriff „OpenSpace Agility“ ist nicht selbsterklärend und bedarf einer Erläuterung. Alle drei Wörter können für sich genommen anders belegt sein (Abbildung 45).

Wenn wir gefragt werden, was „OpenSpace Agility“ bedeutet, lautet unsere Erklärung:

OpenSpace Agility (OSA) ist eine zuverlässige Methodik für schnelle und nachhaltige agile Transformationen. Sie setzt auf dem auf, was Sie und Ihre Organisation derzeit tun und kann somit zu jedem Zeitpunkt eingesetzt werden. Der OSA-Ansatz ist iterativ inkrementell, wie die agilen Ansätze selbst. OSA hat einen klaren Startpunkt mit einem Open Space, einen definierten Mittelteil voller Experimente für gemeinsames Lernen und ein klares Ende für jeden Schritt in der Transformation – wieder mit einem Open Space. OSA vereint die Kraft von Einladungen, Open Space, Spielemechanik, Übergangsriten, Storytelling und mehr, um agile Ansätze in Ihrer

Abbildung 45: Interpretation des Begriffs „OpenSpace Agility“

Organisation zu verankern. OSA setzt in erster Linie auf die beteiligten Menschen und in zweiter Linie auf bestimmte Praktiken. Sie können also beliebige agile Praktiken oder Frameworks zusammen mit OSA einsetzen. Denn schnelle, effektive und nachhaltige Transformationen beruhen auf Menschen, nicht auf Frameworks, Beratern oder Coaches.

Diese Erklärung enthält allerdings Begriffe wie „Open Space“, „agile Ansätze“ und „Transformation“, die ebenfalls mit unterschiedlichen Bedeutungen belegt sein können. Ohne die Verbreitung bestimmter Informationen und Definitionen vor dem ersten Open Space Event, können unter Umständen die wichtigen Diskussionen nicht in der notwendigen Tiefe geführt werden.

Für die Vermittlung der Vision und des „Was“ setzen wir auf Storytelling durch die Führungskräfte und vor allem durch den Sponsor. Nicht nur aus der Einladung, sondern noch viel mehr aus den Erzählungen und Handlungen muss hervorgehen, warum sich die Organisation auf die Reise machen will oder muss.

Die schwierigste Übung besteht in vielen Organisationen zunächst einmal darin zu vermitteln, was Agilität überhaupt bedeutet. Die Herausforderung dabei ist, ein möglichst umfassendes Bild zu vermitteln. Ein ausschließliches Scrum- oder Kanban-Training zeigt den Menschen nicht die ganze Bandbreite agiler Praktiken. Diese Trainings sollten also etwas weiter ausholen und vor allem die Werte und Prinzipien des agilen Manifests anhand von Beispielen erklären. Solche Trainings sind auf dem Trainingsmarkt selten und werden am besten von internen oder externen Trainern auf die spezifische Situation eines Unternehmens zugeschnitten. Mehr Informationen hierzu finden Sie auch unter der Frage „Wie kann sichergestellt werden, dass alle über das Gleiche reden?“ auf Seite 235.

Um zu erklären, was ein Open Space ist, versenden wir einen Auszug aus diesem Buch, verteilen Exemplare unseres Buchs „OpenSpace Agility kompakt“ oder verweisen auf unsere Homepage os-agility.de. Unter dem Begriff „Open Space“ findet man im Internet verschiedene Interpretationen bis hin zu Raumkonzepten für Büros. Die Details zum Ablauf wird ohnehin der Facilitator am Beginn des Events erklären. Die Führungskräfte hingegen sollten das Konzept bereits verinnerlicht und im Idealfall auch schon erlebt haben. Zu diesem Zweck arbeiten die externen Coaches mit den Führungskräften zusammen und organisieren bei Bedarf einen kleinen Open Space, damit die Führungskräfte praktisch erfahren können, was ein Open Space ist. Auch ähnliche Formate wie zum Beispiel Lean Coffee eignen sich dazu, Führungskräfte die Wirkung einladungsbasierter, selbstorganisierter Workshopformate erleben zu lassen.

OSA ersetzt nicht die bekannten Ansätze der Organisationsentwicklung, sondern kann einen Rahmen bieten, in den sich diese Ansätze einbetten lassen. Im Buch „OpenSpace Agility kompakt" haben wir OSA in aller Kürze einigen bewährten Konzepten gegenübergestellt, die Sie vielleicht selbst schon für Transformationen genutzt haben. So können Sie diese besser mit OSA vergleichen und ergänzen. Die entsprechenden Auszüge aus „OpenSpace Agility kompakt" finden Sie unter den Fragen „Wie spielt OSA mit Konzepten der Organisationsentwicklung zusammen?" (Seite 168) und „Mit welchen weiteren Techniken und Methoden der Organisationsentwicklung lässt sich OSA ergänzen?" (Seite 173).

Sie können Synergien nutzen und Bewährtes mit OSA zusammenführen. Wenn Sie zum Beispiel die Kolleginnen und Kollegen aus der Unternehmens- und Personalentwicklung, aus Human Resources, aus dem Betriebsrat und der internen Unternehmenskommunikation einbinden, können Sie mit dieser Einordnung und Wortwahl die gleiche Sprache sprechen. Wir möchten vermeiden, dass diese wichtigen Stakeholder Ihre Einladung zum Open Space nicht annehmen, nur weil sie die Einladung nicht einordnen können. Denn Fachjargon und die immer stärkere Spezialisierung von Abteilungen ziehen innerhalb vieler Unternehmen kulturelle Grenzen und sind für starke Identitätsunterschiede verantwortlich. Hier nutzt OSA den Zeremonienmeister als Vermittler und Dolmetscher zwischen den Welten: Er „decodiert" die Aussagen der Beteiligten, macht sie für alle verständlich und unterstützt dadurch ein gemeinsames Grundverständnis in Bezug auf die Veränderung.

Welche Rollen müssen im Rahmen von OSA besetzt werden?

Das OSA-Modell definiert verschiedene Rollen, die dem Promotoren-Modell nach Witte (1973) entsprechen:

- Sponsor und Führungskräfte (Machtpromotoren) beeinflussen den Prozess durch ihre hierarchisch legitimierte Macht.
- Fachliche Coaches und interne Experten (Fachpromotoren) treiben die Veränderung durch Weitergabe ihres Wissens und die Entwicklung von Lösungsansätzen voran.
- Zeremonienmeister und Open Space Facilitator (Prozesspromotoren) kennen sich mit dem Engagement Model OSA und mit Open Space Technology aus und stellen den Kontakt zwischen Macht- und Fachpromotoren her.
- Informelle Leader (insb. Beziehungspromotoren) bringen durch hohen Einsatz, Akzeptanz, Respekt und ein gutes Netzwerk die Veränderung in Gang.

Während der Prozesspromotor zwischen Macht- und Fachpromotoren vermittelt und den Prozess optimal begleitet, unterstützen die Beziehungspromotoren durch ihr Netzwerk beide Seiten. Die Beziehungspromotoren sind außerhalb des Unternehmens mit anderen Organisationen und Netzwerken verbunden. Durch die Informationen und Ideen, die sie von außen aufnehmen und in Communities of Practice mit anderen erarbeiten, bringen sie wichtige Ideen und Innovationen in die Transformation ein. Zu den Beziehungspromotoren gehören vor allem die informellen Leader und Talente, die eine Transformation maßgeblich unterstützen, voranbringen und sich mit ihren Ideen durchsetzen. Sie haben entscheidenden Einfluss auf den Erfolg der Transformation (Abbildung 46).

Einige der Rollen müssen speziell für OSA neu besetzt werden, andere gibt es bereits oder sie entstehen von allein. Was ist aus unserer Erfahrung bei der Besetzung der Rollen zu beachten?

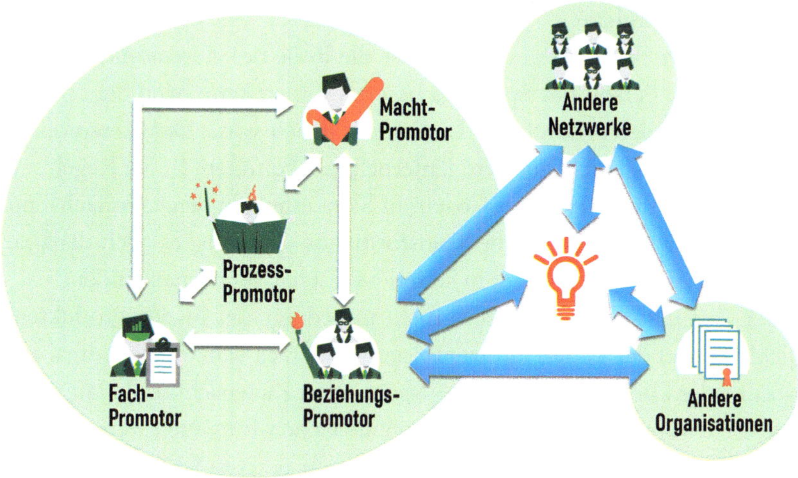

Abbildung 46: Promotorenmodell (angelehnt an Herrmann, 2010)

Sponsor

Wie Daniel Mezick in Teil I dieses Buchs beschreibt, muss der Sponsor autorisiert sein, die Beteiligten zur Transformation – konkret zum Open Space Event – einzuladen. Die Einladung umfasst in der Regel mehrere hundert oder tausend Menschen in verschiedenen Abteilungen oder gar Geschäftsbereichen des Unternehmens. Daniel Mezick empfiehlt, den Sponsor im Zweifelsfall ein bis zwei Hierarchieebenen höher zu suchen, als es zunächst notwendig erscheint. In der Regel finden sich Sponsoren in den Positionen von Geschäftsführern, Vorständen oder Bereichsleitern (in Konzernstrukturen).

Der Sponsor hat eine zentrale Rolle, denn er leistet Überzeugungs- und Begeisterungsarbeit. Die Menschen werden seine Äußerungen und Verhaltensweisen im Laufe der Transformation genau beobachten. Daher ist es unabdingbar, dass der Sponsor den einladungsbasierten Ansatz mit seinem Herzen trägt und gegen Widerstände verteidigt. Der Sponsor muss Treiber und Träger der Transformation sein, nicht Beobachter oder Schiedsrichter.

Zeremonienmeister

Daniel Mezick weist darauf hin, dass die Rolle des Zeremonienmeisters nicht mit der Person des Sponsors besetzt werden kann, weil der Sponsor so wie alle anderen durch die Liminalität gehen wird. Der Zeremonienmeister sollte also nicht aus dem Unternehmen kommen. In der Regel ist es ein OSA-erfahrener externer Coach. In Konzernen, in denen zunächst nur bestimmte Bereiche durch die Transformation gehen, ist es auch denkbar, dass sich Zeremonienmeister in anderen Geschäftsbereichen finden.

Der Zeremonienmeister muss nicht unbedingt tief in der Produktentwicklung und den agilen Arbeitsweisen verwurzelt sein. Seine Aufgabe ist es, auf jeder Hierarchieebene der Organisation Zuversicht und Halt zu geben. Er wird also in der Organisation als Coach fungieren und zentraler Ansprechpartner für die anderen Coaches in der OSA-Umsetzung sein. Durch seine hohe Achtsamkeit nimmt er mit allen Sinnen Signale aus der Organisation auf, ist offen und hört aktiv dem zu, was im Unternehmen gesagt wird.

Die ideale Besetzung ist demnach eine Person mit OSA-Erfahrung, einem soliden Coaching-Hintergrund und einem sicheren Umgang mit Top-Managern. Der Zeremonienmeister sollte in den Sprachen der einzelnen Abteilungen und Gruppen (IT, Marketing, Betriebsrat, HR, Organisationsentwicklung etc.) das Konzept von OSA vorstellen und diskutieren können.

Facilitator

Der Facilitator tritt nur bei den Open Space Events auf den Plan – dort kümmert er sich um die Vorbereitung, Durchführung und Nachbereitung. Der Facilitator kann auch gleichzeitig Zeremonienmeister sein. Egal, wie Sie es angehen möchten: Wir empfehlen, einen externen Facilitator einzuladen. Diese Variante hat bei der Übergabe der Befugnisse im Rahmen des Open Space Events weniger Konfliktpotential. Der Facilitator muss sich nicht mit agilen Arbeitsweisen auskennen, da er lediglich den Rahmen setzt und den Raum offen hält. Erfahrung bei der Durchführung und Nachbereitung von Open Space Events ist daher das wichtigere Kriterium.

Coaches

Jene Coaches, die die Vorbereitung und die Umsetzung von OpenSpace Agility begleiten, werden verschiedene Themen behandeln und auf verschiedenen Ebenen unterwegs sein. Zur Vorbereitung der Führungskräfte brauchen die Coaches Erfahrungen mit OSA und langjährige Coaching-Erfahrung. Meistens begleitet eine Gruppe externer Coaches die Organisation in der Transformation. Bei der Arbeit mit den Teams und den Experimenten mit agilen Praktiken werden agile Coaches aktiv sein, die über das Coaching hinaus auch Beratung und Anleitung bieten und ihre Erfahrungen einbringen. Diese eher operative Ausprägung kann auch von internen agilen Coaches unterstützt werden, falls es zum Beispiel schon erfahrene Scrum Master in der Organisation gibt. Mehr zur Rolle und den Aufgaben der Coaches finden Sie unter der Frage „Welche Aufgabe hat der Berater, wenn die Organisationsmitglieder alles selbst gestalten?“ (Seite 151).

Was sind informelle Leader und woran erkennt man sie?

Bei der Arbeit an diesem Buch haben wir lange darüber nachgedacht, wie wir den englischen Begriff „Informal leaders“ übersetzen könnten. Wir hatten verschiedene Ideen: informelle Anführer, Promotoren, Influencer, Key Player, Einflussnehmer, Tonangeber, Federführer, Multiplikatoren, Meinungsführer, Reputanten, Leitfiguren, Keimzellen, Anstifter, Magneten u.v.m.

Wir haben uns schließlich für „informelle Leader“ als Oberbegriff entschieden, um mehrere Eigenschaften zu verknüpfen. Informelle Leader haben im Kontext von OSA eine starke Präsenz und heben sich von der Masse der Teilnehmer ab. Sie sind engagiert und idealistisch, genießen hohes fachliches oder soziales Ansehen, haben ein gutes Netzwerk im Unternehmen, sind vertrauenswürdig und in ihrem Verhalten und ihren Aussagen widerspruchsfrei. Nach Cialdini (2001) haben diese Mitarbeiterinnen und Mitarbeiter großen Einfluss auf die Verbreitung von Ideen

Abbildung 47: Informelle Leader

und das Ausmaß, in dem andere ebenfalls aktiv werden. Diese informellen Leader werden bei OSA von Anfang an stark in den Veränderungsprozess integriert. Sie unterstützen die offizielle und inoffizielle Kommunikation – zum Beispiel über den Flurfunk – und stärken auf diese Weise die Reputation von OSA und des Veränderungsvorhabens. Sie erreichen durch ihre Sichtbarkeit schnell viele Mitarbeiter, die von ihrer Meinung angezogen werden, sich ihnen anschließen und ihrem Handlungsaufruf folgen (Abbildung 47). Auf diese Weise üben sie großen Einfluss aus und haben eine Form von Macht, die nicht erst hierarchisch legitimiert werden muss.

Selbstverständlich gibt es auch informelle Leader, die sich gegen die Veränderung aussprechen und das Verhalten der Mitarbeiter dementsprechend beeinflussen. Auch diese werden stark eingebunden und bekommen über OSA eine Plattform zur Einflussnahme, wie es bereits 1944 von Lazarsfeld, Berelson & Gaudet empfohlen wurde. Diesen Einfluss auf den Veränderungsprozess würden sich die informellen Leader sowieso erarbeiten – erst recht, wenn man versucht sie auszuschließen. Sie wären umso lauter und aggressiver und würden die Meinung der anderen noch stärker beeinflussen.

Informelle Leader treten bei den Open Space Events oft als Anbieter von Sessions auf. Im Arbeitsalltag erkennen Sie informelle Leader an folgenden Merkmalen:

1. Sie werden oft zitiert oder man bezieht sich auf sie („Herr Maier hat gesagt, dass …").
2. Sie geben ihr Wissen, ihre Meinung und ihre Erfahrung weiter („Frau Müller hat dazu einen Vortrag gehalten").
3. Ihre Meinung wird oft von anderen übernommen („Ich glaube, Fiete hat recht").
4. Sie werden ständig als Experten hinzugezogen („Wir lassen das besser von Herrn Schäfer gegenprüfen").
5. Sie sind in nahezu jedem Meeting zum Thema dabei („Karl ist auch immer überall dabei!").
6. Sie kennen immer jemanden, der jemanden kennt („Frag mal Tim, wer uns da helfen könnte").
7. Sie laden zu eigenen Meetings oder U-Boot-Projekten ein („Frau Schulz hat sich wieder was Grandioses ausgedacht!").
8. Sie dienen oft als Vorbild („Ich mache das genauso wie Nina").
9. Sie sind der Maßstab für andere („Wenn alle so professionell wären wie Roland!").
10. Sie haben das inoffizielle Recht, Prozesse außer Kraft zu setzen („Herr Reuter ist hier eine Ausnahme").

Wenn Ihnen nun Personen einfallen, auf die die meisten der zehn genannten Aspekte zutreffen, sollten Sie diese stark in die Organisationsentwicklung einbinden.

Was, wenn die Führungskräfte weitreichende Änderungen am OSA- oder OST-Konzept fordern?

Wenn die Führungskräfte oder der Sponsor nicht voll hinter diesem Konzept stehen, werden sie versuchen, das Vorgehen nach ihren Wünschen anzupassen, damit es ihnen vertrauter und sicherer erscheint. Folgende Anpassungen am Konzept werden häufig gewünscht:

- Die Teilnehmerzahl wird auf die „wichtigsten" Personen reduziert.
- Die Teilnahme am Open Space wird zur Pflicht.

- Ein großer Teil der Open-Space-Agenda wird vom Sponsor vorgegeben.
- Bestimmte Themen werden im Vorfeld für Sessions des Open Space ausgeschlossen.
- Proceedings werden von den Führungskräften zensiert.
- Die Mitarbeiter werden gleichmäßig auf die Sessions verteilt.

Diese Änderungen sind selbstverständlich möglich und begründbar, sie schränken allerdings die Wirkung von OSA massiv ein – jedoch bedarf es Mut, etwas anders zu machen als gewöhnlich (Abbildung 48).

Fragen Sie, warum und wofür diese Änderungen gefordert werden und versuchen Sie, den Hintergrund zu verstehen. Das gesamte OSA-Konzept basiert auf Freiwilligkeit und hat daher keinen missionarischen Anspruch. Das bedeutet, dass auch OSA selbst nicht aufgezwungen werden sollte.

Wir empfehlen: Argumentieren Sie, warum eine Anpassung des Konzepts nicht sinnvoll ist. Wenn es dennoch Anpassungen geben soll, sollten Sie den Namen des Vorgehens ändern und es nicht mehr OSA oder Open Space nennen. Falls die Transformation auf diesem Wege nicht gelingt und Sie später das „Original OSA“ oder einen „Original Open Space“ durchführen möchten, wäre es hinderlich, wenn diese Namen bereits verbrannt wären.

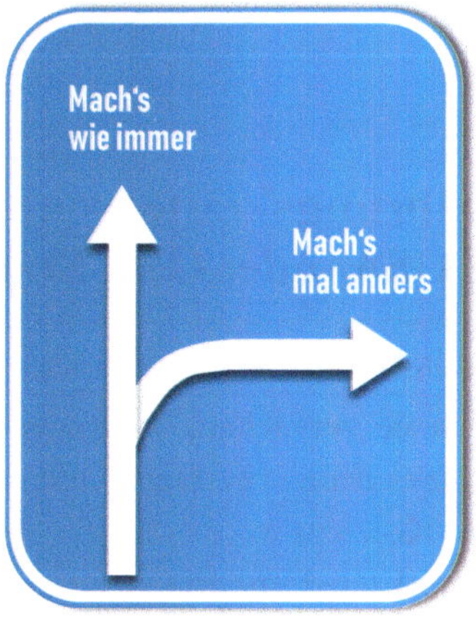

Abbildung 48: Mut, etwas anders zu machen

Versuchen Sie gegebenenfalls, die Transformation auf einen späteren Zeitpunkt zu verschieben und dann wieder aufzunehmen, wenn Sponsor und Führungskräfte besser vorbereitet sind. Versuchen Sie besser nicht, falsche Erwartungen zu wecken, indem Sie zum Beispiel sagen, die Transformation würde „nur 100 Tage" dauern. Eine echte Transformation bedeutet, dass sich in den Köpfen der Betroffenen tiefgreifende Änderungen vollziehen – und das kann Jahre dauern bzw. in eine fortlaufende Veränderung übergehen. Genau genommen können Sie auch nicht in Aussicht stellen, was am Ende herauskommt, also was das konkrete Ergebnis der Veränderung sein wird. Organisationen und ihre Umgebungen sind komplex und der Weg durch die Veränderung wird sich unterwegs ergeben. Versprechen Sie keine Wunder, denn zu hohe Erwartungen an schnelle Lösungen werden meistens enttäuscht. Enttäuschungen in dieser Dimension machen es oft unmöglich neue Transformationen aufzusetzen. Im schlimmsten Fall ist die gesamte Transformation gestorben, Motto und Konzept sind verbrannt.

Welche Aufgabe hat der Berater/der Agile Coach, wenn die Organisationsmitglieder alles selbst gestalten?

Der Berater, oder in diesem Kontext auch der Agile Coach, hat in der Transformation mit OSA keine Expertenrolle im traditionellen Sinne. Dennoch bedeutet das nicht, dass ein Berater in diesem Kontext keinen Mehrwert bietet, nur weil er keine Expertenratschläge verteilt. Wir haben die Erfahrung gemacht, dass Ratschläge durchaus ein „Schlag ins Gesicht" sein können, wenn sie den Empfänger wie einen Dummkopf dastehen lassen. Zusätzlich sind so manche hochtrabenden Beratervorschläge in der Praxis von Unternehmen nicht umsetzbar.

Wir selbst verstehen den Coach im OSA-Kontext deshalb als Wegbegleiter und Ideen-Kellner. Er ist ein sogenannter Fachpromotor bezüglich der Prozessbegleitung. Unsere Definition eines Coaches entspricht den Definitionen renommierter Coaching-Verbände – hier einige Auszüge:

Coaching ist herrschaftsfrei und freiwillig. Coaching ist keine Führung und findet außerhalb eines Rahmens von Abhängigkeit oder Führung statt. […] Coaching ist vertrauensvoll und verschwiegen. Coaching bedarf eines vertrauensvollen freiwilligen Rahmens.

DFC (Deutscher Fachverband Coaching e.V.)

Professionelles Coaching setzt ganz auf die Entwicklung individueller Lösungskompetenz beim Klienten. Der Klient bestimmt das Ziel des Coachings. Der Coach verantwortet den Prozess, bei dem der Klient neue Erkenntnisse gewinnt und Handlungsalternativen entwickelt. […] Coaching ist als strukturierter Dialog zeitlich begrenzt und auf die Ziele und Bedürfnisse des Klienten zugeschnitten.

dvct (Deutscher Verband für Coaching und Training e.V.)

In einer solchen Beratung wird der Klient angeregt, eigene Lösungen zu entwickeln. Der Coach ermöglicht das Erkennen von Problemursachen und dient daher zur Identifikation und Lösung der zum Problem führenden Prozesse. Der Klient lernt so im Idealfall, seine Probleme eigenständig zu lösen, sein Verhalten/seine Einstellungen weiterzuentwickeln und effektive Ergebnisse zu erreichen. Ein grundsätzliches Merkmal des professionellen Coachings ist die Förderung der Selbstreflexion und -wahrnehmung und die selbstgesteuerte Erweiterung bzw. Verbesserung der Möglichkeiten des Klienten bzgl. Wahrnehmung, Erleben und Verhalten.

DBVC (Deutscher Bundesverband Coaching e.V.)

Je nach Vertiefungsrichtung beherrschen Coaches unterschiedliche Coaching-Ansätze und Methoden, die sie fallspezifisch auswählen. Um einen wirksamen und nachhaltigen Coaching-Prozess zu erhalten, muss der Coach den Prozess zum passenden Zeitpunkt und mit den richtigen Mitteln immer wieder anregen und aktivieren (angelehnt an Greif, 2008):

1. Hohe Wertschätzung und individuelle, emotionale Unterstützung sind die Basis der gemeinsamen Arbeit von Coach und Klient.
2. Starke Emotionen werden dem Bewusstsein des Klienten zugänglich gemacht. Die Aktivierung und Kalibrierung der Emotionen, zum Beispiel durch Reflexionsfragen, hilft dabei, einen Zugang zum Selbst zu finden.
3. Probleme werden mithilfe verschiedener professioneller Methoden reflektiert. Dazu zählen Fragetechniken, Rollenspiele, Simulationen und Imaginationen, die es ermöglichen, unterschiedliche Perspektiven einzunehmen und die emotionale Distanz zum Problem zu variieren.
4. In der Selbstreflexion werden eigene Werte, Kompetenzen, Erwartungshaltungen und Verhaltensmuster eruiert.
5. Bewusste und unbewusste Ziele des Klienten werden zueinander in Beziehung gesetzt und einem Ist-Soll-Vergleich unterzogen.
6. Eigene und umgebende Ressourcen (Wissen, Erfahrungen, Kollegen, Vorgesetzte, Partner etc.) werden bewusst gemacht.
7. Die kurzfristigen und langfristigen Maßnahmen werden geplant und deren Umsetzung wird vom Coach begleitet, u.a. durch Reflexionstechniken sowie das Sichtbarmachen von Handlungsoptionen und Wahrnehmungsmöglichkeiten.

Der Coach begleitet die Mitglieder der Organisation im Veränderungsprozess als individueller Berater im 1:1-Coaching bei Ängsten, Konflikten mit neuen beruflichen Rollen, neuen Interpretationen der Lebens- und Berufssituation und dem Umgang mit neuen Verhaltensoptionen (Schreyögg, 2002).

Der Berater als Coach hat die Aufgabe, die Mitglieder und die gesamte Organisation stärker in Kontakt mit sich selbst zu bringen und sich mit

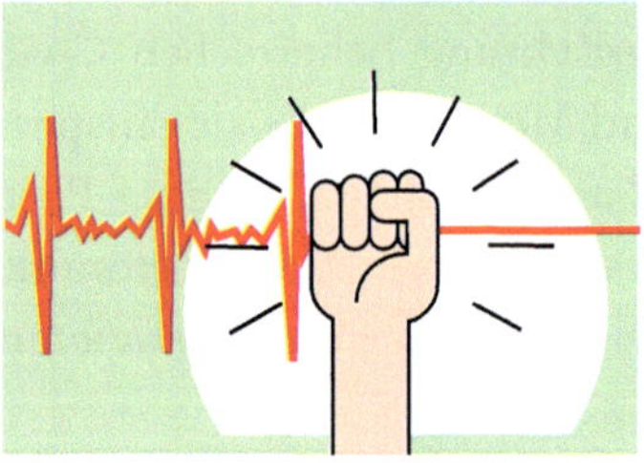

Abbildung 49: „Unbewusste Sterbehilfe“ durch Berater

sich selbst auseinanderzusetzen (Jeschke, 2007). OSA hilft dabei, Klarheit darüber zu schaffen, was die Organisation selbst leisten kann und was nicht. Die Unterstützung von OSA durch das Top-Management verschafft Führungskräften und Mitarbeitern jene Zeit, die sie sich im Alltag nicht nehmen, weil sie glauben, sie nicht zu haben (Dievernich & Wolf, 2013). Gerade deshalb ist es wichtig, dass der Berater/Coach nach einem OSA-Lernkapitel wechselt und diese Tatsache im Vorhinein bekanntgegeben wird. Ansonsten würde die Beratung einer unbewussten Sterbehilfe gleichen: Das Thema wird durch die Begleitung des Beraters künstlich am Leben gehalten, durch seine Aktivitäten werden die Schmerzen und Ängste der Organisation gelindert. Die Arbeitsqualität verbessert sich zwar, aber die Organisationsveränderung hängt immer stärker von der Beratungsleistung ab und ist ohne Berater nicht mehr lebensfähig. Der Berater als „Betäubungsmittel“ würde in diesem Fall lebensverkürzend für die Organisationsveränderung wirken (Abbildung 49).

Mit der Haltung „Wir gehen wieder“ möchten wir als Berater/Coaches vermeiden, unseren Beitrag zu stark zu überhöhen, die Veränderung zu fest an uns zu reißen, die Fähigkeiten der Organisation aus den Augen zu verlieren oder gar eine zu mächtige oder politische Position zu erhalten (Boogers-van Griethuisen, Emans, Stroker & Arndt, 2006).

Wie kann der Agile Coach mehrere Rollen gleichzeitig einnehmen?

Als Agile Coach wird man häufig darum gebeten, zusätzlich zum Coaching auch Trainings zu agilen Ansätzen anzubieten, Workshops zu moderieren, von eigenen Erfahrungen zu berichten oder konkrete Ratschläge zu geben. Wir empfehlen, diese Aktivitäten ganz klar vom Coaching abzugrenzen und dies offen und direkt zu kommunizieren. Zum Beispiel können die einzelnen Rollen im Rahmen von Meetings, Workshops, Vorträgen, Trainings, Coaching-Sitzungen oder Open Space Events trennscharf bedient werden. Wenn in einem Meeting unterschiedliche Rollen gefragt sind, kann der Agile Coach bewusst den Sitzplatz wechseln oder aufstehen und sagen: „In meiner Rolle als <…> sehe ich das so […]. (Platzwechsel) In meiner Rolle als <…> würde ich hier anders handeln […].“ Eine andere Möglichkeit (Abbildung 50): Am Beginn eines Trainings wird definiert, dass in der Mitte des Raums immer das Training

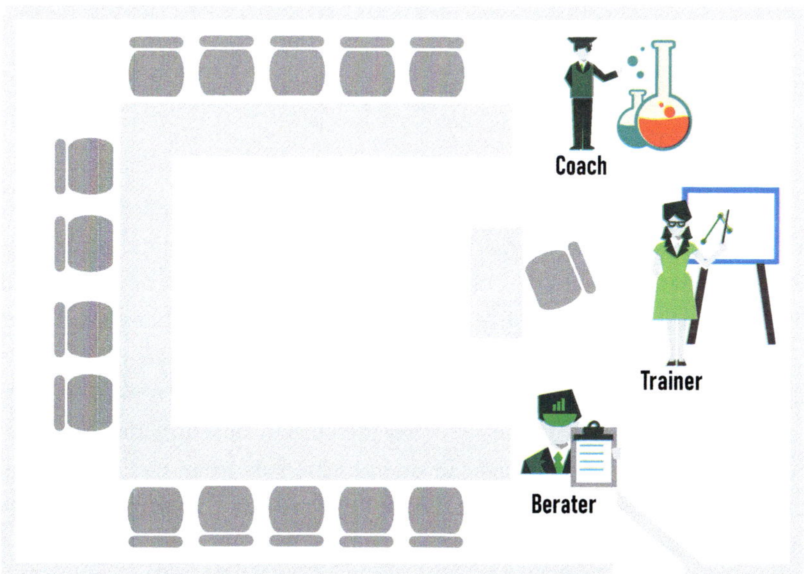

Abbildung 50: Platzwechsel im Raum

stattfindet, auf der linken Seite des Raums spricht der Coach und auf der rechten Seite des Raums der Berater.

Eine Rollenunion ist immer schwierig und kann zu Verwirrungen führen. Besonders von der Kombination einer Coaching-Rolle und einer Führungskräfte-Rolle raten wir ab. Das Selbstverständnis eines Coaches ist, im Rahmen des Coachings keine Autorität und keine eigenen Erwartungen oder Ziele einzubringen. Er oder sie unterstützt zu hundert Prozent die Bedürfnisse und Ziele des Klienten, auch wenn diese zum Beispiel lauten würden: „Ich will diese Abteilung/dieses Unternehmen verlassen." In solchen Fällen kann sich eine Führungskraft niemals so stark emotional distanzieren, dass sie neutral und unabhängig sein kann. Davon ausgenommen ist natürlich die Anwendung einzelner Coaching-Tools, die auch in vielen Führungskräftetrainings bereits gelehrt werden. Viele davon sind essenziell für das menschliche Miteinander, wie zum Beispiel aktives Zuhören und lösungsorientierte Fragestellungen. Die Rolle des Coaches sollte aus unserer Sicht jedoch ein unabhängiger Dritter übernehmen.

Wie kann man in 100 Tagen ausreichend experimentieren?

Bei vielen Veränderungsvorhaben erleben die Beteiligten den Prozess als zu abstrakt, zu langwierig und wenig greifbar. Das Engagement flacht daher meistens schnell ab. OSA arbeitet deshalb mit Experimenten, weil daran die angestrebte Veränderung sofort greif- und sichtbar wird. In der Experimentierphase werden Sie wahrscheinlich erleben, dass die Produktivität in den beteiligten Teams zunächst einbricht. Lernen braucht Zeit, sowohl das Experimentieren selbst als auch die Evaluierung des Erlebten. Klar ist: Diese Zeit steht nicht in unendlichem Ausmaß zur Verfügung. Dadurch wird die Anzahl der in Frage kommenden Experimente bereits auf natürliche Art limitiert.

Bereits laufende Projekte dürfen natürlich nicht gefährdet werden. Daher besteht die Gefahr, dass unter hohem operativen Druck kein Raum für das Lernen bleibt. Hier kommen wieder der Sponsor und die Führungskräfte ins Spiel: Wenn sie ernsthaft an der Transformation interessiert sind, werden sie diesen Raum schaffen.

Nach Scheller (2017) besteht experimentelles Lernen prinzipiell für jedes Experiment aus drei Schritten:

1. Zunächst geht es darum, Möglichkeiten für die Veränderung auszuloten.
2. Im nächsten Schritt werden die gefundenen Optionen bewertet. Die Veränderung muss einen Schritt hin zum gewünschten Ziel machen, aber auch von allen Beteiligten getragen werden.
3. Im letzten Schritt wird eine der bewerteten Ideen ausgewählt und das entsprechende Experiment gestartet.

OpenSpace Agility empfiehlt daher in der Experimentierphase eine iterative Vorgehensweise.

Externe Berater und Coaches unterstützen bei der Auswahl, Durchführung und Bewertung, ohne jedoch initiativ in den Prozess einzugreifen. Sie stehen beobachtend an der Seitenlinie und helfen, wenn sie angesprochen werden.

Die Auswahl, Durchführung und Bewertung der Experimente erfordert eine etablierte Fehler- und Lernkultur. Zu Beginn ist diese Kultur oft noch nicht vorhanden, sie kann in der Experimentierphase aber entstehen. Parallel zur Methodenauswahl experimentiert die Organisation also bereits mit der kulturellen Veränderung.

An dieser Stelle wollen wir Ihnen einen wichtigen Hinweis mitgeben: Verwechseln Sie das selbstorganisierte Durchführen von Experimenten durch die Mitarbeiter nicht mit Anarchie! Das Was und Warum wird durch das Motto des ersten Open Space vorgegeben. Es wird klar, wenn die Unternehmensstrategie und die Ziele sowohl vom Sponsor als auch von den Führungskräften deutlich kommuniziert werden. Was den Mitarbeitern überlassen bleibt, ist die Ausgestaltung der Experimente – das Wie. Dadurch werden Autonomie und Alignment gestärkt und die Mitarbeiter werden auf das selbstorganisierte Arbeiten vorbereitet. Der freiwillige, einladungsbasierte Ansatz von OSA regt einen Veränderungsprozess an, der das agile Mindset vom ersten bis zum letzten Schritt vorlebt.

Womit kann man in den 100 Tagen experimentieren?

Grundsätzlich können Sie in vier Bereichen experimentieren (Abbildung 51, angelehnt an Wilber, 2001):

1. Verhalten – zum Beispiel durch das Beobachten und Trainieren unterschiedlicher Arbeitsweisen und durch den Erfahrungsaustausch dazu
2. Strukturen – zum Beispiel indem Rollen, Meetings, Templates, Organisations- oder Gebäudestrukturen verändert werden
3. Persönlichkeit – zum Beispiel durch persönliches Coaching, Team-Schema-Coaching
4. Kultur – zum Beispiel durch Vorleben von Werten und klaren Strategien/Visionen

Für die Auswahl von Experimenten aus allen vier Bereichen nutzt OpenSpace Agility das agile Manifest als Rahmen für das, was nütz-

Abbildung 51: Auswahlbereiche für Experimente

lich sein wird. Im Bereich Verhalten werden vermutlich einige Teams Scrum oder Kanban ausprobieren, die beiden bekanntesten agilen Ansätze. Aber auch Praktiken wie zum Beispiel Extreme Programming (XP), Adaptive Software Development (ASD), Agile Model-Driven Development (AMDD), Agile Unified Process (AUP) oder die Crystal-Methodenfamilie könnten zu Experimenten anregen. Vermutlich werden auch Test-, Feature- oder Behavior-Driven Development (TDD, FDD, BDD) mit einfließen.

Generell geht es für die experimentierenden Teams darum, sich von Vorhandenem inspirieren zu lassen und daraus Neues zu gestalten. Manchmal gibt es bereits Ideen für neues Verhalten und neue Strukturen aus bestehen Ausnahmeregelungen oder dem Taskforce Modus: In kritischen Situationen wird es plötzlich möglich, Mitarbeiter zu 100 Prozent auf ein Projekt zu buchen, ihnen einen eigenen Teamraum zur Verfügung zu stellen, die räumliche Verteilung der Teams aufzuheben und Prozesse abzukürzen beziehungsweise Sonderregelungen einzuführen.

Über die Teamebene hinweg empfehlen wir daher auch einen Blick auf Skalierungs-Frameworks wie Scrum@Scale, LeSS, Nexus oder SAFe®. Letzteres wird in der agilen Community kontrovers diskutiert, auf die Gründe wollen wir an dieser Stelle nicht eingehen. Dennoch kann SAFe® eine Inspiration für einzelne Aspekte sein, zum Beispiel im Bereich des Lean-Portfolio-Managements, bei geschachtelten Kadenzen oder im Umgang mit Spezifikationen und Compliance.

Die Experimente dürfen sich jedoch nicht nur auf diese prozessualen Aspekte beschränken. Auch auf der Ebene des Engineerings gibt es vieles auszuprobieren und zu lernen, wenn die Zykluszeiten in der Entwicklung kürzer werden sollen. Die Teams werden sich deshalb zwangsläufig mit Automatisierung im Requirements-Management, in der Dokumentation sowie bei Build, Test und dem Release-Management beschäftigen und unter Umständen neue Werkzeuge ausprobieren.

Auch in Führungsstile, Entscheidungskompetenzen, Rollen und Prozesse kann und soll in den hundert Tagen Bewegung kommen. Das bedeutet, dass Sie sowohl auf operativer und koordinierender, aber auch auf strategischer Ebene experimentieren können. So können zum Beispiel agile Managementmethoden zum Ausdruck neuer Führungskultur ausprobiert werden. Wie wäre es mit einem Celebration Grid, einer Kompetenzen-Matrix, einem Delegation Board, Internal Crowdfunding, Kudo-Karten, Merit Money, Work Expos oder einem Review Basar? Oder mit neuen Meeting- und Moderationsformaten, wie zum Beispiel Dynamic Facilitation? Unter management30.com oder den Stichworten „Beyond Budgeting" oder „Sociocracy" finden Sie weitere Anregungen. Die OSA Coaches helfen den Beteiligten dabei, die neuen Praktiken auszuprobieren und dabei ihre Persönlichkeit in der Veränderung zu entwickeln.

Wichtig dabei ist, nicht gleich in allen Bereichen zu experimentieren – die Gefahr, nach 100 Tagen auf einer ausgedehnten Baustelle zu stehen, ist zu groß. Idealerweise stellen die Teams Backlogs für die beabsichtigen Experimente auf, zerteilen diese in kleine Happen und priorisieren sie nach Größe und Wichtigkeit des Lerneffekts.

Organigramm-Änderungen können wir als Experiment nur eingeschränkt empfehlen. Die Veränderung im Organigramm ist zwar direkt sichtbar und greifbar, aber sie verdeckt die eigentlich wichtigen dahinterliegenden Änderungen der Arbeits- und Kommunikationsabläufe. Wir empfehlen, zuerst mit den Abläufen zu experimentieren und dann im Anschluss an das Experiment das Organigramm anzupassen.

Es ist sinnvoll, im Vorfeld des Open Spaces zu kommunizieren, wo die Grenzen der Experimente liegen werden. Hierzu gehören möglicherweise Maximalbudgets für Experimente, die Einhaltung von Arbeitschutzgesetzen oder der Ausschluss von Umstrukturierungen in der Organisation, die für Experimente notwendig wären. Die Teilnehmer im Open Space können sich bei der Definition der Experimente an diesen Grenzen orientieren, wenn diese vom Sponsor zu Beginn der Konferenz vorgestellt werden und den Teilnehmern in schriftlicher Form als Checkliste vorliegen. Dies vermeidet, dass der Sponsor im Anschluss an den Open Space wesentliche Experimente ablehnt und die Teilnehmer dadurch enttäuscht.

Wie macht man gute Experimente?

Die Naturwissenschaftler können uns diese Frage beantworten: Laut Definition ist ein Experiment eine methodisch angelegte Untersuchung zur empirischen Gewinnung von Information. In unserem Fall steht der Informationsgewinn im Vordergrund. Zu diesem Zweck führen wir quasi-experimentelle Feldexperimente durch. Die Versuchsbedingungen in OSA lassen sich nur schwer kontrollieren. Das beginnt damit, dass sich die experimentierenden Gruppen selbst auswählen und nicht per Zufall ausgewählt werden.

Gute Experimente (Abbildung 52) beginnen immer mit einer Fragestellung. Diese kann einfach formuliert sein oder nach dem Zusammenhang zweier Einflussgrößen, quantitativen oder allgemeinen Zusammenhängen fragen. Auf Basis der Fragestellung stellen wir eine neue Hypothese auf, die auf Analogien aus dem Berufsalltag, auf fachlichen Konzepten oder Generalisierungen begründet sein kann. Hieraus wird das Experiment abgeleitet und mit den identifizierten Variablen geplant. Wenn möglich werden Kontrollvariablen, Versuchsdauern, Wiederholungen, Genauigkeiten und Fehler berücksichtigt. Wenn Sie nun zum Beispiel die Vermutung „Scrum könnte uns helfen, besser auf Veränderungen zu reagieren" entwickelt haben und Sie genau wissen, was Sie dafür benötigen (z.B. Jira-Lizenzen, Schulungen in Scrum, Coach für den Product Owner), können Sie das Experiment für eine Dauer von maximal 100 Tagen planen. Ein Experiment muss nicht aufwendig oder teuer sein. Manchmal reicht es, den Tisch aus dem Besprechungsraum zu nehmen, um alte

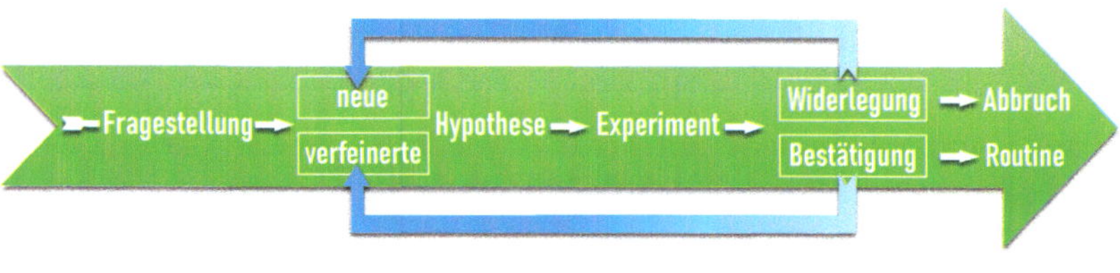

Abbildung 52: Ablauf guter Experimente

Gewohnheiten zu stören und neues Verhalten zu erzeugen. Schon kleinste Experimente sorgen für positive Veränderungsimpulse. Um die Hypothese bestätigen oder widerlegen zu können, beobachten die Mitarbeiter, Coaches und Führungskräfte das Experiment. Die Beobachtungen und Daten werden zum Beispiel in Reflexions-Workshops oder Retrospektiven wiedergegeben. Alle Beteiligten stellen ihre eigenen Schlussfolgerungen dar und schlagen mögliche nächste Schritte vor. Hierbei können sie den Abbruch des Experiments oder die Übernahme in eine Routine fordern sowie eine neue oder verfeinerte Hypothese vorschlagen. Mit der neuen oder verfeinerten Hypothese können neue Experimente formuliert werden.

Hier noch ein paar weitere Tipps für Experimente:

- Versuchen Sie, die Experimente bzw. deren Status oder Ausgang sowie Ihre eigene Arbeit zu visualisieren.
- Führen Sie regelmäßig Retrospektiven durch. Lassen Sie die Verbesserungsvorschläge, die in diesem Meeting generiert werden, sofort einfließen.
- Beobachten Sie Ihre Kreativitität mit einem kritischen Blick. Oft hilft es, am Anfang etablierte Ansätze zu kopieren bzw. nach dem Lehrbuch zu machen (Shu-Ha-Ri-Prinzip) und erst danach kreativ anzupassen. Wenn Sie bereits Experte sind, können Sie sofort kreativ werden und müssen sich durch bestehende Ansätze nicht beeinflussen lassen.
- Wenn ein Experiment die dahinterstehende Hypothese nicht widerlegt, erweitern Sie den Wirkungskreis des Experiments bzw. der zugrundeliegenden Praktik.

Was in einem Team gut funktioniert, muss in einem anderen Team noch lange nicht funktionieren. Methoden oder Werkzeuge sollen einem bestimmten Zweck dienen. Sie haben keinen Selbstzweck. Es geht nicht darum, agile Methoden perfekt anzuwenden, sondern darum, einen Mehrwert für das Unternehmen und die Kunden zu schaffen.

Wenn Sie Experimente planen, um neue Erkenntnisse zu gewinnen und nicht, um Nachweise zu erbringen, sollten Sie sich bewusst machen, dass auch das Scheitern eines Experiments einen wichtigen Informationsgewinn generiert. Donald Reinertsen (2009) empfiehlt mit Hinweis auf die Informationstheorie nach Hartley, Experimente zum Informationsgewinn so auszulegen, dass alle Ausgangsmöglichkeiten mit derselben Wahrscheinlichkeit auftreten. Für ein Experiment mit zwei möglichen Ausgängen sollte die Wahrscheinlichkeit des „Erfolgs" ebenso hoch sein wie jene des „Scheiterns", also je 50 Prozent. Das oft beobachtete Vorgehen, Experimente so zu gestalten, dass sie ziemlich sicher zum Erfolg führen, ist aus dieser Sichtweise „Verschwendung".

Wie bei naturwissenschaftlichen Experimenten gilt auch hier: Alle Experimente sollten sich an ethischen und moralischen Prinzipien orientieren.

Wie wird sichergestellt, dass es nach den 100 Tagen gute Ergebnisse gibt?

Es kann natürlich sein, dass Sie von den Experimenten mehr erwartet haben und enttäuscht werden. Zwar ist das schmerzhaft, aber es ist ein wertvoller Schritt in Richtung Wahrheit und hilft dabei, Illusionen und Irrtümer aufzudecken. Trotz einer bestehenden systemischen Unberechenbarkeit können Sie dennoch ein paar Vorkehrungen treffen. Wir empfehlen daher, die 100-tägige Experimentierphase in Iterationen durchzuführen. Im gleichbleibenden Takt von beispielsweise zwei Wochen können Sie nachfragen:

- Was wollten wir erreichen?
- Was haben wir (nicht) erreicht?
- Warum haben wir es (nicht) erreicht?
- Wie sehen die Korrekturmaßnahmen für die nächste Iteration aus?

Diese Fragen können Sie in einem Interview, mit einem Fragebogen, durch eine Beobachtung oder eine Datenerhebung beantworten.

Mit dieser Information in der Hand werden die Mitarbeiter rechtzeitig weitere Workshops oder Ausrichtungsdiskussionen ansetzen und alle Beteiligten mit ihren eigenen und gegenseitigen Erwartungen und Bedürfnissen zu Wort kommen lassen. Achten Sie jedoch darauf, dazu auch weiterhin Einladungen auszusprechen und nicht die Inhalte oder Aufgaben aufzuzwingen. Dadurch würden Sie die Entwicklungsmöglichkeiten verschleiern und unterdrücken.

Wichtig ist, dass die Mitarbeiter die Coaches als objektive, neutrale und kompetente Unterstützung wahrnehmen. Nur dann nutzen sie auch die Einladung, sich während der Experimentierphase an die Coaches zu wenden, wenn es Probleme oder Fragen gibt. Die Coaches und alle Experten werden die Teams nach allen Möglichkeiten dabei unterstützen, am Ende des Experiments etwas „in der Hand zu haben" – also Experimente mit hohem Lerneffekt durchzuführen.

Das wirft die Frage auf, was „Lerneffekt" genau bedeutet. Zu den folgenden Fragen werden Sie nach den 100 Tagen auf jeden Fall viele Informationen gesammelt haben:

- Wie anstrengend und kostspielig wird die Veränderung für das Unternehmen sein? – Emotionale Anstrengungen, immaterielle und finanzielle Kosten, zeitlicher Aufwand, prozessuale Engpässe usw. für einzelne Aufgaben innerhalb der Transformation.
- Wie schnell kann sich die Organisation verändern? – Die Geschwindigkeit, in der erste praktische Maßnahmen umgesetzt werden konnten, gibt Aufschluss über die zukünftige Geschwindigkeit der Transformation.
- Wo bestehen Abhängigkeiten, wenn etwas geändert wird? – Zu anderen Teams, zum Portfolio, zu anderen Abteilungen, zu Lieferanten und Kunden.
- Wie klar ist den Mitarbeitern die angestrebte Vision? – Anhand der Anzahl an Nachfragen und Diskussionen und der Ergebnisse, die in die falsche Richtung gegangen sind, erkennen Sie, ob die Vision richtig verstanden wurde.
- Wie unzufrieden sind die Mitarbeiter mit dem aktuellen Zustand? – Mitarbeiter engagieren sich stärker für die Einführung neuer Arbeitsweisen, wenn sie mit dem aktuellen Zustand unzufrieden sind und sich selbst etwas Neues wünschen.

In anderen Worten: Wenn eine Transformation nicht wie erwartet anläuft und es nicht an den vorhandenen Ressourcen (Menschen, inhärentes Wissen und Reife in der Organisation usw.) liegt, kann das Zweierlei bedeuten:

a. Sie haben etwas nicht richtig gemacht: verbesserungswürdiges Management
b. Sie haben nicht die richtigen Dinge gemacht: verbesserungswürdige Strategie

Wenn (a) zutrifft und es an der Umsetzung hapert, könnten Sie zum Beispiel die Führungskräfte für die kommenden Schritte besser vorbereiten, etwa im Rahmen von Schulungen zu Experimentiertechniken, Storytelling, Führungstechniken, Gruppendynamik und Change Management.

Wenn die Vision und die Attraktivität der gewünschten Unternehmensentwicklung nicht klar ist (b) und es eher am Inhalt hapert, wird vielleicht vor allen weiteren Schritten ein Workshop zur Strategieentwicklung notwendig sein, zum Beispiel mit einer Zukunftskonferenz.

Das Motto des Open Spaces und der Experimente ist es, das Unternehmen weiterzuentwickeln. Auch wenn die 100 Tage andere Erkenntnisse bringen als erwartet oder erwünscht, so werden die Unternehmensziele weiter bestehen bleiben. Rückschläge sollte man in der Unternehmensentwicklung immer einkalkulieren und nicht nachgeben. Wenn Sie nach 100 Tagen nichts Offensichtliches in der Hand haben, werden Sie dennoch erfahren haben, welche Widerstände und Lustlosigkeiten es gibt. Sie werden erfahren haben, wer die Unternehmensziele trägt und Engagement zeigt, und wer nicht. Gegebenenfalls ist es jetzt an der Zeit, die notwendige Konsequenz zu zeigen und mit Regelbrechern und Ignoranten unter den Führungskräften ins Gespräch zu gehen (siehe auch die Frage „Wie können Teamleiter und andere Führungskräfte vorbereitet werden?").

Und schließlich werden Sie einiges über die Effizienz der Schnittstellen und Abläufe erfahren haben, über die Systematik der Kommunikation und Dokumentation, über das Miteinander und Konflikte, über die Güte der Lernkultur sowie über die Anpassungsfähigkeit und Aktiviertheit in Ihrer Organisation. Das sind wertvolle Erkenntnisse, die Sie ohne das Scheitern nicht gewonnen hätten.

Wer übernimmt die Verantwortung für die Experimente?

Im Rahmen des ersten Open Space Events diskutieren die Teilnehmer leidenschaftlich über die von ihnen eingebrachten Themen und planen Experimente für die Experimentierphase ein. Immer wieder stoßen wir als Begleiter von OSA-Umsetzungen in diesem Event auf eine gewisse Unsicherheit darüber, wer nach dem Open Space die Durchführung der Experimente verantworten wird. Das OSA-Modell liefert auf diese Frage keine Antwort, denn das Starten, Ausführen, Überwachen und Beenden von Experimenten ist ebenso Teil der Selbstorganisation wie deren Planung im ersten Open Space Event. In der Praxis wird oft der Anbieter der Session oder ein Team um diesen herum die Organisation jener Experimente übernehmen, die in einer Session entworfen wurden. Am besten ist es, wenn sich das Team gleich im Open Space zusammenfindet. Sie können das Experiment aber auch anschließend ausschreiben und die Mitarbeiter können sich dafür bewerben. Setzen Sie auf Freiwilligkeit und auf das selbstständige Zusammenfinden des Teams.

Manchmal begegnen wir Teilnehmern, die keine Session anbieten wollen, weil sie befürchten, ab diesem Zeitpunkt für das Thema verantwortlich zu sein. Dass die Session dann nicht stattfindet und es zu diesem Themenkomplex keine Experimente geben wird, scheint auf den ersten Blick bedauerlich. Im Rahmen von OpenSpace Agility würde es jedoch keinen Sinn ergeben, von der Freiwilligkeit abzukommen und Verantwortliche zu benennen, nur damit es ein Thema auf die Agenda schafft. Sind Teilnehmer nur dazu bereit zu diskutieren, nicht aber das Heft in die Hand zu nehmen, kann das zwei Gründe haben: Entweder ist die Leidenschaft oder der Handlungsdruck für dieses Thema nicht so groß wie bei anderen Themen, oder die Teilnehmer befürchten, von der Linienorgansation in ihren Bemühungen nicht ausreichend unterstützt zu werden. Beides ist eine von OSA gewünschte Transparenz über das, was die Organisation in diesem Moment kann und will.

Wie misst man den Status oder die Reife der agilen Transformation?

Spannend. Was genau möchten Sie messen? Wir möchten Sie davor warnen, Mist zu messen („Wer misst, misst Mist“) – zum Beispiel die Anzahl der bereits geschulten Teams. Nutzen Sie auch keine der im Internet zirkulierenden Checklisten und Reifegradmodelle, um die Agilität von Teams oder der Organisation zu messen. Manche Fachbücher empfehlen sogar, agile und klassische Teams anhand diverser Kennzahlen miteinander zu vergleichen, um aufzuzeigen, dass die agilen Teams besser laufen als die traditionellen.

Warum möchten Sie denn etwas messen? Manche möchten mit dieser Messung lediglich zeigen, wie viel Arbeit sie bereits in Trainings gesteckt haben. Andere möchten beweisen, dass sich Teams zwar als agil oder als Scrum Team bezeichnen, aber eigentlich nur ein agiles Etikett auf die alten Arbeitsweisen geklebt haben. Wieder andere möchten darauf aufmerksam machen, dass man noch agiler werden könnte, oder es werden ganz einfach Schuldige für die schlechten Jahresergebnisse gesucht.

Diese und alle anderen möglichen Gründe haben ihre Berechtigung. Allerdings ist es aus psychologischer Sicht nicht zu empfehlen, jemandem an den Kopf zu werfen, dass er oder sie sich falsch entwickelt hätte. In agilen Transformationen ist jeder ein Anfänger: Man lernt nie aus und jede Situation ist ganz anders als die vorangegangene. Jeder hat nur das gemacht, was er oder sie mit den gegebenen Fähigkeiten, dem Wissen und den Umgebungsbedingungen machen konnte. Und wenn man sich wie ein Anfänger fühlt, löst jede Kritik eine Schutzhaltung aus – es entstehen Angst und Widerstand. Doch genau das wollen wir ja nicht. Stattdessen ermutigen Sie Ihre Kolleginnen und Kollegen weiterzumachen, sich weiter zu verbessern und sich daran zu erinnern, welche Vision sie mit Hilfe von Agilität erreichen wollen. Agilität ist kein Selbstzweck, und unter „Agilität“ oder „Reife“ versteht jeder etwas anderes. Wenn die durchgeführten Veränderungen die Ergebnisse oder Prozesse auch nur minimal verbessern und zum Wohlbefinden der Mitarbeiter beigetragen haben, waren sie gut. Sagen Sie, was in Zukunft besser gemacht werden könnte und nicht, was in der Vergangenheit schlecht gemacht wurde – daran kann sowieso niemand mehr etwas ändern. Manche wollen mit Reifegradmodellen herausfinden, was sie als Nächstes angehen müssen. Aber das ist für jedes Unternehmen etwas anderes.

Können die Zeiträume in OSA angepasst werden?

Ja, sie sind nur Richtwerte zur Orientierung. In diesem Buch wird darauf hingewiesen, dass die Dauer der einzelnen Phasen davon abhängt, wie gut agile Prinzipien und Praktiken im Unternehmen bereits gelebt werden, wie gut die Führungskräfte vorbereitet sind und wie groß das Unternehmen ist usw. Das OSA zugrundeliegende Modell Prime/OS von Daniel Mezick schlägt für die Experimentierphase eine Dauer von 45 bis 90 Tagen vor.

Wie spielt OSA mit Konzepten der Organisationsentwicklung zusammen?

Wir möchten zur Beantwortung dieser Frage auf eine Erklärung aus unserem Buch „OpenSpace Agility kompakt" zurückgreifen. OSA ersetzt nicht die bekannten Ansätze der Organisationsentwicklung, sondern kann einen Rahmen bieten, in den sich diese Ansätze einbetten lassen. Wir stellen OSA hier in aller Kürze einigen bewährten Konzepten gegenüber, die Sie vielleicht selbst schon für Transformationen genutzt haben, damit Sie diese besser mit OSA vergleichen und ergänzen können. Sie können Synergien nutzen und Bewährtes mit OSA zusammenbringen. Wenn Sie zum Beispiel die Kollegen aus der Unternehmens- und Personalentwicklung, aus Human Resources, aus dem Betriebsrat und der internen Unternehmenskommunikation einbinden, können Sie mit dieser Einordnung und Wortwahl die gleiche Sprache sprechen. Wir möchten vermeiden, dass diese wichtigen Stakeholder Ihre Einladung zum Open Space nicht annehmen, nur weil sie die Einladung nicht einordnen können.

Phasenmodell von Lewin

Im Dreischritt des Phasenmodells von Lewin für geplante Veränderungen (Lewin 1963) – auftauen, verändern, einfrieren – kann das OSA Engagement Model gespiegelt werden:

1. Zuerst wird der Bereich aufgetaut, der transformiert werden soll (vor dem/im ersten Open Space).
2. Die Arbeitsweise wird verändert (100-Tage-Experiment).
3. Die neue Arbeitsweise wird eingefroren und die nächsten zu verändernden Arbeitsweisen und Bereiche werden aufgetaut (zweiter Open Space).

8-Stufen-Modell von Kotter

Die Schritte, die Sie mit OSA gehen, finden sich auf andere Weise auch in den acht Schritten des Change Managements nach Kotter (2011) wieder. Die Stufen fassen sehr gut zusammen, welche Durchführungs- und Unterstützungsaufgaben den Führungskräften während der gesamten Transformation zugeschrieben werden – selbstverständlich auch bei OSA (Abbildung 53):

1. Ein Gefühl der Dringlichkeit erzeugen: Mit Hilfe des Storytellings und der Werbemaßnahmen, die den Change im Vorfeld ankündigen, zeigen die Führungskräfte die Dringlichkeit der Transformation auf. Es entsteht ein sogenannter „Sense of Urgency".
2. Eine Führungskoalition aufbauen: Für den ersten Open Space definieren die Führungskräfte gemeinsam ein Thema und eine Leitvorstellung. Durch die Einladung bringen Sie genau den richtigen Mix an richtungsweisenden Personen zusammen.
3. Vision und Strategie entwickeln: Vor dem ersten Open Space werden die Führungskräfte vom Sponsor über Vision und Vorgehensweise der Transformation mit OSA informiert. Während des ersten Open Spaces definieren die Mitarbeiter die Schritte für die Umsetzung.
4. Vision des Wandels kommunizieren: Im Open Space wird die Vision bzw. das Thema des Open Spaces vertieft. Anschließend kommuniziert der Sponsor, welche Empfehlungen aus den Proceedings umgesetzt werden sollen.

Abbildung 53: 8-Stufen-Modell von Kotter

5. Mitarbeiter auf breiter Basis befähigen: Für 100 Tage bekommen alle Mitarbeiter und Führungskräfte das Empowerment und den Handlungsfreiraum, um den Wandel einzuleiten. Die Coaches und Berater stehen als Befähiger zur Verfügung.
6. Schnelle Erfolge erzielen: Im Idealfall treffen sich die beteiligten Mitarbeiter regelmäßig zum Beispiel alle zwei Wochen zur Reflexion, nach 100 Tagen treffen sie sich zum zweiten Open Space. Bei diesen Formaten werden die bisher erzielten Erfolge sichtbar gemacht.
7. Erfolge konsolidieren und weitere Veränderungen einleiten: Im zweiten Open Space werden alle Erfahrungen und Erkenntnisse konsolidiert und es wird eine Bilanz gezogen. Hier wird beschlossen, auf welchen Ebenen weitere Change-Maßnahmen und Experimente ablaufen sollen.

8. Neue Ansätze in der Kultur verankern: Über das wiederkehrende Ritual des Open Spaces und weitere Routinen des agilen Managements wird der Change nach und nach in der Kultur verankert und in der gesamten Organisation verinnerlicht.

Organisationsveränderung nach Glasl

Eine Organisationsveränderung kann man nach Glasl entlang von vier unterschiedlichen Philosophien durchführen (Glasl, Kalcher & Piber, 2014):

1. Man kann „Wildwuchs" betreiben und ohne Konzept impulsiv transformieren.
2. Beim „Machtansatz" wird die Transformation von oben verordnet und ggf. trotz Widerstand schnell realisiert.
3. Beim „Expertenansatz" zieht sich eine Gruppe von Experten zur Ausarbeitung eines Lösungskonzepts zurück und rollt dieses anschließend aus.
4. OSA verfolgt den vierten Ansatz, den „Entwicklungsansatz", und ist somit eine partizipative Transformation, die die gesamte Kompetenz der Mitarbeiter aufgreift. Werte, Kultur und Struktur der Organisation werden so direkt mittransformiert.

Wie erleben Sie bisher Veränderungen in Ihrer Organisation? Wäre es ein großer Schritt für alle Beteiligten, zum Entwicklungsansatz zu wechseln? Oder gibt es bereits Mitarbeiterbeteiligung in diversen Bereichen? Welcher Ansatz passt zu den Fähigkeiten, Werten und der Kultur Ihres Unternehmens? Wenn Sie selten oder gar nicht mit Entwicklungsansätzen arbeiten, empfehlen wir, zuvor kleinere Veränderungsmaßnahmen partizipativ zu gestalten und nicht direkt mit einer ganzheitlichen agilen Transformation mit OSA zu beginnen. Sammeln Sie Erfahrungen, indem Sie mit Partizipation experimentieren.

Friedrich Glasl hat außerdem sieben Basisprozesse einer erfolgreichen Organisationsentwicklung (OE) definiert. Anhand der Kriterien, Methoden und Ziele nach Glasl können wir OSA als OE-Rahmenmodell ebenfalls analysieren und ergänzen.

1. Diagnoseprozess: Die Diagnoseprozesse finden sich vor allem in der Vorbereitungsphase von OSA wieder, in der Daten für den ersten Open Space gesammelt werden. Zustandsanalysen und Befragungen fließen in die Formulierung des Themas für den ersten Open Space und in das Storytelling der Führungskräfte ein. Dadurch verstehen alle Betroffenen den „Sense of Urgency". Anschließend enthalten die wiederkehrenden Open Spaces einen hohen Anteil an Retrospektive und Diagnose.
2. Zukunftsgestaltungsprozesse: Der Zukunftsgestaltungsprozess bezieht in den Open Spaces alle Mitarbeiter aktiv mit ein. Die Vision und das Commitment werden von den Führungskräften kommuniziert. Zum Beispiel im Rahmen von Visions-Workshops und durch erste Erfahrungen mit einladungsbasierten Meetings erarbeiten sich die Führungskräfte vorab eine klare Zielvorstellung.
3. Psychosoziale Prozesse: In der OSA-Vorbereitungsphase werden die Führungskräfte intensiv darauf vorbereitet, wie sie die Entwicklungsschritte ihrer Mitarbeiter während der Transformation begleiten können. Ihnen werden Personalentwickler und Coaches zur Seite gestellt, die insbesondere bei Stimmen der Abwertung, des Zynismus und der Angst unterstützen sollen (siehe z.B. Theorie U nach Scharmer 2011). Inbesondere bei nicht-logischen, nicht-kognitiven Diskussionen und Dialogen ist die Unterstützung der Coaches und Personalentwickler wichtig, um die inneren Haltungen, die Selbstbewusstwerdung jedes Einzelnen und den Umgang miteinander zu erschließen.
4. Lernprozesse: Die Lernprozesse finden kontinuierlich statt, vertieft aber während der 100-tägigen Experimentierphase. Alle Beteiligten haben Zugriff auf Trainings, Coachings und Expertenberatung. Sie sind stark motiviert, sich mit den notwendigen Kompetenzen auszustatten, da sie wissen, dass die Coaches und Experten nach 100 Tagen das Unternehmen wechseln bzw. verlassen.
5. Informationsprozesse: Durch hohe Transparenz sind allen Mitarbeitern die Informationen zur Transformation zugänglich. Über die versendeten Open Space Proceedings, Newsletter, Intranet, in-

terne Marktstände und ggf. ein OSA-Büro hat jeder jederzeit Zugriff auf die Informationen.

6. Umsetzungsprozesse: Durch die wiederkehrenden Open Space Events und Retrospektiven werden Zwischenerfolge sichtbar, Teilziele werden zügig avisiert und umgesetzt.
7. Change-Management-Prozesse: Das Engagement Model OSA bietet eine erste grobe Planung für die Lenkungsorgane (Sponsor, Coaches etc.) und vermittelt an die Mitarbeiter eine hohe Professionalität im Führen der Veränderung.

Wenn Sie zum Beispiel eine Abteilung für Organisationsentwicklung oder einen Betriebsrat in Ihrem Unternehmen haben, empfehlen wir Ihnen, diese Bereiche in alle Prozesse einzubinden – spätestens durch eine Einladung zum ersten Open Space Event. Der Betriebsrat möchte im Rahmen der Mitbestimmung optimale Regelungen für die Belegschaft verhandeln und als Ansprechpartner bestens informiert sein. Gerade wenn es unter den Mitarbeitern und Führungskräften eine hohe Fluktuation gibt und/oder die Standorte der Organisation verteilt sind, kann der Betriebsrat eine wichtige Wissensquelle und sicherheitsgebende Konstante sein.

Mit welchen weiteren Techniken und Methoden der Organisationsentwicklung lässt sich OSA ergänzen?

Sowohl Prime/OS als auch OSA wurden von Daniel Mezick unter der Creative-Commons-Lizenz publiziert. Wenn Sie es auch weiter unter derselben CC-Lizenz veröffentlichen und Daniel Mezick als Autor nennen, können Sie es ändern und ergänzen. Einige Techniken und Methoden können in sich stimmig mit diesen Modellen kombiniert werden, andere empfehlen wir wiederum nicht für die Kombination. Viele traditionelle Ansätze der Organisationsentwicklung werden den heutigen Umweltdynamiken nicht mehr gerecht. Schreyögg und Noss (1995) nennen als Gründe die zunehmende Instabilität, dass der Wandel kein Sonderfall, sondern ein andauernder Zustand sei und niemand die Komplexität und das enorme interne Wissen der Organisation überblicken könne. Früher ging es darum, stabile Organisationen in Bewegung zu versetzen (Lewin, 1947). Heute geht es darum, in hochdynamischen Organisationen einen Hauch Stabilität und Ruhe zu schaffen, damit sich die Mitarbeiter ausrichten und lernen können (Becker & Labucay, 2012). OSA und Prime/OS bieten deshalb Interventionen und Ansätze, die auf Stabilität in der Veränderung fokussieren, wie zum Beispiel der Open Space als wiederkehrendes Ritual.

Bekannte Techniken wie Auftragsklärung, Interviewtechniken, Kraftfeld-, Bedürfnis- oder Kompetenzanalysen hingegen können die Vorbereitung der Führungskräfte für OSA ideal ergänzen. Wenn Sie zur Einleitung von Veränderungen gerne Szenario-Techniken, Deep Democracy, Dynamic Facilitation, Lernreisen und Teamentwicklungsspiele oder ganz andere Ansätze einsetzen, können Sie diese als Session im OpenSpace anbieten (genauso wie alle anderen Teilnehmer Sessions anbieten). Sie können diese auch als mögliche Maßnahmen für die 100-tägige Experimentierphase vorschlagen. Wichtig ist, dass Ihre vorgeschlagenen Maßnahmen mit den Werten des Agilen Manifests übereinstimmen. Methoden wie die Kollegiale Beratung, Improvisationstheater, Blogging und World Café können den Austausch zwischen den Mitgliedern der Organisation optimal ergänzen. Ab dem zweiten Open Space können Sie auch Maßnahmen zur Messung der Nachhaltigkeit und zum Festigen des Gelernten ins Spiel bringen. Hier geht es darum herauszufinden, ob gute Experimente in den Alltag integriert wurden und das Gelernte noch präsent ist. Beachten Sie jedoch, dass manche Methoden wie Soll-Ist-Vergleich, Outcome Mapping, Anreizsysteme, Strategie-Cockpits oder Balanced Scorecards in einigen ihrer Ausprägungen nicht den agilen Prinzipien entsprechen. Durch das Ausmaß und die Art des Zuspruchs oder der Ablehnung aus der Gruppe aller Teilnehmer erhalten Sie direktes Feedback zum Nutzen und zur Akzeptanz.

Bei der Menge an Methoden und Werkzeugen, die in der Organisationsentwicklung heute angewendet werden, verliert man schnell den Überblick. Keine der Methoden oder Werkzeuge ist eine Wunderwaffe, viele werden vereinfacht, zu pragmatisch oder lieblos angewendet. Anfänger und diejenigen, die glauben, alle Möglichkeiten wie einen Rund-um-Komplett-Service anbieten zu müssen, nutzen die Methoden und Werkzeuge, ohne deren Hintergrund und Wirkung durchdrungen zu haben. Vor allem jene Methoden, um die es einen Hype gibt und die wegen ihrer potenziellen Wirkung von vielen angeboten werden, schaffen viele Illusionen: Dem Moderator oder Berater wird hohe Kompetenz zugeschrieben und man glaubt, die Methode allein würde die komplexe Situation vollständig lösen, oder das Ergebnis wäre perfekt und von niemandem in Frage zu stellen.

OpenSpace Agility bietet ein „Engagement Model", das innerhalb der Sessions auf das gute alte Gespräch zurückgreift. Die Teilnehmer konzentrieren sich daher nicht auf die richtige Ausführung einer Methode, sondern auf den Austausch, den Perspektivenwechsel und ihre Intuition, um die richtigen Handlungsalternativen und Experimente auszuwählen. Deshalb empfehlen wir, OSA nicht mit zu vielen weiteren Methoden und Techniken zu füllen. Sonst laufen Sie Gefahr, die Sicht auf das Wesentliche zu verlieren: die Selbstorganisation der Mitarbeiter.

Welche Erfahrungsberichte zu OSA gibt es?

OSA ist heute – im Jahr 2019 – in Deutschland noch ein sehr junger Ansatz. In den USA hat Daniel Mezick bereits mehrere Transformationen ganzheitlich mit OSA erfolgreich begleitet. In Deutschland haben wir Auszüge aus OSA, von einzelnen Ideen bis hin zu Open Spaces mit Experimentierphase, begleitet. Ein ganzheitlicher OSA-Ansatz mit wiederkehrenden Open Spaces alle sechs Monate reift aktuell in mehreren Unternehmen und öffentlichen Behörden in Deutschland heran. Zusätzlich haben wir OSA mit einigen Ansätzen der Organisationspsychologie und der Resilienten und Lernenden Organisation ergänzt umgesetzt. Auf openspaceagility.com finden Sie einige Erfahrungsberichte.

In der Praxis haben wir die Erfahrung gemacht, dass die wenigsten Führungskräfte Open Space oder das einladungsbasierte Führen kennen – geschweige denn anwenden. Viele Führungskräfte sind bereits irritiert, wenn sie zu einem einfachen Meeting eine wirkliche Einladung aussprechen sollen, die ihre Mitarbeiter freiwillig annehmen oder ablehnen dürfen. Sie sind daher sehr skeptisch gegenüber der Einladung zum Open Space. Sie reagieren sehr erleichtert, wenn genügend Mitarbeiter dieser Einladung folgen und noch erleichterter, wenn richtig gute Themen für die Sessions genannt werden, wie zum Beispiel:

- Wie können wir agil in weltweit verteilten Teams arbeiten?
- Wie arbeiten Entwicklung, Test und Produktmanagement im agilen Rahmen zusammen?
- Was müssen wir in den nächsten 100 Tagen unbedingt ausprobieren, weil wir verrückt wären, wenn wir es nicht ausprobieren würden?

Manche Themen fanden großen Anklang, manche Vorschläge und Aktivitäten waren für die Führungskräfte ziemlich überraschend. Wir bekommen häufig zu hören, wie unerwartet und außergewöhnlich einzelne Erlebnisse im Open Space sind. Unsere Hauptaufgabe besteht deshalb zum größten Teil darin, Stabilität zu geben, Verständnis für die Überraschung zu zeigen und flexibel, lösungsorientiert und wertschätzend auf jedwede Probleme und Beschwerden zu reagieren.

Belege für die Wirkung einzelner Elemente von OSA gibt es in der Literatur seit den 1970ern bis heute. Erfahrungsberichte zur Open Space Technology erscheinen immer wieder als Blog- und Printartikel:

- selbstregulierende Arbeitsgruppen (Neuman, Edwards & Raju., 1989)
- Prozessberatung/Coaching (Porras, 1979; Gebert, 1974)
- „halbherzig" durchgeführte Organisationsentwicklung (Gebert, 1976)
- falsche Versprechungen (Gebert & Boerner, 1999)
- Steuerbarkeit bei Eigendynamik und Selbstregulation (Schreyögg & Noss, 1995)
- Open Space Technology (Daum & Lapp, 2012; Nauheimer, 2005; zur Bonsen, 1998)
- Genuine Contact (Williams, 2014)

Bis eine ausreichend große Stichprobe an OSA-Durchführungen valide statistische Rückschlüsse auf die Güte zulässt, berufen wir uns deshalb auf das umfangreiche Literaturverzeichnis im Anhang sowie auf diverse Berichte bisheriger Anwender auf www.os-agility.de und www.openspaceagility.com.

Fragen zu Open Space Events

Wie lässt sich im Vorfeld erklären, was ein Open Space ist?

Für gewöhnlich verweisen wir in Einladungen, die wir per E-Mail versenden, auf Online-Artikel oder hängen an die Mail ein erklärendes Dokument oder einen Podcast an. Wir haben keine gute Erfahrung damit gemacht, die Erklärung als langen Fließtext in die Einladungsmail zu integrieren. Auf Postern, Flyern oder Einladungskarten stellen wir einen Link zu weiteren Erklärungen zum Beispiel über einen QR-Code zur Verfügung.

Für alle Interessenten bieten wir meistens Videokonferenzen mit einer kurzen Vorstellung und Fragerunde an. Manchmal besteht auch die Möglichkeit, mit den Führungskräften einen Mini-Open-Space zur Themenfindung des großen Open Spaces durchzuführen. Auf diese Weise entsteht einerseits mit allen Führungskräften gemeinsam ein gutes Motto für den Open Space, andererseits kennen sich die Führungskräfte dann bereits mit dem Format Open Space aus und fühlen sich sicherer bei der Begleitung ihrer Mitarbeiter.

Wie viele Tage im Voraus sollten die Mitarbeiter zum Open Space Event eingeladen werden?

Laden Sie nicht zu kurzfristig ein, aber auch nicht zu weit im Voraus. Natürlich können Sie die Mitarbeiter schon ein halbes Jahr im Vorhinein diese Veranstaltung im Kalender blocken lassen, dann sollten Sie aber in den letzten vier Wochen vor dem Event noch einmal die Marketingtrommel rühren. Wichtig ist, dass die Mitarbeiter vor dem Open Space ausreichend Zeit dafür haben, sich über den Open Space auszutauschen, über die Einladung und das Motto zu diskutieren und somit Spannung aufzubauen.

Zum Open Space werden nicht nur diejenigen kommen, die sich selbst beteiligen möchten, sondern auch jene, die sich sozial zugehörig fühlen möchten. Letztere werden sich dem Open Space anschließen, weil andere Mitarbeiter daran teilnehmen, denen sie sich zugehörig fühlen. Diese Gruppendynamik findet jedoch nur statt, wenn die Mitarbeiter sich gegenseitig über ihre Teilnahmeabsicht austauschen können und keine einsame Entscheidung alleine treffen müssen.

Wie sollen Open Space Events verbucht werden?

Manchmal wird uns die Frage gestellt, wie die Arbeitszeit der Menschen verbucht werden soll, die sie für die Open Space Events und die Experimente aufbringen. Diese Frage geht in die Richtung „Welches Budget braucht man für OSA?“ und wir müssen sie in zwei Teilen beantworten – einmal für die Open Spaces und einmal für die Experimentierphase.

Ein Open Space, zu dem hunderte von Menschen kommen, ist aus Sicht der Betriebswirte und Controller mit Sicherheit ein markantes Ereignis. Dennoch lässt sich mit keiner anderen Methode ein so hoher Wirkungsgrad für die benötigten Abstimmungen und Ideenfindungen erreichen. Da Sie nicht wissen, ob 50 oder 500 Menschen zum Open Space erscheinen werden, lassen sich im Vorfeld kaum konkrete Zahlen und Budgets berechnen. Die Grundregel lautet: Wenn der Sponsor eine OSA-Umsetzung will, wird er persönlich das Kontierungsproblem aus der Welt schaffen und es nicht anderen Führungskräften und Projekten zuschieben. Er kann beispielsweise die Open Space Events wie Betriebsversammlungen behandeln oder eine separate Kostenstelle dafür einrichten, auf die diese Zeiten gebucht werden können.

Zur Frage „Welchen zusätzlichen internen Aufwand verursacht OSA in der Experimentierphase?“ haben wir eine klare Antwort: keinen. In der Experimentierphase stellt OSA lediglich einen Rahmen zur Verfügung, ein Vehikel, um zu lernen und sich zu verbessern. Experimente und Retrospektiven sind mit Sicherheit Aufwände, die bisher nicht vorhanden waren. Doch das sind Kosten, die in jeder agilen Transformation auftauchen – ob Sie OSA einsetzen oder eine andere Vorgehensweise wählen.

Was muss bei Planung und Durchführung eines Open Space Events beachtet werden?

In den Texten von Harrison Owen und Daniel Mezick stecken diesbezüglich bereits viele wichtige Hinweise. Hier reichern wir diese um wichtige Praxis-Tipps an, die sich direkt an den Facilitator wenden.

Auswahl des Raums

Optimal ist ein großer Raum, in dem der Stuhlkreis und alle Sessions stattfinden können. In einem großen Raum kann jeder sehen, wo die anderen gerade sind oder wo sich große oder kleine Gruppen bilden. Das ist sehr wichtig für die Dynamik während der Veranstaltung. Unsere Erfahrung zeigt, dass sich suboptimale Umgebungen negativ auf die Selbstorganisation und die Dynamik auswirken. So hatten wir einmal den Fall, dass im Raum, in dem der Open Space eröffnet wurde, nur eine Session möglich war – die übrigen Sessions mussten in andere Räume ausweichen. Dadurch gab es keinen Austausch, keine Bewegung. Alle verharrten im ersten Raum.

Räume mit geeigneter Größe sind in vielen Unternehmen schwer zu finden, oft muss ein externer Raum angemietet werden, was zusätzliche Kosten verursacht. Neben Konferenzzentren bieten sich auch Stadthallen, Konzertsäle und Zirkuszelte an. Letzteres ist nicht nur unterhaltsam, sondern verursacht eine nützliche Irritation und beeindruckt die Teilnehmer nachhaltig. Wenn in einem Konferenzzentrum nur mehrere kleine Räume zur Verfügung stehen, versuchen Sie, die Türen offen zu halten oder gar auszuhängen, sofern das gestattet ist. Dadurch haben die Teilnehmer weniger Hemmungen, zwischen den Sessions hin und her zu wechseln..

Sie müssen sich jedoch bewusst sein, dass jeder Kompromiss einen Einfluss darauf haben wird, was in diesem Raum geschieht. Wir haben auch schon die Anfangs- und Schlusszusammenkünfte im Stehen abgehalten, weil nicht genügend Platz für Stühle vorhanden war. Auch wenn das nahe am eigentlichen Konzept des Open Spaces war, hatte dieses Setting sicht- und spürbare Nachteile, unter anderem: Grüppchenbildung, Unruhe und Bewegungen, schlechte Sicht in das Zentrum.

Bei der Suche nach einem Raum gilt die Faustregel, dass bei einem Open Space maximal halb so viele Menschen in einem Raum arbeiten können, wie der Hausherr als nominale Raumgröße in Theaterbestuhlung angibt. Wenn sich also 100 Menschen für Ihren Open Space angemeldet haben, suchen Sie einen Raum, der mindestens 200 Menschen in Theaterbestuhlung fassen kann.

Dimensionierung des Open Spaces: Anzahl der möglichen Sessions

Die Anzahl der möglichen Sessions ergibt sich aus der Anzahl der Arbeitsstationen und der Anzahl der Zeitblöcke. Für beides werden Sie Vorschläge machen, aber nur Vorschläge, denn im Open Space wird die genaue Ausgestaltung den Teilnehmern hinterlassen.

Schätzen Sie zuerst die Zahl der insgesamt benötigten Sessions. Dies lässt sich aus der Anzahl der Teilnehmer ableiten. Die Faustregel lautet, bei großen Gruppen 20 Prozent der Teilnehmeranzahl als Sessions anzubieten. Planen Sie also bei 200 Teilnehmern ungefähr 40 Sessions ein. Bei kleineren Gruppen sollten Sie relativ zur Teilnehmeranzahl mehr Sessions anbieten, damit kann die Quote bis auf 50 Prozent ansteigen. Bei 80 Personen würden wir zum Beispiel 20 bis 30 Sessions einplanen, bei 30 Personen ca. 15 Sessions. Diese Angaben beziehen sich auf einen Tag. Bei zweitägigen Open Spaces verdoppeln Sie die Anzahl entsprechend.

Im nächsten Schritt definieren Sie Vorschläge für Zeitblöcke. Bei wichtigen Themen, wie sie bei einer agilen Transformation auftreten, sollten Sie 60 bis 90 Minuten pro Session vorsehen. Explizite Pausenzeiten wird es keine geben, aber die Erklärung des Vorgehens und das Erstellen der Agenda wird auch eine Stunde oder mehr (bei Gruppen >100 Personen) benötigen, sodass Sie normalerweise pro Tag vier bis sechs Sessions je Station unterbringen können.

Die Anzahl der Sessions insgesamt und die mögliche Anzahl der Sessions pro Station ergeben sich aus den Rahmenbedingungen. Die einzige wirkliche Variable, die Sie haben, ist die Anzahl der Arbeitsstationen. Wenn Sie also zum Beispiel 30 Sessions benötigen und fünf Sessions pro Tag hintereinander setzen können, benötigen Sie sechs Arbeitsstationen im Veranstaltungsraum.

Vorbereitung des Raums

Zum Setting mit den Stühlen finden Sie bereits in Teil I wichtige Hinweise. Was uns am Herzen liegt: Seien Sie darauf gefasst, dass die Teilnehmer die Struktur der Veranstaltung selbst in die Hand nehmen.

Statten Sie die Arbeitsstationen mit je ein bis zwei Flipcharts, mit ausreichend Papier und Stiften aus, sowie mit weiterem Moderationsmaterial wie Haftnotizen und Klebeband. Je nach Platz und Verfügbarkeit können Sie auch noch Pinnwände beistellen. Halten Sie darüber hinaus noch Flipcharts und Moderationskoffer in Reserve, damit die Teilnehmer weitere Arbeitsstationen eröffnen können. Dies kann bereits beim Erstellen der Agenda geschehen oder aus einer Parallelisierung heraus, wenn eine Gruppe noch weitermachen möchte und die nächste schon an die Station will.

Bereiten Sie die Wand für die Agenda (Abbildung 54) vor, indem Sie für jede Arbeitsstation eine Zeile – eine „Schwimmbahn" – mit Kreppband ziehen und den Namen der Station jeweils ganz links mit einem großen Zettel anbringen. Ergänzen Sie darunter ein bis zwei weitere Schwimmbahnen, falls die Teilnehmer weitere Arbeitsstationen einführen wollen. Vermeiden Sie es, durch das Kleben vertikaler Linien für die Zeitblöcke eine Matrix aufzubauen. Die Blöcke sollen nur Vorschläge sein. Die Praxis zeigt, dass die Teilnehmer oft ganz eigene Vorstellungen über Startpunkt und Dauer ihrer Session haben. Bereiten Sie also für jeden vorgeschlagenen Zeitblock eine Haftnotiz vor, mit Start- und Ende-Zeit. Wenn die Teilnehmer den Vorschlag übernehmen wollen, kleben sie diese Zeitblöcke auf Ihre Session-Beschreibung, ansonsten beschriften die Teilnehmer eine leere Haftnotiz mit ihren Wunschzeiten. Die Teilnehmer können auch ein Vielfaches der Zeitblöcke auswählen, indem sie zum Beispiel mehrere 30-minütige Blöcke verwenden.

Zur leichteren Orientierung für die Teilnehmer bringen wir gerne einen Zeitstrahl über der obersten Schwimmbahn an. Um den Fortschritt während des Open Spaces darstellen zu können, verwenden wir ein rotes Band, das im Laufe des Open Spaces entlang des Zeitstrahls bewegt wird.

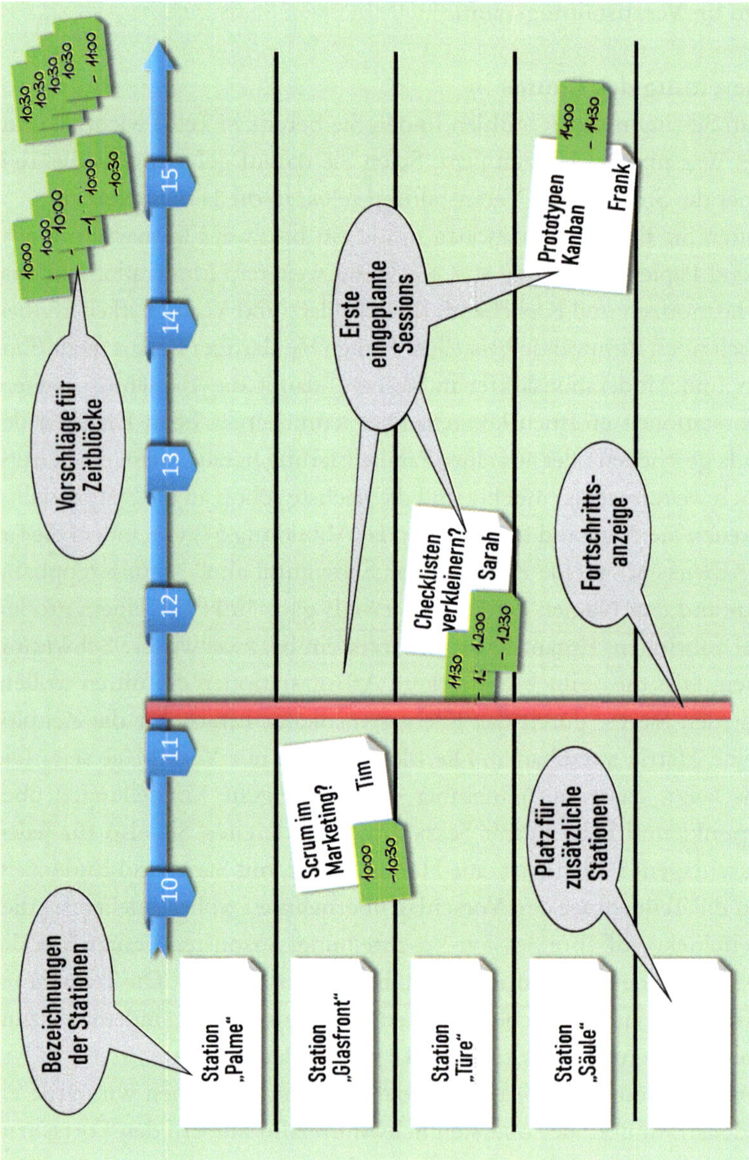

Abbildung 54: Agenda-Wand

Die Zettel, die Sie auf der Agenda für die Beschriftung der Arbeitsstationen wie auch für die eigentlichen Agenda-Einträge vorsehen, sollten so groß sein, dass sie von allen entziffert werden können, wenn die gesamte Gruppe vor der Agenda-Wand steht. Bei kleineren Gruppen reichen große Haftnotizen aus, bei größeren Gruppen kann es notwendig sein, Flipchart-Papier zu vierteln, um ausreichend große Zettel zu haben. Legen Sie in diesem Fall dicke Stifte und Klebeband bereit.

Die Durchführung

Der Sponsor eröffnet das Open Space Event. Er dankt allen für ihr Erscheinen, er betont, wie wichtig das Motto ist und formuliert es noch einmal. Idealerweise steht das Motto für alle sichtbar auf mehreren Postern im Raum zu lesen (Abbildung 55). Um den Teilnehmern die Angst vor einer gefühlten Erwartungshaltung zu nehmen, betont der Sponsor, dass alles, was geschehen wird, genau das Richtige ist. Ein Beispiel für eine Ansprache finden Sie bei „Fragen zu Rollen und Aufgaben der Füh-

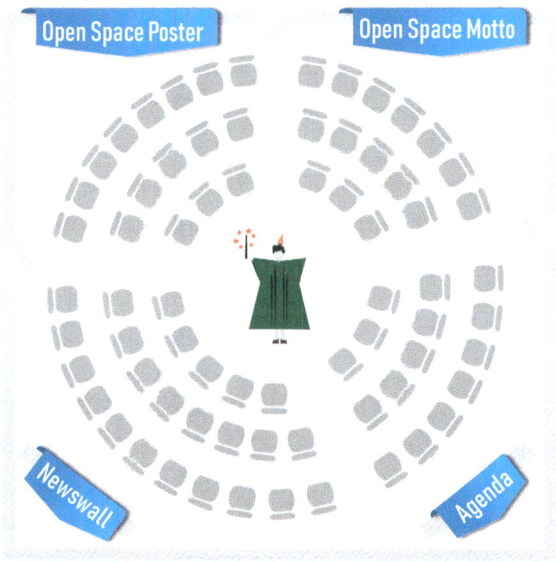

Abbildung 55: Open Space Bestuhlung in kleinerem Raum

rungskräfte" (Seite 213). Solange der Sponsor spricht, sollten alle im Stuhlkreis sitzen, auch Sie als Facilitator. Das unterstreicht, wer gerade die Befugnis – die „Authority" – hat. Nach seiner Ansprache übergibt der Sponsor das Wort an Sie und setzt sich wieder hin. Jetzt ist die Befugnis bei Ihnen, dem Facilitator.

Jetzt erklären Sie die Spielregeln des Open Spaces und stellen die Prinzipien, das eine Gesetz und die Rollen vor. Auch diese Elemente sollten auf Postern im Raum festgehalten werden, damit jeder jederzeit nachlesen und sich darauf beziehen kann. Für Sie hat das bei der Eröffnung den Vorteil, dass Sie von diesen Postern ablesen können, statt auf Karteikarten in Ihrer Hand zu spicken – Sie können immer in die Richtung der Teilnehmer sehen. Ob Sie vom Poster ablesen oder Karteikarten verwenden: Wir empfehlen auf jeden Fall, einen „Spickzettel" in petto zu haben. Auch erfahrene Facilitator haben einmal eine Blockade oder vergessen einen wichtigen Aspekt.

Bevor Sie das Erstellen der Agenda und den Marktplatz – also die Verhandlungsmöglichkeiten – erklären, erklären Sie die Logistik: Welche Räumlichkeiten gibt es, wo sind die Notausgänge, wo das Catering usw. Führen Sie danach den Umgang mit der Agenda-Wand vor. Bei großen Räumen lässt der Facilitator diese Demo von einer vertrauten Person durchführen, damit er nicht zu lange aus dem Kreis verschwindet. Der Facilitator sollte unbedingt darauf hinweisen, dass die Teilnehmer sich wieder setzen sollen, nachdem sie ihr Thema vorgestellt und an der Agenda-Wand angebracht haben; sonst entwickelt sich nach und nach eine Parallelveranstaltung an der Agenda-Wand.

Erklären Sie alles langsam und detailliert. Wiederholen Sie sich. Lassen Sie keine Fragen zu, denn diese reduzieren die Spannung, die sich während Ihrer Erklärungen bei den Teilnehmern aufbaut. Oft werden Fragen nur gestellt, weil die Spannung für die Teilnehmer unangenehm wird und sie diese unbewusst reduzieren möchten. Nachdem Sie alles erklärt haben, verlassen Sie das Zentrum des Stuhlkreises langsam und schweigend. Das erhöht die Spannung weiter. Verschwinden Sie in die hinterste Ecke des Raums oder verlassen Sie für kurze Zeit den Veranstaltungsraum, damit den Teilnehmern klar ist, dass die Befugnis jetzt bei ihnen liegt und hilfesuchende Blicke im Nichts enden werden. Vertrauen Sie darauf, dass das Event in Fahrt kommt. Manche Gruppen stürmen sofort los, andere sitzen ratlos mehrere Minuten herum, bis der erste aufsteht und eine Session vorschlägt.

Während die Sessions laufen, bleiben Sie in der Nähe oder im Raum. Wenn die Gruppe keine Erfahrung mit Selbstorganisation hat, sind Sie die einzige Person, die jetzt Ruhe und Zuversicht ausstrahlt. Greifen Sie nur in die Veranstaltung ein, um die Offenheit des Raums zu schützen. Verzichten Sie darauf, in die Selbstorganisation einzugreifen (zum Beispiel Themen vorgeben oder den Teilnehmern Themen ausreden, Sessions verwalten oder Personen den Sessions zuweisen). Das, was geschieht, ist das Einzige, was geschehen kann. Am Anfang unserer OST-Erfahrung waren wir oft unglücklich, wenn sich das Event nicht so entwickelt hat, wie wir es uns vorgestellt hatten. Hätten wir eingegriffen, hätten wir die Teilnehmer und uns um so manche wichtige Erkenntnis betrogen.

Dokumentation der Sessions

Um die Teilnehmer ideal bei der Dokumentation der Sessions zu unterstützen, empfehlen wir, eine Newswall oder bei großen Gruppen einen Newsroom oder Redaktionsraum einzurichten (Abbildung 55). In diesem können sich die Teilnehmer darüber informieren, was in anderen Sessions diskutiert und beschlossen wurde. Idealerweise ist der Redaktionsraum eine Zone im großen Veranstaltungsraum. In der Praxis müssen wir aufgrund der Raumgröße oft auf einen separaten Raum am Veranstaltungsort ausweichen. Manche Teilnehmer nutzen den Newsroom nicht, weil sie sich nichts darunter vorstellen können, zumindest beim ersten Open Space. Hier hilft es oft, Fotos früherer Newsrooms an der Wand anzubringen. Wenn der Newsroom also ein separater Raum ist, sollte er für alle sehr präsent und leicht zugänglich sein.

Zusätzliche Kompaktkameras, Drucker und verschiedene Kabel, um unterschiedliche Handymodelle verbinden zu können, sind sinnvoll. An den einzelnen Stationen oder in den Räumen für die Sessions können Sie Hilfsmaterial zur Verfügung stellen, wie:

Abbildung 56: Dokumentation nach Dynamic Facilitation

- Klemmbretter mit einer Checkliste für die Doku
  - Gedanken: Was haben wir diskutiert?
  - Menschen: Wer war dabei? Wer ist „Mitwisser"?
  - Experimente: Was wollen wir in den 100 Tagen ausprobieren?
  - Wünsche: Welche Unterstützung wünschen wir uns vom Sponsor?
  - Nächste Schritte: digital dokumentieren als Foto, Word, PPT, ausdrucken und an die Newswall hängen; Mini-Videos drehen und zentral speichern
- Flipcharts mit einer Unterteilung wie bei Dynamic Facilitation (Abbildung 56)
  - Informationen: Welche Zahlen, Daten, Fakten, Aussagen gibt es zum Thema?
  - Offene Fragen: Welche Fragen wurden noch nicht beantwortet?
  - Ideen: Welche ersten Ideen für Experimente und Handlungsempfehlungen werden von den Teilnehmern vorgeschlagen?

  - Bedenken: Welche Bedenken zu den Ideen/Themen haben die Teilnehmer?
- Meta-Plan-Wand mit Vordruck zur Reflexion, zum Beispiel nach der Starfish-Methode
  - Start: Womit wollen wir neu starten?
  - Stop: Womit wollen wir aufhören?
  - More: Wovon wollen wir zukünftig mehr machen?
  - Less: Wovon wollen wir zukünftig weniger machen?
  - Keep: Was wollen wir genau so beibehalten?
- Metaplan-Wand zur Experiment-Dokumentation und Auswertung (ab dem zweiten Open Space, Abbildung 57)

Die Vordrucke sollten nicht verpflichtend sein, sondern nur zur Verwendung einladen. Nehmen Sie gerne Inhalte und Templates, die den Teilnehmern bereits bekannt sind. Stellen Sie die Dokumentationsempfehlungen nicht während des Open Spaces vor, sondern weit im Voraus, da sie sonst die Stimmung und die Energie im Open Space zerstören. Selbsterklärende Templates oder Checklisten können Sie gerne hinterlegen, aber seien Sie bitte nicht enttäuscht, wenn diese nicht genutzt werden, denn: „Was geschieht, ist das Einzige, was geschehen kann."

Proceedings

Die Proceedings sind die Verbindung zwischen den Gedanken und dem Handeln. Sie zeigen dem Sponsor auf, was notwendig wäre, um in das nächste Lernkapitel einzusteigen. Die auf die Proceedings folgenden Handlungen des Sponsors zeigen, dass der Sponsor hinter dem Open Space steht und die Menschen ernst nimmt.

Gemäß dem OST-Gedanken verfassen die Teilnehmer die Proceedings selbstorganisiert. In der Regel fotografieren sie die in den Sessions entstandenen Flipcharts, kopieren sie in ein Textverarbeitungsprogramm und schreiben noch weitere Erklärungen dazu. Manche möchten das Schreiben vermeiden und drehen zum Ende jeder Session ein kleines Video mit den wesentlichen Informationen. Aus den Proceedings sind die Handlungsempfehlungen für den Sponsor ersichtlich. Und genau dieser Punkt ist in der Praxis eine Herausforderung.

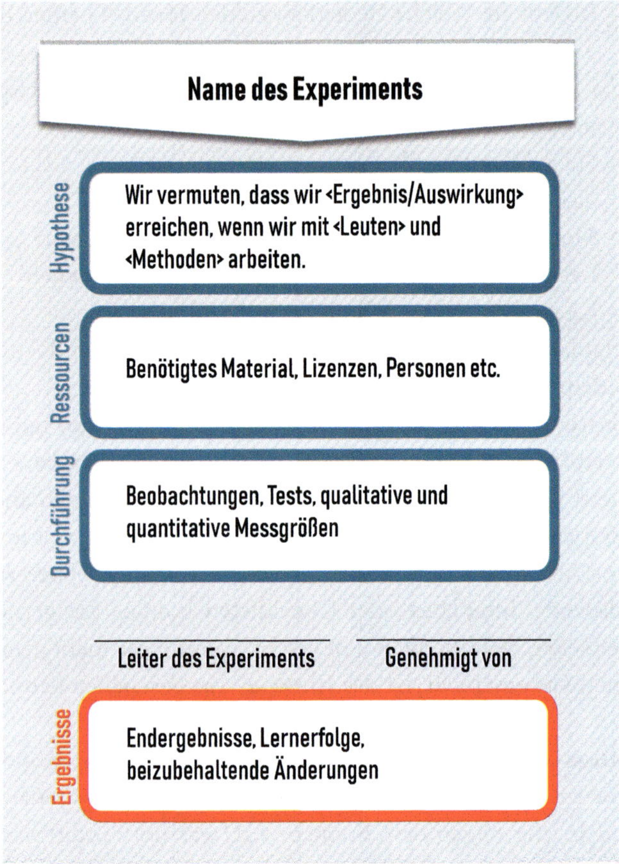

Abbildung 57: Dokumentation und Auswertung des Experiments

Unsere Erfahrung: Auch wenn Sie als Facilitator bei der Anmoderation zehn Mal sagen, dass aus den Proceedings hervorgehen muss, was der Sponsor tun soll und warum – in der Praxis kommen manchmal uneindeutige und/oder knappe Dokumentationen zurück, die den Sponsor ratlos zurücklassen und im Nachgang viel Diskussionsbedarf erzeugen. Das nimmt dem ganzen Ansatz viel Energie. Wir geben daher den Teilnehmern einladungsbasiert bei jeder Gelegenheit mit auf den Weg, welche Informationen der Sponsor benötigt, um Entscheidungen treffen zu

Eingeplante Sessions	fand statt	auf USB-Stick gespeichert	ausgedruckt / an der Wand	mit Video	Kommentar
Scrum im Marketing? Tim	✓	✓		✓	nur PDF, keine Original-Datei
Checklisten verkleinern? Sarah	✓	✓	✓		
Prototypen Kanban Frank	✓		✓		nur Flipchart

Abbildung 58: Statuswand der Dokumentation für Proceedings

können: in der Einladung, in der Anmoderation des Events und sogar als Checkliste an jeder Arbeitsstation. Damit errichten wir genügend Leitplanken, um die Qualität der Proceedings abzusichern, ohne jedoch über verbindliche Dokumentationsvorgaben o.ä. in die beabsichtigte Selbstorganisation einzugreifen.

Wenn Sie während des Open Space Events erkennen, dass die Teilnehmer von Diskussion zu Diskussion wandern, aber an der Nachrichtenwand keine Dokumentationen entstehen, können Sie die Selbstorganisation durch Transparenz unterstützen, ohne eingreifen zu müssen: Erstellen Sie eine Übersicht an einer Wand oder Pinnwand, die klar darstellt, welche Sessions bereits stattgefunden haben (Abbildung 58). Ebenso können Sie darstellen, welcher Session-Anbieter die Dokumentation zentral abgelegt hat (USB-Stick, Netzwerkfestplatte, Cloud …), wer zu einer Session ein Video gedreht hat und zu welcher Session die Doku ausgedruckt und aufgehängt wurde.

Zusammenführen der Ergebnisse

Am Ende des Open Spaces bietet es sich an, die Ergebnisse mit der ganzen Gruppe zu priorisieren und gegebenenfalls noch einmal zusammenzufassen. Die Priorisierung wirkt in zwei Richtungen:

- Sie zeigt dem Sponsor, wo die Organisation den größten Handlungsbedarf sieht.
- Sie hilft den informellen Leadern, ihre Kräfte für die kommenden Experimente gezielter einzusetzen.

Voraussetzung dafür ist, dass alle Teilnehmer genügend Zeit bekommen, um sich die ausgehängten Dokumentationen an den Wänden beziehungsweise die Videos in Ruhe anzusehen und sich so einen Überblick über die Inhalte der Sessions zu verschaffen.

Harrison Owen schlägt vor, die Vorschläge für Experimente am Ende des Open Space Events zum Beispiel anhand von Klebepunkten oder Wahlzetteln zu priorisieren. Auf diese Weise können Sie zum Beispiel die Top-10-Themen der gesamten Gruppe identifizieren. Für Details verweisen wir auf das Buch „Open Space Technology – Ein Leitfaden für die Praxis“ (Owen 2008).

Als aktivierende Alternative stellen wir hier das Format „25/10 Crowd Sourcing“ (Lipmanowicz & McCandless, 2014) vor. In diesem Verfahren werden die Teilnehmer am Ende des Open Spaces gebeten, das jeweils für sie wichtigste Experiment auf eine Moderationskarte zu schreiben, nachdem sie ausreichend Zeit hatten, die Ergebnisse aller Sessions einzusehen. Dann bewegen sich alle Teilnehmer kreuz und quer durch den Raum, wobei sie ständig die Karte in ihrer Hand gegen jene eines vorbeilaufenden anderen Teilnehmers tauschen. Nach einigen Sekunden gibt der Facilitator ein Signal, mit dem das Tauschen und das Umhergehen gestoppt werden. Die Teilnehmer bilden nun Paare, um kurz über die Experimente auf den Karten zu diskutieren, die sie momentan in der Hand halten (ca. 1 Minute). Im Anschluss schreibt jeder Teilnehmer auf die Rückseite der Karte eine Bewertung, wie wichtig ihm persönlich dieses Experiment ist. Die Skala reicht dabei von 1 („ist mir gar nicht wichtig“) bis 5 („ist mir sehr wichtig“). Wichtig ist, dass sich jeder zunächst eine Meinung bildet und dann erst die Karte umdreht, um seine Bewertung zu notieren. Das verhindert, dass sich die Menschen von bereits vorhandenen Bewertungen auf der Karte beeinflussen lassen. Danach beginnt eine neue Runde mit „Umhergehen und Tauschen“. Nach der fünften Runde sollten sich auf jeder Karte fünf Bewertungen befinden. Die Teilnehmer werden nun aufgefordert, die Bewertungen zu summieren. Dadurch ergibt sich auf jeder Karte ein Ergebnis zwischen 5 und 25 Punkten. Diese Punktzahl schreibt jeder auf die Vorderseite. Der Facilitator beginnt nun einen Countdown: „Wer hat eine Karte mit 25 Punkten?" Diese Karten werden an einer Wand oder Pinnwand befestigt, danach werden die Karten mit 24 Punkten aufgerufen usw. So bekommen Sie schnell die Top-10-Experimente zusammen.

Diese Methode liefert ein unschärferes Ergebnis als eine formelle Wahl mit Klebepunkten oder Stimmzetteln, da nicht jeder jede Karte in die Hand bekommt und Mehrfachnennungen unter Umständen zu niedrig bewertet werden. „25/10 Crowd Sourcing" ist jedoch schnell, macht Spaß und lässt den Raum weiter offen für neue Gedanken.

Was passiert mit den Proceedings?

Nach den Open Space Events wertet der Sponsor die Proceedings aus. Das macht er nicht unbedingt alleine, sondern meistens mit einer Gruppe formeller und informeller Leader. Am besten lädt der Sponsor zu einem kleineren Planungs-Open-Space ein, veranstaltet einen Lean Coffee oder bietet irgendeine andere Möglichkeit zum Austausch an. Falls es Fragen zu den Handlungsempfehlungen aus den Sessions gibt, werden die Anbieter der Sessions hinzugezogen. Es sollten immer jene Handlungsempfehlungen ausgewählt werden, die der folgenden Regel entsprechen: „Good enough for now & Save enough to try." (John Buck). Dies entspricht einem der sieben Prinzipien – dem Konsentprinzip – aus Sociocracy 3.0. Dieses besagt, dass jene Dinge getan werden sollen, für die es keine Gründe gibt, sie nicht zu tun. Alle Informationen, Analysen und Argumente sind nie gut genug. Deshalb muss mit dem aktuellen Informationsstand eine Entscheidung getroffen werden, die gut und sicher genug für den Moment ist. Sie kann anschließend schrittweise korrigiert und angepasst werden. Erinnern Sie sich daran, dass die Zeit des Experimentierens begrenzt ist, deshalb müssen Sie nicht nach der allerbesten Entscheidung suchen. Keine Entscheidung wird für die Ewigkeit getroffen – Sie können auch später noch korrigieren.

Allerdings sollten Sie das Unternehmen durch die Experimente nicht in seiner Existenz bedrohen. Stellen Sie sich dazu folgendes Bild vor: Wenn Ihr Unternehmen ein Schiff ist, bohren Experimente unter Umständen Löcher in den Rumpf. Solange diese oberhalb der Wasserlinie sind, können sie leicht wieder repariert werden, ohne dass es gravierende Auswirkungen hat. Unter der Wasseroberfläche sollten Sie jedoch nicht bohren. (Kaduk, Osmetz, Wüthrich & Hammer, 2013)

Beachten Sie auch, was in der aktuellen Unternehmenskultur als „wahr" angesehen wird. Ist es

a. das, was gemeinsam diskutiert und entschieden wurde, oder
b. das, was Experten oder Führungskräfte als „wahr" vorgeben?

In Fall (b) herrscht bei Ihnen eine „Expertokratie" und die Entscheidung des Sponsors bzw. seines Experten- und Führungskreises wird höchstwahrscheinlich akzeptiert (Boerner, 1994). Meistens räumen ihm die Mitarbeiter ein Vetorecht ein. In Fall (a) empfehlen wir eine gemeinsame Entscheidung bei der Bewertung der Proceedings und der Auswahl der Handlungsempfehlungen. Mit klaren Rahmenbedingungen wie „maximal 10 Experimente" oder „maximal 100.000 Euro insgesamt ausgeben" oder „jeder darf seinem Favoriten drei Punkte geben" können Sie alle Mitarbeiter zur Mitentscheidung einladen.

Der Umgang mit den Proceedings ist besonders wichtig, denn die Mitarbeiter werden ganz genau darauf achten, was mit ihren Handlungsempfehlungen passiert. Sie haben im Open Space hohen Einsatz gezeigt und ihre Meinung offen geäußert. Sie sind mit ihren Empfehlungen und ihrem Vertrauen in die Transformation in eine riskante Vorleistung gegangen. Sie geben die Kontrolle an dieser Stelle an den Sponsor ab. Eine falsche Bemerkung oder eine achtlose Handlung durch den Sponsor oder die Führungskräfte kann das Vertrauen in die Transformation sofort schwinden lassen. In einer frühen Phase der Experimente sind diese noch zarte Pflänzchen und eine ungeschickte Handhabung der Experimente lässt das eine oder andere davon leicht umknicken. Folgendes sollten Sie daher als Sponsor unbedingt tun:

- Drücken Sie den Mitarbeitern gegenüber explizit Ihre Wertschätzung für die getane Arbeit aus.
- Geben Sie auf jeden Fall eine Rückmeldung zu allen Empfehlungen in den Proceedings, seien sie auch noch so klein.
- Stellen Sie die Entscheidungen nachvollziehbar dar, benennen Sie Gründe und Kriterien.
- Setzen Sie die beschlossenen Entscheidungen auch wirklich um.
- Ändern Sie Ihre Aussagen nicht zwischendurch und brechen Sie Experimente nicht innerhalb der 100 Tage ab. Über einen Abbruch entscheiden nur die am Experiment beteiligten Mitarbeiter selbst. Falls erforderlich, können Sie im Vorhinein gemeinsam mit den Mitarbeitern die Abbruchkriterien für die Experimente festlegen.

Machen Sie sich bewusst: Wenn Sie OSA als partizipatives Modell auswählen, können Sie diesen Freiraum nicht bei Bedarf einfach wieder entziehen. Sie sollten nicht die Meinung Ihrer Mitarbeiter einholen, wenn die wegweisende Entscheidung gar nicht mehr beeinflusst werden kann. Diese Scheinpartizipation führt nicht zu einer Veränderung, sondern zu Bitterkeit, Unlust, Enttäuschung und heftigen Widerstand (Doppler & Lauterburg, 2014).

Lässt sich das Open Space Event auch remote durchführen?

Ein Open Space kann remote durchgeführt werden – im Kontext einer Transformation würden wir es jedoch nicht empfehlen. Bei einer Transformation bringen Sie die Mitarbeiter in eine sehr emotionale und instabile Situation, in der der persönliche Kontakt und der Austausch von Angesicht zu Angesicht sehr wichtig sind.

Die unpersönliche Atmosphäre eines remote durchgeführten Open Spaces hilft bei einer Transformation nicht, denn Sie können nur sehr schwer hören oder gar sehen, wenn jemand Widerstand oder Angst zeigt. Viele schalten in einer Videokonferenz auch ihre Kamera nicht an. Sie wissen also nicht einmal genau, wer wirklich dabei ist und wer sich zwar eingewählt hat, aber gar nicht zuhört und nebenbei E-Mails beantwortet oder Rasen mäht. Die Emotionen der Mitarbeiter werden nicht sichtbar, und Sie können nicht darauf reagieren und nicht zum persönlichen Feedbackgespräch einladen.

Sollten Sie allerdings den Open Space für einen Austausch zwischen Experten zu einem Fachthema nutzen wollen, bieten sich Videokonferenzsysteme durchaus an. So mancher OSA-Expertenaustausch und auch einige Online-Konferenzen haben bereits mehrfach als reiner Open Space stattgefunden. Auch Expertengespräche über den Einsatz unterschiedlicher Softwaretools in Testumgebungen haben wir bereits als Online-Open-Space organisiert. Das hat den Vorteil, dass kein Experte extra anreisen muss oder große Räumlichkeiten gebucht werden müssen. Mitarbeiter aus der ganzen Welt können daran teilnehmen und teure externe Experten und Berater können sich kurzfristig und kostengünstig zuschalten. Es gibt natürlich ein paar Nachteile: die unpersönliche Atmosphäre, mögliche technische Probleme mit dem Konferenz-Tool, und die Kompetenz im Umgang mit diesen Tools, die bei allen Teilnehmern und den Organisatoren vorausgesetzt werden muss.

Überhaupt wird ein signifikanter Teil der Organisationsentwicklung „online" passieren. Die meisten Geschäftsführer und Führungskräfte verschicken regelmäßig E-Mails, erstellen Podcasts, twittern und teilen Informationen auf LinkedIn. Ohne Frage wird es außer persönlichen Gesprächen zwischen Mitarbeitern, Führungskräften und Coaches auch diesen virtuellen Austausch geben. Zu den besten Ergebnissen führt dieser Austausch, wenn er in der Vorbereitungs-, Experimentier- und Nachhaltungsphase kontinuierlich geführt wird. Bei international agierenden Unternehmen ist das nur durch eine kluge Kombination der Medien realisierbar. Menschliche Bedürfnisse – zum Beispiel nach Bindung und Kontrolle – werden in der Online-Kommunikation nicht einfach ausgeschaltet, sie sind jedoch schwieriger zu erfüllen. Emotionen können schwieriger ausgedrückt werden, daher wird die Videotelefonie oft bevorzugt. Telefongespräche werden weniger für das Abhalten kompletter Meetings oder Workshops genutzt, sondern eher für die Klärung wichtiger Fragen. Vorurteile und Ängste, die den Umgang mit den neuen

Medien generell prägen, sollten sich möglichst nicht gegenseitig mit den Vorurteilen und Ängsten hochschaukeln, die eine Transformation selbst hervorruft.

Wie lässt sich sicherstellen, dass die richtigen und ausreichend viele Teilnehmer zum Open Space kommen?

Nach den Erkenntnissen der psychologischen Partizipationsforschung durchlaufen Menschen vier Stufen bis zur aktiven Partizipation (Klandermans, 1997), die auch auf Open Spaces übertragen werden können (Abbildung 59):

1. Teil des Mobilisierungspotentials werden: Die Person sieht sich selbst als betroffen oder beteiligt. Sie glaubt, dass man die Problemsituation durch gemeinschaftliches Handeln lösen kann und dass der Open Space ein geeignetes, effektives Mittel dafür ist.
2. Ziel von Mobilisierungsversuchen werden: Die Person wurde über E-Mail, Poster, Flyer, Meetings, den Flurfunk oder über ihr Netzwerk über den Open Space informiert. Sie weiß, was ein Open Space ist und kennt Veranstaltungsort und -zeit.
3. Teilnahmemotivation entwickeln: Die Person sieht einen größeren Nutzen in ihrer Teilnahme, als sie an Aufwand investieren muss. Einige Möglichkeiten können begeistern, die Auswirkungen dagegen beängstigen. Dieser Nutzen kann sich auf die Interessen der Person selbst, jene der gesamten Organisation oder auch nur auf ihr Team beziehen oder auf die positiven Reaktionen, die ihre eigene Teilnahme hervorrufen würde.
4. Teilnahmebarrieren überwinden: Die Person wird nicht durch Barrieren von der Teilnahme abgehalten. Sie darf offiziell teilnehmen, die Stunden und die Anreise werden bezahlt, für die Dauer wird ein Babysitter gestellt usw.

Auf jeder Stufe können verschiedene Faktoren dafür sorgen, dass die Person aussteigt und nicht partizipiert:

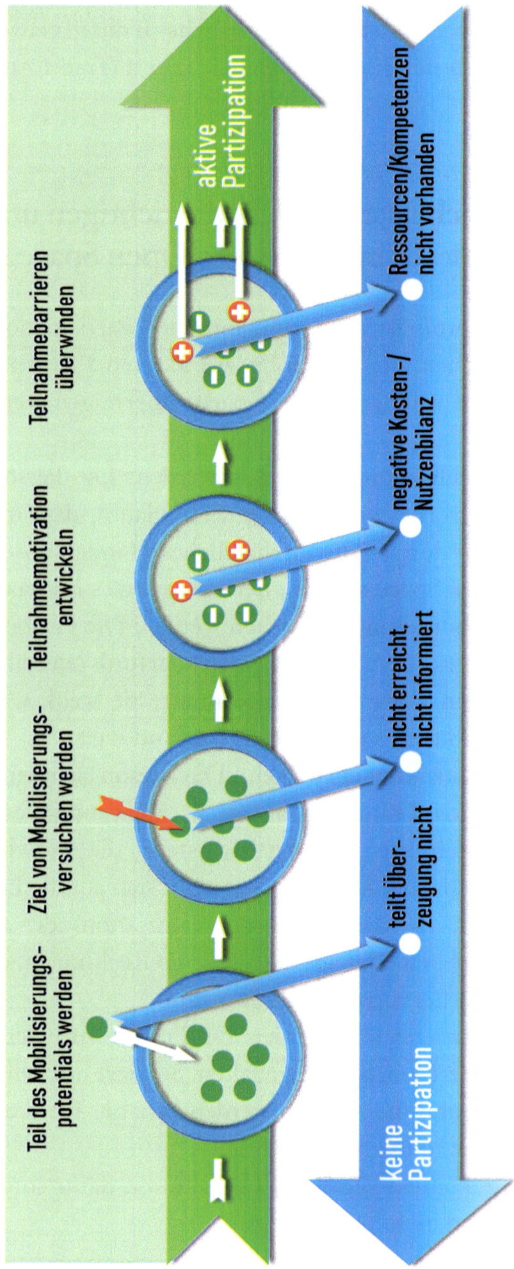

Abbildung 59: Aktive Partizipation im Open Space

1. Die Person teilt andere Überzeugungen oder Werte, nimmt die Problemsituation nicht wahr oder erkennt die Lösung über einen Open Space nicht an.
2. Die Person wird nicht erreicht oder ist nicht über den Open Space, seine Hintergründe und Inhalte informiert.
3. Die Person identifiziert sich nicht mit dem Open Space oder seinen Inhalten oder sieht einen zu hohen Aufwand für zu wenig Nutzen.
4. Die Person verfügt nicht über die Möglichkeiten, Kompetenzen oder Ressourcen, um an dem Open Space teilzunehmen.

In der Hand der Organisatoren des Open Spaces liegt es, intensives Marketing zu betreiben und über den Open Space selbst, seine Hintergründe und Inhalte zu informieren. Die Linienorganisation muss sicherstellen, dass die Eingeladenen kommen können. Wenn sie das nicht kann oder will, ist das bereits der erste interessante Messpunkt für das Gelingen der Transformation. Ob die Eingeladenen letztendlich kommen, bleibt ihnen überlassen. Nur selten lässt sich feststellen, auf welcher Stufe der Eingeladene abgesprungen ist. Wenn Mitarbeiter nicht teilnehmen, kann es sein, dass das Motto bzw. die Dringlichkeit des Mottos noch nicht in der Organisation verankert ist. Freilich ist das aber nicht bei allen der Fall: Manchmal gibt es auch einfach private Gründe, die eine Teilnahme verhindern. Nur bei den Teilnehmern, die freiwillig teilnehmen, können Sie davon ausgehen, dass alle genannten Stufen der Partizipation durchlaufen wurden.

Auch wenn das Motto als nicht wichtig oder dringend eingestuft wurde, ist dies genau jene Transparenz, die wir haben wollen – auch wenn sie zunächst unangenehm ist. Das Motto muss dann auf einen späteren Zeitpunkt verschoben werden und die Führungskräfte sollten ihr Storytelling dazu intensivieren. Es kann sein, dass die Organisation noch nicht zur Transformation bereit ist. An dieser Stelle bringt es nichts, auf Befehle und Anordnungen umzuschwenken, weil diese nur kurzfristig ein gutes Gefühl bescheren.

Was tun, wenn die Mitarbeiter keine Zeit für die Teilnahme haben?

Dies hängt immer davon ab, warum die Mitarbeiter keine Zeit haben.

Wenn die Mitarbeiter in einer kritischen Projektphase stecken oder gar eine Taskforce gebildet haben und an Wochenenden arbeiten, sind sie keine Kandidaten für eine Transformation. Wenn sie vollkommen überlastet sind und zu den Engpässen des Prozesses geworden sind, sollten sie nicht zeitgleich große Veränderungen durchmachen müssen. In diesen Situationen benötigen Ihre Mitarbeiter Sicherheit und Stabilität von außen, da im Inneren bereits Unsicherheit und Instabilität herrschen. Wenn keine Zeit für die Transformation zur Verfügung steht, sollten Sie die Transformation in die Zukunft verschieben (Abbildung 60).

Grundsätzlich ist es die Aufgabe des Sponsors, den Mitarbeitern die Teilnahme zu ermöglichen. Er sollte sicherstellen, dass sich alle Mitglieder des Unternehmens einbringen können. Das Zeitproblem sollte nicht an Führungskräfte auf niedrigeren Hierarchieebenen delegiert werden, da es zu unterschiedlichen Regelungen führen und somit für Spannungen zwischen den Gruppen und Bereichen sorgen würde.

Es kann sein, dass die Mitarbeiter zurzeit zu viele Aufgaben, Projekte oder Initiativen gleichzeitig bearbeiten oder koordinieren. Dies kann daran liegen, dass die Mitarbeiter nicht wissen, wie sie priorisieren sollen. Andernfalls kommen mehr Aufgaben, Projekte oder Initiativen in die

Abbildung 60: Wer keine Zeit hat, braucht länger

Unternehmenseinheit, als diese sinnvoll abarbeiten kann. Oft hilft es bereits, die Arbeiten nacheinander statt parallel zu bearbeiten oder Limits für die Anzahl paralleler Aufgaben, Projekte und auch Initiativen zu setzen. Das oberste Management darf nicht zu viel gleichzeitig bewilligen und muss ein Ventil für den Arbeitszufluss darstellen.

Es kann auch sein, dass die Mitarbeiter sagen, dass sie keine Zeit haben, aber damit meinen, dass ihnen andere Prioritäten vorgegeben wurden. In den meisten Fällen ist das ein Effekt des internen Belohnungssystems, das eingesetzt wurde, um den Mitarbeitern ein bestimmtes Verhalten anzutrainieren (Stajkovic & Luthans, 1997). Viele Organisationsentwicklungsmaßnahmen scheitern, weil diese Belohnungssysteme in Kombination mit den verschiedenen Maßnahmen von OSA nicht zusammenpassen (Caldwell, Chatman & O'Reilly, 1990). Zum Beispiel fehlen die OSA-Ziele in den Jahreszielen, oder es ist für die Mitarbeiter unattraktiv, sich intern an OSA zu beteiligen, weil diese internen Aufwände im Gegensatz zu extern verrechenbaren Aufwänden keine Provisionen erzeugen.

Fragen zu den Menschen in der Transformation

Welche Bedürfnisse haben die Mitarbeiter in der agilen Transformation?

Menschen haben verschiedene Grundbedürfnisse, die sie in jeder Situation erfüllen möchten, und spezielle Bedürfnisse, die situationsabhängig sind. Grawe (2000) beschreibt vier seelische Grundbedürfnisse (Abbildung 61):

- Bindung und Zugehörigkeit
- Kontrolle, nach innen und außen
- Selbstwerterhöhung
- Lustgewinn und Unlustvermeidung

Das Ungleichgewicht oder die Nichterfüllung dieser Grundbedürfnisse kann zu Angst und Widerstand führen. Innerhalb einer Unternehmenstransformation können drei Arten von Bewältigungsreaktionen auftreten:

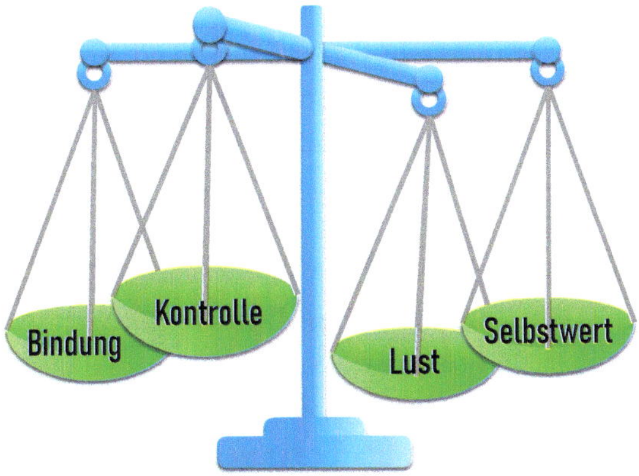

Abbildung 61: Seelische Grundbedürfnisse in der Transformation

1. Die Mitarbeiter versuchen, die Situation oder das Problem zu vermeiden.
2. Die Mitarbeiter versuchen, ihr Bedürfnis anderweitig zu kompensieren.
3. Die Mitarbeiter erdulden es und empfinden sich als Opfer.

Sehen wir uns an, wie sich diese Bewältigungsreaktionen bei einer agilen Transformation ausdrücken.

Bindung und Zugehörigkeit

Es liegt in der Natur des Menschen, sich an andere Menschen zu binden und sich an Bezugspersonen auszurichten. Eine agile Transformation verändert auch die Teams und Rollen, denen man sich zugehörig fühlt. So ergeht es jedem, der sich an der Transformation aktiv beteiligen darf oder ausgeschlossen wird. Wenn Bezugspersonen fehlen oder man sich nicht beteiligen kann, erlebt man Vernachlässigung, man fühlt sich verlassen und isoliert. Mitarbeiter fühlen sich unzulänglich oder minderwertig und es kann Misstrauen entstehen.

Manche erdulden es einfach und nehmen die Rolle des Sündenbocks an, sie grenzen sich selbst aus, suchen Hilfe bei nicht erreichbaren Menschen und sind allen Aussagen gegenüber misstrauisch. Eine andere Reaktion ist Vermeidung: Mitarbeiter melden sich häufiger krank, um nicht in Kontakt mit den anderen treten zu müssen, sie suchen die Erfüllung im Privaten oder wechseln den Arbeitsplatz. Und eine Kompensationsstrategie wäre es, wenn ausgeschlossene Mitarbeiter plötzlich versuchen, überall zu helfen – sie opfern sich auf, um als besondere Person aufzufallen.

Kontrolle nach außen

Im Laufe der Transformation kann bei Mitarbeitern und Führungskräften durchaus das Gefühl auftreten, die Kontrolle über die Situation verloren zu haben. Das äußert sich in Verhaltensweisen, die zum Ausdruck bringen, dass sich die Mitarbeiter verletzbar, abhängig, inkompetent, stark verstrickt im System, erfolglos oder als Versager empfinden. Solche Personen nehmen auch unterfordernde Arbeit an oder machen sich übermäßig von anderen Mitarbeitern und/oder vom Unternehmen abhängig. Wer sich seinem Schicksal ergibt, sucht ständig nach Bestätigung dafür, dass die Situation gefährlich ist.

Mitarbeiter, die einen Kontrollverlust nach außen spüren, werden umgekehrt jeden Kontrollversuch aus dem Umfeld abschmettern, nach dem Motto: „Wenn ich hier nichts kontrollieren kann, dann lasse ich mich auch nicht kontrollieren." Sie werden es vermeiden, sich zum Beispiel in agilen Methoden weiterzubilden, sie übernehmen keine Verantwortung, begeben sich nicht alleine in neue oder unübersichtliche Situationen und lassen sich auf keine neuen Beziehungen – etwa zu Trainern oder Coaches – ein. Andere Mitarbeiter kompensieren die fehlende Kontrolle nach außen, indem sie sich sehr kontrolliert und perfektionistisch auf beherrschbare Aufgaben stürzen. Auf diese Weise beweisen sie sich selbst ihre Kompetenz, und dass sie keine Versager sind. Manche schließen sich mächtigen Personen im Unternehmen an, von denen sie hoffen, dass sie persönlich oder in ihrer Meinung unterstützt und bestätigt werden. Sie versuchen sich abzusichern und betreiben aktives Risikomanagement.

Kontrolle nach innen

Wenn Mitarbeiter das Gefühl haben, dass sie sich selbst nicht mehr kontrollieren können und nicht diszipliniert oder grandios genug sind, können Angst und Wut aufkommen. Diese Mitarbeiter bemerken zum Beispiel, dass sie die Scrum-Regeln nicht einhalten können und Events, Rollen und Artefakte nicht gut genug umgesetzt werden. Dadurch zweifeln sie an sich selbst und reden sich ein, dass sie sich nicht an diese Regeln halten müssen. Das erkennt man an Aussagen wie: „Ich bin etwas Besonderes. Für meine Arbeit ergeben diese Regeln keinen Sinn. Ich muss mich nicht daran halten."

Mitarbeiter, die dieses Gefühl erdulden, verweigern die Selbstreflexion, denken in Ausnahmeregelungen und geben bei Problemen schnell auf. Diejenigen, die das Gefühl der fehlenden Selbstkontrolle vermeiden wollen, zeigen keine Schwäche, aber sie vermeiden Konflikte oder übernehmen keine Verantwortung. Wer die fehlende Kontrolle kompensieren will, versucht seine eigenen „Projekte" mit Gewalt oder übertriebenen

Anstrengungen durchzuziehen. Diese eigenen Projekte können auch außerhalb der eigenen Abteilung oder sogar außerhalb des Unternehmens angesiedelt sein.

Selbstwerterhöhung und Schutz des Selbstwerts

Auch in der agilen Transformation möchte jeder Mitarbeiter beachtet werden. Jeder strebt nach Zustimmung und Anerkennung und möchte seinen eigenen Wert, den er sich selbst zuschreibt, erhöhen und schützen. Dafür würde sich so mancher für die Arbeit aufopfern oder sich der Arbeit und den Führungskräften unterwerfen. Gerade wenn Sie in der Transformation auf ein Engagement Model wie OSA setzen, wollen Sie, dass die Mitarbeiter sich einbringen. Wer sich allerdings in seinem Selbstwert bedroht fühlt und dies erduldet, ordnet sich den Erwartungen, Bedürfnissen und Befehlen anderer unter. Diese Personen streben übermäßig nach Anerkennung und Lob und bringen daher nur dort Leistung, wo ihnen dieses Lob garantiert wird. Eine Vermeidungsstrategie wäre hier, erst gar keine hohen Erwartungen zu wecken und Regeln zu befolgen, um nicht negativ aufzufallen. Mit einer Kompensationsstrategie kann der Mitarbeiter seinen Selbstwert in einer neuen Rolle wiederfinden, zum Beispiel in der Rolle des Rebellen, des Klassenclowns oder eines anderen Hauptdarstellers.

Lustgewinnung und Unlustvermeidung

Von den Mitarbeitern wird meistens erwartet, dass sie die Veränderungen voller Begeisterung und Enthusiasmus willkommen heißen. Angst, Frustration, Langeweile oder Depressionen werden ignoriert oder sogar tabuisiert. Wenn es keinen Spaß macht und die Mitarbeiter ihre Unlust nicht zum Ausdruck bringen sollen, äußert sich das ebenfalls in einer der drei Bewältigungsreaktionen.

Vielleicht erdulden sie es und kontrollieren ihre Emotionen, bleiben sehr sachlich, denken an Perfektion und Effizienz, verfolgen alle negativen Gerüchte und Informationen und sind sehr unnachsichtig mit sich selbst und anderen. Andere vermeiden die Situation und alle Aufgaben, die keinen Spaß machen – sie bevorzugen das Alte und Vertraute. Kompensieren kann man das Bedürfnis natürlich auch – mit allem, was am Arbeitsplatz Spaß macht: verlängerte Kaffeepausen, Alkohol, U-Boot-Projekte oder die Ausübung des eigenen Hobbys am Arbeitsplatz.

Bezug zu OSA

Diese vier Grundbedürfnisse müssen ernstgenommen werden und die Reaktionen als Ausdruck eben dieser Bedürfnisse erkannt werden. Nur dann können während der Transformation die Bedürfnisse der Mitarbeiter angemessen erfüllt werden. OSA sorgt als Engagement Model dafür, dass die Bedürfnisse auf Organisationsebene beachtet werden. Wenn sich Führungskräfte oder Mitarbeiter aus der Perspektive des jeweils anderen komisch verhalten, liegt dies meist daran, dass die dem Verhalten zugrundeliegenden Bedürfnisse nicht erkannt werden. Von anderen nicht wahrgenommene Bedürfnisse äußern sich meistens als Widerstand und Konflikt. Wie können Sie mit Menschen im Widerstand und mit Konflikten umgehen?

Konflikte gibt es in Organisationen immer: Entweder passen die eigenen nicht mit den Unternehmenszielen zusammen, oder Zeit und zur Verfügung stehende Ressourcen lassen sich nicht vereinbaren. Agiles Management räumt diese Konflikte nicht aus, es hebt die Konflikte jedoch auf eine andere Ebene. Bestehende Prämissen werden hinterfragt und neue Entscheidungswege und Befugnisstrukturen etabliert – nicht jeder ist aber immer damit einverstanden.

Die beste Strategie ist immer jene der Wertschätzung: Man beachtet die Position und Perspektive der anderen. Menschen im Widerstand und Interessengruppen, die ignoriert oder verleugnet werden, kündigen innerlich, sie zeigen sich illoyal und mischen sich vernichtend in das Geschehen ein. Sie bilden zum Beispiel Allianzen oder betreiben negatives Storytelling. Das persönliche Leiden der Beteiligten sollte deshalb nicht in Frage gestellt werden. Stattdessen werden sie eingeladen, ihre Bedenken im Rahmen der Open Space Events, in Einzelgesprächen mit den Führungskräften oder Agile Coaches oder in offenen Teamdiskussionen zu benennen.

Manche Menschen ändern auch ihre Meinung. Sie sind heute noch total gegen die Veränderung, dann denken sie darüber nach, machen Erfahrungen und sind plötzlich die größten Befürworter. Geben Sie nicht auf! Versuchen Sie vorab mit jenen Leuten zu arbeiten, die mitmachen wollen. Die „Willigen" werden fast jede Veränderung möglich machen und die „Unwilligen" werden fast jedes Hindernis bekräftigen.

Manchmal sind es genau die leistungsstarken Mitarbeiter und Führungskräfte, die starken Widerstand leisten. Ihr Standpunkt ist: „Ich habe das Unternehmen dahin gebracht, wo wir heute stehen. Ich weiß ganz genau, was zu tun ist und ich weiß am besten, was dem Unternehmen und mir am meisten nützt." Aus diesem Standpunkt leitet sich auch ihr Motto ab: „Ich darf hier alles, was mir nicht verboten wurde. Die Regeln gelten für mich nicht." In der Vergangenheit wurden gerade diese Mitarbeiter oft für ihren Pragmatismus, ihren Mut, ihr Regelbrechen und ihre Stringenz gelobt und anerkannt. Wenn die Führungskräfte an dieser Stelle nicht hart und konsequent durchgreifen wollen, müssen sie entweder die Regeln so ändern, dass diese Kollegen von der Veränderung nicht betroffen sind, oder sie brechen die Transformation ab. Wenn mehr Gegner als Befürworter Zeit und Interesse für das Open Space Event haben, ist das eine interessante Aussage über die Organisation, deren Kultur und den Willen zur Veränderung.

Was, wenn die Mitarbeiter das nicht können?

Grundsatz Nummer 1 ist: „Vertraue den Mitarbeitern." – So weit stimmen Sie sicherlich zu. Aber vielleicht haben Sie keine Akademiker, High Potentials und Strategen unter ihren Mitarbeitern – die brauchen Sie für Ihr Vorhaben aber auch nicht. Die leitenden Führungskräfte haben genau diese Mitarbeiter eingestellt, weil sie für den jeweiligen Job die Besten sind (die sie bekommen konnten). Gut, dann dürfen Sie auch mit genau diesen Besten arbeiten. Es ergibt keinen Sinn, wenn Akademiker, High Potentials und Strategen das Unternehmen nach ihren Bedürfnissen ausrichten, obwohl der Großteil der Mitarbeiter, die die Ideen und Lösungen zum Leben erwecken müssen, nicht zu dieser Schicht gehören.

Auch wenn die Mitarbeiter eher operative und taktische Themen erarbeiten, so können die Führungskräfte und das Top-Management daraus ableiten, welche strategischen Maßnahmen dafür notwendig sind. Und: Seien Sie bereit, überrascht zu werden! Sobald Sie Mitarbeitern erlauben, Verantwortung zu übernehmen und Entscheidungen zu treffen, werden sich fähige Mitarbeiter zeigen. So mancher Mitarbeiter ist ein großer strategischer Denker im privaten Umfeld und kann es am Arbeitsplatz nur nicht zeigen. Schauen Sie genau hin, wo den Mitarbeitern heute durch Prozesse, Tools und Vorschriften die Lust am Mitdenken genommen wird. Menschen brauchen nur den Freiraum und die Bühne, um ihr Können zu zeigen.

Konfrontieren Sie die Mitglieder der Organisation ruhig mit den nackten Zahlen, Daten und Fakten und setzen Sie sie dem direkten Kundenkontakt aus. Sie müssen spüren, was die Organisation, der Markt und der Kunde brauchen. Wenn diese Bedürfnisse nur als (emotions-)leere Worthülsen kommuniziert werden, können die Mitarbeiter keine Empathie und keinen Antrieb entwickeln, um sich für diese Bedürfnisse einsetzen zu wollen.

Wie bleiben Teams während des Veränderungsprozesses handlungsfähig?

Teams in dynamischen und unsicheren Umfeldern müssen für diesen Einsatz gewappnet sein. Projektleiter, Führungskräfte, Projektmanagement-Office, Personalentwickler etc. sollten die Projektteams ideal unterstützen und gut darauf vorbereiten, wenn es mal kritisch werden sollte. Die Projektteams sollen stark, flexibel, widerstands- und handlungsfähig, kurzum „resilient“ gemacht werden. Es ist unanständig, anderen zu sagen, sie müssten mal agiler oder resilienter sein. Dies wäre in etwa gleichzusetzen mit dem Anspruch „Sei perfekt!“.

Die sieben Resilienzfaktoren nach KANOSSA (Sasse 2018a) sind ein Indiz für eine hohe Resilienz im Team:

- **K**ohärenz
- **A**kzeptanz
- **N**etzwerkorientierung

- **O**ptimismus
- **S**elbstwahrnehmung
- **S**elbstregulierung
- **A**usrichtung

Mithilfe des Resilienztests nach KANOSSA können Sie die Resilienz in Ihrem Projektteam reflektieren und projektspezifisch Interventionen und Trainings auswählen, mit denen Sie Ihr Team unterstützen und mit Resilienz impfen (Sasse 2018b). Zu den langfristigen Maßnahmen zählt zum Beispiel die bewusste Zusammenstellung eines „bunten" Teams: Die Mitarbeiter bringen verschiedene Resilienzfaktoren ins Team ein oder arbeiten kontinuierlich an den Komfortzonen der Teams und deren Umgang mit der Unsicherheit. Es bietet sich auch an, die Teammitglieder in Positiver Psychologie zu trainieren (Seligman & Csíkszentmihályi 2000) oder Krisenstäbe und Local Heroes zu installieren. Kurzfristig können Sie durch regelmäßige Retrospektiven beziehungsweise Lessons Learned die Wahrnehmung im Team erhöhen sowie durch Storytelling der Führungskräfte und gute Kommunikation der Unternehmensziele die Ausrichtung im Team verbessern. Kleine Workshops u.a. zu Verbesserungspotentialen, zum umgebenden Netzwerk oder die Darstellung der Veränderungen auf einem Zeitstrahl helfen ebenfalls dabei, kurzfristig Resilienz aufzubauen.

Beachten Sie jedoch: Resilienz ist eine tief im Team verankerte Ressource. Als einfach angepriesene Tools und Techniken sind natürlich verlockend, höhere Resilienz erreicht allerdings niemand nur durch simple Verhaltensanweisungen, ein paar Seminare, Checklisten und Poster an der Wand. Dazu muss man es wagen, sich mit dem Inneren der Mitarbeiter zu beschäftigen und man braucht sehr viel Mut, das System in eine Instabilität zu begleiten, aus der heraus eine Veränderung möglich ist. Wir sind weder Sklaven unserer aufgezwungenen Unternehmens- und Projektstrukturen noch Opfer der Dynamik und Komplexität unserer Zeit. Wir können Resilienz lernen, fördern und handlungsfähig bleiben – das setzt aber voraus, dass sich Werte und Haltungen ändern.

Und: Niemand ist eine Insel.

Einzelne performante Personen oder Teams können an anderer Stelle zu einer Verschlechterung führen, zum Beispiel durch Überlastung. Resilienz im Unternehmen bedeutet, dass man Abhängigkeiten erkennt, visualisiert und koordiniert. Wenn jemand oder ein Team einen Engpass darstellt, arbeitet man gemeinsam konstruktiv an der Lösung. Die gemeinschaftliche Verantwortung für den Erfolg ist eine wichtige Grundeinstellung.

Wir empfehlen, neben den Retrospektiven in den Teams auch teamübergreifende Retrospektiven einzuführen – insbesondere entlang der Wertströme je Produkt. Kohärenz, Akzeptanz, Netzwerkorientierung, Selbstwahrnehmung und -regulation aller Beteiligten werden dadurch gestärkt.

Fragen zu Rollen und Aufgaben der Führungskräfte

Die folgenden Fragen wurden uns vor allem von Führungskräften und den Sponsoren von OSA gestellt – wir betrachten sie hier aber auch teilweise aus der Perspektive des Agile Coaches. Die Antworten geben einen Einblick in wissenschaftliche Ansätze des Change Managements und des Agile Leaderships, auf dem auch OSA aufbaut. Als weiterführende Lektüre können wir vor allem Daniel Mezicks neues Buch „Inviting Leadership" empfehlen.

Womit können Führungskräfte experimentieren?

Führungskräfte sind für Mitarbeiter immer präsent und senden ständig wichtige Signale. Jede Handlung und jede Aussage einer Führungskraft wird hinterfragt und interpretiert, auch wenn diese von der Führungskraft gar nicht beabsichtigt war und unbewusst geschehen ist. Dieses Los geht mit der formalen Autorität einher – damit müssen Führungskräfte leben. Deshalb achten die meisten von ihnen genau darauf, welche Signale sie senden und versuchen, viele absichtliche und klare Signale zu senden.

Im Rahmen von OSA ist es gut, wenn die Führungskräfte gemeinsam signalisieren, dass Experimente mit agilen Praktiken wertvoll sind. OSA lebt von einem großen Mut zum Experimentieren, denn dabei ist der Lernfortschritt am größten. Wenn stets nach Best Practices und etablierten Standards gearbeitet wird, bestätigt das lediglich das bereits Bekannte – man lernt nichts Neues hinzu. Ein klares und positives Signal ist es, wenn die Führungskräfte selbst mit agilen Praktiken experimentieren und arbeiten, nach dem Motto: „Nimm deine eigene Medizin" (Englisch: Eat your own dog food). Nur so wird signalisiert, dass die Führungskräfte agile Praktiken wirklich als wertvoll für das Unternehmen ansehen. Schon in den 1970er-Jahren hat Diether Gebert anhand von 25 Fallstudien aufgezeigt, dass das Top-Management seine Unterstützung am besten zeigen kann, wenn die Veränderungsbemühungen auf dieser Hierarchieebene ihren Anfang nehmen (Gebert, 1974). Das gilt heute wie damals.

Wir haben hier einige Beispiele für mögliche Experimente, die Führungskräfte alleine oder auch abteilungsübergreifend durchführen können:

1. Arbeiten Sie für Ihre Management-Aufgaben mit einem priorisierten Backlog. Legen Sie dieses gerne im gleichen Software-Tool an, mit dem auch die Mitarbeiter arbeiten. Wenn möglich, können Sie es auch öffentlich zugänglich machen (Leserechte für alle Mitarbeiter) und auf diese Weise die Transparenz und das Vertrauen gegenüber den Mitarbeitern stärken.
2. Arbeiten Sie bei Management- und Abteilungsroutinen mit dem Timebox-Prinzip. Geben Sie jedem Thema in den Routinen nur einen begrenzten Zeitrahmen und versuchen Sie, nebensächliche Ausschweifungen zu vermeiden.
3. Führen Sie ein Daily Standup mit Ihrem Team und/oder mit den anderen Führungskräften der Abteilung ein. Halten Sie sich strikt an den Zeitrahmen von 15 Minuten und die drei Fragen eines Dailys (Was ist gestern passiert? Was passiert heute? Was behindert uns zurzeit?).
4. Führen Sie einzelne agile Events, wie etwa die Scrum Events, in Ihren Management-Routinen ein. Das könnte zum Beispiel eine Retrospektive, eine iterative Arbeitsweise in Sprints, das Sprint Planning oder ein Review-Event sein.
5. Machen Sie Ihre Management-Aufgaben für die Mitarbeiter transparent. Aushänge und Visualisierungen mit Bildern, Fotos von Management-Workshops und kleine Podcasts der Führungskräfte stärken bei den Mitarbeitern das Gefühl, einbezogen und wertgeschätzt zu werden.
6. Begrenzen Sie die Anzahl Ihrer eigenen Aufgaben und vergeben Sie auch auf Managementebene ein WIP-Limit (Begrenzung von paralleler Arbeit, sogenanntem „Work in Progress“).
7. Führen Sie für die Teilnahme an Ihren Meetings das Freiwilligkeitsprinzip ein.
8. Organisieren Sie einen Open Space für Führungskräfte zum Thema Agiles Manifest oder zu anderen Themen.

Wie kann der Agile Coach die Führungskräfte beim Experimentieren unterstützen?

Als Agile Coach können Sie diese Experimente den Führungskräften vorschlagen. Wenn eine Führungskraft ablehnt, ist es wichtig, den Umfang des Vorschlags zu verkleinern, statt sofort nachzugeben. Gehen Sie in eine Verhandlung: Beispielsweise können Sie die Experimentierphase oder das einzelne Experiment zeitlich einschränken. Zum Beispiel: Sie schlagen vor, das Arbeiten mit einem Management-Backlog auf sechs Monate zu begrenzen. Wenn die Führungskräfte auch die sechs Monate ablehnen, können Sie den Vorschlag halbieren und drei Monate vorschlagen. Wenn auch drei Monate zu lang sind, machen sie vielleicht bei sechs Wochen mit. Vielleicht drei Wochen? Vielleicht drei Tage? Vielleicht kommen die Führungskräfte dann selbst mit dem Vorschlag, dass sich der ganze Aufwand für drei Tage nicht lohnt und nehmen die drei Wochen an.

Genauso können alle anderen Experimente begrenzt werden. Anstelle einer freiwilligen Teilnahme für alle Meetings kann diese Freiwilligkeit auf einen bestimmten Zeitraum eingeschränkt werden oder nur für bestimmte Meetings gelten. Eine andere Variante: Es wird ein ganz neues Meeting ins Leben gerufen, das auf Freiwilligkeit beruht. Statt alle Management-Aufgaben transparent zu machen, kann dies vorerst für einen Teilbereich gelten oder nur einmalig durchgeführt werden.

Wichtig ist die Bereitschaft, überhaupt zu experimentieren und sich über die Ergebnisse und Erfahrungen auszutauschen. Wenn die Führungskräfte ein Experimentieren mit agilen Praktiken ablehnen, sind die Signale sehr klar:

- Agile Praktiken sind nur für Mitarbeiter da und nichts für das höhere Management, das Besseres zu tun hat, als eigene Erfahrungen zu sammeln.
- Agilität ist wichtig, aber nicht bei Management-Aufgaben. Personen mit formaler Autorität brauchen nicht agil zu sein.

Um herauszufinden wie groß das Engagement der Führungskräfte wirklich ist, können Sie ihnen zum Beispiel einen kleinen, bewusst ausgewählten und hochinformativen Fachtext zum Thema zusenden und sie bitten, diesen zu lesen. Wenn für die betreffenden Personen alles andere wichtiger ist als das Lesen des Textes, werden sie wahrscheinlich die Transformation nicht unterstützen. Sie können die Methoden auch im kleinen Rahmen vorstellen, um das Management mit verschiedenen agilen Ansätzen vertraut zu machen. Sie können einen wöchentlichen Regeltermin für das Training agiler Ansätze einstellen. Führungskräfte, die agile Praktiken befürworten, werden regelmäßig daran teilnehmen oder wann immer es ihnen möglich ist.

Wie können Führungskräfte für Mitarbeiter ein gutes Vorbild sein?

Es fängt tatsächlich damit an, dass Führungskräfte selbst zumindest versuchen, agil zu arbeiten. Im Idealfall machen sie auch selbst Vorschläge und veröffentlichen die Ergebnisse ihrer Arbeit zum Beispiel in einer monatlichen Demo. Welche Auswirkung hätte das auf Ihre agilen Teams, wenn das Führungsteam jeden Monat genau zeigen würde, wie es selbst mit dem Erlernen agiler Praktiken und Haltungen kämpft?

Wenn Führungskräfte die vorhin vorgestellten Experimente durchführen, wirken sie als Vorbilder für ihre Mitarbeiter. Die Mitarbeiter fühlen sich wertgeschätzt und entwickeln ein starkes Gemeinschaftsgefühl. Tun die Führungskräfte dies nicht, reagieren die Mitarbeiter häufig mit Zynismus und Groll, und ihr Engagement für die agile Transformation schwindet. Führungskräfte, die mit gutem Beispiel vorangehen, wirken als Multiplikatoren. Dann nimmt die Transformation Fahrt auf und es werden sich schneller Mitarbeiter diesem Mindset anschließen. Daher haben Führungskräfte beim Agile Coaching Vorrang. Aufgabe des Agile Coaches ist es, die Führungskräfte zu ermutigen und bei der Umsetzung zu unterstützen.

In der Praxis haben wir Führungskräfte erlebt, die sich der Experimentierphase angeschlossen haben und mit Scrum, Kanban oder auch nur mit einzelnen agilen Tools wie dem Daily Standup gearbeitet haben. Ihre Erfahrungen haben sie den Mitarbeitern regelmäßig im Management-Bericht oder in Video-Demos präsentiert. Dadurch ist das gegenseitige Verständnis für die Arbeit des anderen gewachsen, weil es sich herausgestellt hat, dass alle mit den gleichen Problemen zu kämpfen hatten: Die richtigen Leute konnten nicht mitmachen, Mitarbeiter waren zu stark ausgelastet, die Arbeit war nicht gut genug ausdifferenziert und beschrieben, die Done-Kriterien wurden nicht eingehalten, oder man hatte sich für den Sprint überschätzt. Auf diese Weise ist ein Diskussionsumfeld entstanden, in dem auf Augenhöhe über agile Praktiken kommuniziert werden konnte. Die Mitarbeiter waren mutiger und haben wesentlich größeres Engagement gezeigt, weil sie wussten, dass die Führungskräfte die auftretenden Probleme verstanden.

Natürlich erleben wir nicht immer nur voll motivierte Mitarbeiter und Führungskräfte, die von OSA überzeugt sind. Sie sind aber meistens dazu bereit, mit agilen Praktiken zu experimentieren und ihnen eine Chance zu geben. Wenn wir diesen leichten Widerstand bemerken, fordern wir immer dazu auf, ganz offen zu sagen, wenn etwas nicht in die richtige Richtung laufen sollte. Dabei achten wir darauf, dass sich niemand sanktioniert fühlt, wenn er oder sie auf Probleme hinweist.

In den ersten Stadien fühlt sich jede Prozessänderung künstlich an, und das ist auch bei der Einführung agiler Ansätze der Fall. Daily Standups im Führungsumfeld sind eine große Hilfe, um sich gegenseitig auf den aktuellen Stand zu bringen. Wir erleben, das Daily Standups, gemeinsame Backlogs und gemeinsame Ziele in einem „Leadership Sprint“ für einen größeren Zusammenhalt und einen intensiveren Austausch auf der Führungsebene sorgen. Das ist umso wichtiger, weil gerade Führungsteams agile Methoden häufig als zu einschränkend empfinden. Viele Freigeister unter den Führungskräften merken erst nach einigen Wochen, dass sich die Regeln und der zeitliche Rahmen leicht einhalten lassen. Sie sehen, dass Fokus und Transparenz große Vorteile in der täglichen Arbeit bringen.

Wie kann der Agile Coach die Führungskräfte vorbereiten?

Wir werden in diesem Abschnitt einige Aspekte nennen, die Sie in der Vorbereitung unbedingt beachten sollten. Entweder reden Sie als Agile Coach mit den wichtigen Stakeholdern darüber in einem persönlichen Gespräch, oder Sie planen eine Informationsveranstaltung für Führungskräfte ein. Freuen Sie sich über kritische Fragen, denn diese weisen darauf hin, dass die Beteiligten die übergreifenden Auswirkungen und die Tiefe der Veränderung begriffen haben.

Agiles Management setzt eine Änderung der Verhaltens-, Arbeits- und Denkweisen voraus. Auch die Entscheidungs-, Lenkungs- und Ausführungsbefugnisse werden sich ändern und somit gibt es eine substanzielle Veränderung der Führungskultur. Die Macht der Führungskräfte definiert sich nicht mehr durch die Anzahl der Untergebenen, sondern durch den Einfluss der Führungskräfte auf das Netzwerk und dessen Weiterentwicklung. Dadurch werden die Führungsaufgaben anspruchsvoller: Wesentlich schwieriger als das Befehlen und Kontrollieren ist es, sich um Menschen zu kümmern, sie bei der Weiterentwicklung zu unterstützen und mitreißende Visionen zu erarbeiten. Es erfordert Mut, Aufgaben vollständig zu delegieren, obwohl man immer noch zur Rechenschaft gezogen wird, wenn etwas schiefgeht. Und selbst wenn etwas nicht gelingt, sollte die Führungskraft das Wertschätzen und den Lerneffekt in den Vordergrund stellen. An die Stelle des Null-Fehler-Prinzips tritt das Prinzip „Fail fast, fail often“ – der Unsicherheit begegnet man mit Experimenten und Selbstorganisation. Das alte Paradigma, man könne von Anfang an alles analysieren, berechnen, planen und jedes Risiko vermeiden, wird aufgebrochen. Darüber sind weder alle Mitarbeiter noch alle Führungskräfte glücklich. Veränderungen dieser Art machen Angst, sie erzeugen Widerstände und sind manchmal demotivierend. Hier ist es wichtig zu verstehen, welche Bedüfnisse alle Mitglieder der Organisation haben, was sie wirklich motiviert und welche Angstauslöser es in einer agilen Transformation gibt (s.a. Seite 203). Über diese Themen sollten sich die Betroffenen unbedingt in kleinen und großen Gruppen austauschen können – dazu eignen sich Moderationsmethoden für Großgruppen, wie Open Space und Lean Coffee.

Den Sponsor vorbereiten

Der Sponsor der agilen Transformation hat eine zentrale Funktion, denn er ist der Initiator der angestoßenen Unternehmenstransformation. Ihm sollte bewusst sein, dass während der Open Space Events informelle Leader und Experten erkennbar werden, die von den Mitarbeitern informell dazu autorisiert sind, diese zu leiten. Aufgabe des Agile Coaches ist es daher, dem Sponsor die Hintergründe von OSA näher zu bringen – nur so kann der Sponsor verstehen, warum informelle Leader sichtbar werden und warum das ganz im Sinne der Veränderung ist.

Verstehen sollte der Sponsor auch, dass der Erfolg der Veranstaltung und der gesamten Transformation von den Mitarbeitern abhängt. Der Agile Coach unterstützt den Sponsor dabei, den Mitarbeitern zu vertrauen und sich von ihrem Tatendrang positiv überraschen zu lassen. Der Sponsor wird versuchen, konkrete Themen für die Sessions vorzugeben oder Themen auszuschließen. Während der Open Spaces werden jedoch immer jene Themen vorgeschlagen werden und am meisten Andrang finden, die den Mitarbeitern gerade das größte Kopfzerbrechen bereiten.

Die Proceedings als Ergebnis der Open Spaces sind ein weiteres wichtiges Aufgabenfeld für den Sponsor. Wenn der Sponsor ein Open Space Event eröffnet, sollte er darauf hinweisen, wie wichtig ihm die Proceedings sind und dass er/sie aufgrund dieser Dokumentation Entscheidungen treffen wird. Der Sponsor muss daher dazu bereit sein,

1. die Proceedings bereits am nächsten Tag allen Mitarbeitern zur Verfügung zu stellen, die zum Open Space eingeladen waren;
2. entsprechend der Empfehlungen der Teilnehmer zu handeln;
3. kurz nach dem Event eine Nachricht an alle Mitarbeiter zu versenden, aus der hervorgeht, welche nächsten Schritte er/sie in die Wege leiten wird;
4. die sichtbar gewordenen informellen Leader und Experten einzuladen und zu autorisieren, bei der Umsetzung der Maßnahmen zu helfen.

Wir haben für Sie eine Checkliste zusammengestellt, mit der Sie sicherstellen können, dass der Sponsor gut auf die Umsetzung von OSA vorbereitet wurde. Versuchen Sie bewusst, alle Punkte anzusprechen und haken Sie diese nur ab, wenn Sie sich wirklich sicher sind, dass der Punkt zutrifft (diese Checkliste basiert auf einem Vorschlag von Daniel Mezick).

- □ Der Sponsor hat genügend Autorität im Unternehmen, um den Mitarbeitern signalisieren zu können, dass das Motto oder die Leitfrage des Open Space Events sehr wichtig ist.
- □ Der Sponsor weiß, dass es keine gute Idee ist, die Rolle des Sponsors zu delegieren – höchstens an eine Person mit größerer Befugnis auf einer höheren Hierarchiestufe.
- □ Der Sponsor hat die bereitgestellte Literatur gelesen und verstanden (z.B. die Kurzanleitung aus „OpenSpace Agility kompakt").
- □ Der Sponsor versteht das Konzept des Open Spaces, dass er Teile seiner Befugnisse an Mitarbeiter übergibt und im Gegenzug ein 100-prozentiges Engagement aller Beteiligten erhält.
- □ Der Sponsor weiß das Entstehen von informellen Leadern zu schätzen.
- □ Der Sponsor versteht die idealen Startvoraussetzungen für die Open Space Events und unterstützt dabei, diese zu schaffen, wie zum Beispiel durch:
  - Formulierung eines klaren Mottos oder einer Leitfrage für den Open Space
  - Bewerbung der Veranstaltung
  - Freiwillige Teilnahme der Mitarbeiter
- □ Der Sponsor hat bereits an einer Open-Space-Veranstaltung teilgenommen (innerhalb der Organisation oder im Rahmen einer Konferenz).
- □ Der Sponsor versteht seine Rolle während der Veranstaltung und bereitet Folgendes vor:
  - Eine E-Mail-Einladung für die Mitarbeiter einige Wochen vor dem Open Space
  - Eine kurze Rede, um die Mitarbeiter im Open Space herzlich willkommen zu heißen

- □ Der Sponsor wird während der Veranstaltung anwesend sein. Wenn das nicht für die gesamte Dauer des Open Spaces möglich ist, sollte er zumindest bis zum Start der Sessions und beim Abschluss der Veranstaltung dabei sein.
- □ Der Sponsor lässt sich darauf ein, von den Mitarbeitern überrascht zu werden.
- □ Der Sponsor versteht, wie wichtig die Proceedings sind.
- □ Der Sponsor lässt zu, dass die Veranstaltung mindestens ganztägig stattfindet.
- □ Der Sponsor versteht, dass das Motto oder die Leitfrage des Open Space Events vorher erarbeitet werden muss. Er lädt dazu eine Gruppe von Führungskräften, Experten und Meinungsmachern ein.
- □ Der Sponsor weiß, dass er bei seiner Einladung nur die Vision und Richtung (das Was und Warum) vorgibt und nicht Lösungsvorschläge vorwegnimmt. Das Wie überlässt er den Mitarbeitern.
- □ Der Sponsor weiß, dass es wichtig ist, alle Personen einzuladen, die vom Motto betroffen sind.
- □ Der Sponsor kann einschätzen, was es bedeutet, wenn er als Autoritätsperson selbst Sessions im Open Space anbietet oder an Sessions teilnimmt.
- □ Der Sponsor wurde darauf hingewiesen, welchen Vorteil mehrtägige und regelmäßig wiederkehrende Open Space Events haben.

Einleitende Worte des Sponsors

Der Sponsor muss zu Beginn des Open Spaces keine großen Reden schwingen. Er oder sie sollte sich jedoch etwas Zeit für die bewusste Formulierung nehmen. Dafür braucht der Sponsor aber kein Rhetorik-Training vorab zu absolvieren. Die Dinge lassen sich sehr einfach auf den Punkt bringen:

Herzlich willkommen!

Die nächsten Jahre werden für unser Unternehmen sehr spannend sein. Die aktuellen Veränderungen am Markt und die schnelle Entwicklung der Technologie sind eine unglaubliche Gelegenheit – und auch eine unglaubliche Herausforderung. Nur wenn wir zusammenhalten und zusammenarbeiten, werden wir diese Möglichkeiten nutzen können. Deshalb freue ich mich auf eure Vorschläge im Rahmen der heutigen Veranstaltung.
<Verweis auf Motto>

Ich weiß selbst nicht, was heute passieren wird, weil ich noch keinen Open Space in diesem Rahmen erlebt habe. Aber für mich ist es in Ordnung, dass wir heute damit experimentieren. Ich freue mich darüber, dass unsere Organisation es zulässt, den heutigen Tag dafür zu nutzen. Selbst wenn heute gar nichts herauskommen würde, hätten wir zusammen einen schönen Tag verbracht. Wir lernen uns auf jeden Fall besser kennen und können grandioses Essen genießen. Im besten Fall gehen wir am Ende des Tages mit grandiosen Ideen nach Hause.

Ich bin froh, dass ihr alle hier seid. Es ist euer Tag. Ihr könnt mit euren heutigen Ergebnissen eure zukünftige Arbeit maßgeblich mitgestalten. Ich werde mir eure Vorschläge, eure Proceedings, im Anschluss ganz genau anschauen. Gute Ideen werden wir umgehend umsetzen bzw. für Experimente freigeben. Ich weiß, dass ihr euer Bestes geben werdet. Und wenn das heute im Sand verläuft, dann weiß ich, dass unsere Organisation nicht reif genug ist für die Agilität. Ich habe keine Erwartungen und lasse mich überraschen. Mir bleibt nur noch zu sagen:

Ich wünsche euch viel Spaß und viele Inspirationen für eure Arbeit!

Teamleiter und andere Führungskräfte vorbereiten

In der Vorbereitung werden alle Führungskräfte angesprochen, die mit dem Motto der Transformation in Kontakt kommen. In manchen Unternehmen muss die Linienorganisation hinter dem Motto stehen, denn nur sie kann die für die Veränderung und die Experimentierphase notwendigen Entscheidungen treffen und Unterstützung bieten. Entscheidungen betreffen meist: organisatorische Dinge (wer mit wem), Beschaffung (Werkzeuge, Lizenzen etc.), Schaffen von Freiraum für die Experimente.

Einwände wird es auf unterschiedlichen Hierarchieebenen der Organisation immer geben. Alle Mitarbeiter und Führungskräfte haben in den aktuellen Zustand investiert und dazu beigetragen, dass das Unternehmen mit seinen Produkten und Prozessen heute dort steht, wo es steht. Neue Arbeitsprozesse, neue Organisationsstrukturen und selbst die Neuanschaffung von Software bedeuten eine Veränderung von Gewohnheiten. Besonders wenn (noch) keine Probleme aufgetreten sind und alles irgendwie funktioniert, möchten alle den aktuellen Zustand beibehalten. Es ist wichtig, dass Führungskräfte alle Einwände zulassen, einfordern und würdigen. Wenn Mitarbeiter Einwände haben, lauten die Schlüsselfragen immer:

- Was müsste sich ändern, damit du dabei bist?
- Wie müsste die Zukunft aussehen, damit du dich dafür einsetzen willst?

Wir empfehlen Führungskräften, Möglichkeiten zu schaffen, in deren Rahmen Mitarbeiter ihre Einwände äußern können. Weit im Voraus können Gesprächsrunden eingeplant werden, bei denen Veränderungen überdacht und überprüft werden. Bei den Mitarbeitern lösen sich durch solche festen Termine manche Sorgen und der Widerstand.

Die meisten Einwände werden von den Führungskräften selbst kommen, weil sie am stärksten betroffen sind. Agiles Arbeiten bedeutet für sie einerseits, einen Teil ihrer Autorität abzugeben, auch wenn sie nach wie vor für die Arbeitsergebnisse ihrer Mitarbeiter verantwortlich sind. Andererseits erkennen die Führungskräfte, wie viel Arbeit vor ihnen liegt, wenn sie erst einmal verstanden haben, dass die gesamte Organisation mit ihren Richtlinien und Arbeitsprozessen auf Widersprüche zum Agi-

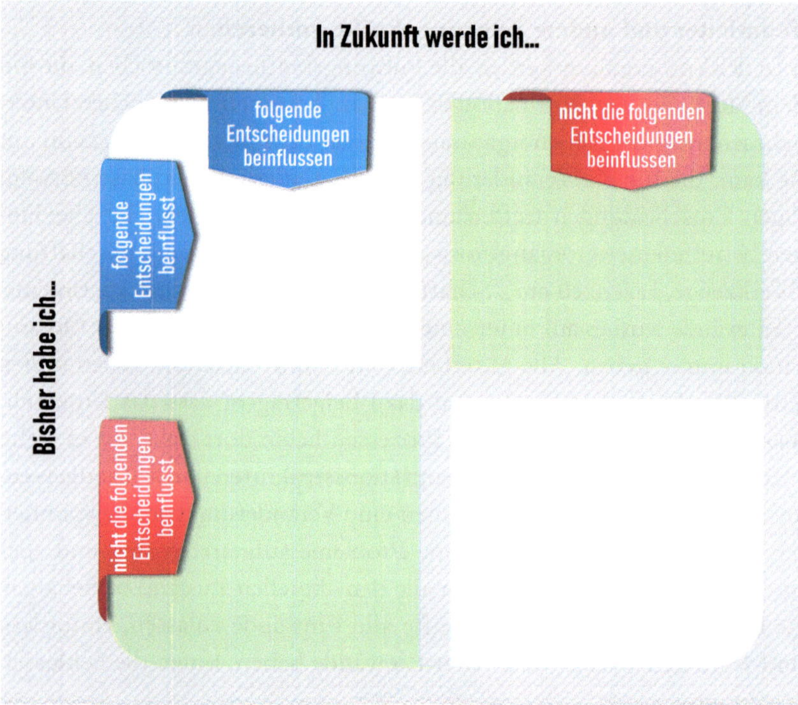

Abbildung 62: Verhaltensänderungen in der Transformation

len Manifest und den Prinzipien geprüft werden muss. Sie entdecken, dass sich so manche Abteilung und Richtlinie – auch außerhalb der IT – ändern könnte bzw. müsste. Zum Beispiel werden im Rahmen von Kanban über Wertstromanalysen Engpässe identifiziert und Scrum legt Probleme und Hindernisse im Arbeitsalltag offen.

Zwar kann man Führungskräften diverse Studien vorlegen, die belegen, wie wichtig Selbstorganisation, Engagement und die Motivation von Mitarbeitern sind – aber das wird sie wenig beruhigen. Selbstorganisation ist der Grund für die wesentliche Verbesserung, doch sie entsteht nur dort, wo Mitarbeiter von sich aus engagiert sind. Das erfordert eine andere Führung. Bücher und Trainings zur agilen Führung, zum Servant Leadership oder über Management 3.0 fördern das Vertrauen der Führungskräfte in die eigene Kompetenz. Sie müssen wissen, was von ihnen erwartet wird und mit welcher persönlichen Anpassung sie sich am besten in der neuen agilen Welt durchschlagen können.

Anhand der Matrix in Abbildung 62 können Führungskräfte mehr Klarheit darüber gewinnen, was die Veränderung für ihre Arbeitsweise bedeutet. Dieses Muster lässt sich für verschiedene Fragen durchspielen, zum Beispiel: Welche Entscheidungen habe ich bisher beeinflusst und welche werde ich in Zukunft beeinflussen? Beziehungsweise: Welche Aufgaben habe ich übernommen und/oder welche Befugnisse hatte ich? Und welche Entscheidungen, Aufgaben, Befugnisse werden in Zukunft meiner Rolle zugeschrieben sein?

Die grün hinterlegten Felder sind jene Verhaltensweisen, die sich ändern werden. Hier können sich Führungskräfte fragen, ob sie die Veränderung willkommen heißen, oder ob vielleicht noch etwas passieren muss, damit sie die Veränderung annehmen können. Bouwen & Fry (1996) empfehlen ebenfalls, dass sich Vorgesetzte und Mitarbeiter zu allen sich ändernden Rollenerwartungen abstimmen. Jeder formuliert aus seiner Sicht, wovon die anderen Rollen mehr oder weniger machen sollten oder was sie beibehalten sollten. Dabei sollten verschiedene Delegationsgrade betrachtet werden: Während die Mitarbeiter bei schwachen Delegationsgraden lediglich unterstützen dürfen, wird ihnen bei hohen Delegationsgraden umfangreiche Verantwortung übertragen und Entscheidungshoheit zugeteilt.

Fragen zur Strategie und zur Vorbereitung des Unternehmens

Agile Transformationen in bestehenden Organisationen brauchen drei Voraussetzungen:

1. Das Top-Management weiß, worum es geht und welche Veränderung erreicht werden soll.
2. Die Führungskräfte – allen voran das oberste Management – unterstützen die Veränderung und agieren als Vorbilder.
3. Die Veränderungen sollten auf einer starken Unternehmensidentität beruhen.

Dies bedeutet nicht, dass die Führungskräfte die Lösungen für alle Probleme kennen müssen. Sie müssen aber den Mitarbeitern vertrauen, dass diese den besten Weg für sich und das Unternehmen selbst finden können. Voraussetzung dafür ist, dass sich die Mitarbeiter mit dem Unternehmen und der Veränderung identifizieren.

Wenn die Führungskräfte für die agile Transformation Marketing machen sollen und die Transformation durch Experimente vorleben sollen, sollten sie genau verstehen, was Agilität und ihre spezifischen Ausprägungen wie Scrum oder Kanban bedeuten. Agile Begrifflichkeiten müssen bekannt sein, damit alle im Unternehmen eine gemeinsame Sprache sprechen. Deshalb brauchen auch die Führungskräfte Schulungen und sie sollten das Interesse mitbringen, sich ständig zum Thema weiterzubilden. Die folgenden Schritte sind für jeden Keyplayer innerhalb der agilen Transformation wichtig – unabhängig davon, ob Sie die Transformation mit OSA begleiten oder mit anderen Ansätzen:

1. Erarbeiten Sie ein einheitliches Verständnis zu Definitionen, Prinzipien und Regeln des agilen Managements, von Scrum und Kanban, und verbreiten Sie diese.
2. Diskutieren Sie mit dem Management, wie diese Regeln das Verhalten, das Mindset und die Zusammenarbeit beeinflussen werden.
3. Bereiten Sie die Führungskräfte auf das vor, was in der Transformation passieren wird und was von ihnen in der Transformation erwartet wird.

4. Legen Sie für die Transformation kleine Schritte fest, die das Unternehmen und die Mitarbeiter bewältigen können.
5. Schaffen Sie regelmäßige Feedback- und Reflexionsrunden.
6. Schaffen Sie eine Möglichkeit, die Mitarbeiter intensiv einzubinden.

Wie spielen Strategieentwicklung und OSA zusammen?

Wir empfehlen den OSA-Sponsoren, vor den Open Space Events ausgewählte Führungskräfte und Fachexperten zu Workshops einzuladen, um die Vision und die strategischen Ziele zu erarbeiten, die hinter der Transformation stehen. Sollte eine Gruppe von Führungskräften und Experten diese Einladung annehmen und sich selbstorganisiert zu einem stabilen Team formen, das die Transformation begleitet, wird ein solches Team häufig als Transitionsteam oder Strategie-Scrum-Team bezeichnet.

In einem Vorbereitungsworkshop wird gemeinsam überlegt, welche Veränderungen im Umfeld des Unternehmens erkannt wurden und welche Veränderungen innerhalb des Unternehmens bevorstehen. Aufgrunddessen könnten Arbeits- und Denkweisen mittelfristig in Frage gestellt werden. Es sollten Ideen dazu entwickelt werden, wie das Unternehmen langfristig dem Wandel immer einen Schritt voraus sein könnte – daraus ergibt sich das Motto für den Open Space. Die Führungskräfte gewinnen Klarheit darüber, mit welcher Art von Ergebnissen die Open Space Events enden sollen, welcher Kreis an Mitarbeitern eingeladen wird und welche Rahmenbedingungen für die Transformation gelten sollen.

Wenn die Führungskräfte sich umfangreich austauschen und diskutieren, kann es passieren, dass das Motto so oft neu formuliert wird, bis alle das gleiche Verständnis der dahinterliegenden Strategie haben. In den Vorbereitungsworkshops ist es wichtig, eine tiefgreifende Diskussion zuzulassen und die Transformation aus unterschiedlichen Perspektiven zu betrachten. Angeregt durch Moore (2015) empfehlen wir, sieben Teilstrategien zu hinterfragen:

1. Wie können wir agile Ansätze einführen und ausbauen?
2. Wie gestalten wir den Übergang vom Alten zum Neuen?
3. Wie können wir das Bestehende im Übergang nutzbar halten?
4. Wie können sich die Mitarbeiter die notwendigen Kenntnisse und Fähigkeiten aneignen?
5. Wie können wir passende Talente finden, einstellen und halten?
6. Wie können wir ein stabiles und resilientes Umfeld schaffen, in dem Experimente möglich sind?
7. Wie wollen wir gegenüber unseren Kunden auftreten?

Sollten Sie beim Beantworten dieser Fragen auf komplexe Probleme stoßen, die weder auf fehlendes Wissen noch fehlenden Sinn zurückzuführen sind, kann es daran liegen, dass die Frage nicht mehr „Wie können wir es lösen?" lautet, sondern „Wer kann es lösen?". Ersetzen Sie also bei den Fragen einfach „Wie" durch „Wer". „Wie"-Fragen zielen auf Wissen ab, „Wer"-Fragen auf Talente. Sie suchen diejenige Person, die talentiert, mutig und motiviert genug ist, um mit eigenen Ideen und Experimenten nach Lösungen zu suchen (Wohland, Wiemeyer & Baecker, 2012). Sollten Sie die passenden Talente bereits innerhalb Ihrer Organisation haben, wird OSA diese Talente sichtbar machen.

Sofern Probleme auf fehlenden Sinn zurückzuführen sind, sollte das in den Workshops unbedingt besprochen werden. Die Grundorientierung und Identität des Unternehmens mit ihren Werten und Glaubenssätzen soll sich in den Strategien wiederfinden, da diese Strategien zur Stabilität während der Transformation beitragen. Im Fall der agilen Transformation soll die Strategie ebenfalls das Agile Manifest und die agilen Prinzipien erfüllen. Die Wünsche und Bedürfnisse der Kunden, Mitarbeiter und Stakeholder sowie das Bild des Unternehmens in der Gesellschaft müssen die Grundlage der Strategiediskussion sein. Sie bilden sozusagen die „Definition of Done" für die strategischen Aufgaben.

Strategieentwicklung im Rahmen der agilen Transformation sollte der sogenannten Experimentallogik entsprechen: Mit dem Motto wird nur eine grobe Orientierung vorgegeben. Die Strategie entsteht sozusagen während des Experimentierens, denn reale und beobachtbare Befunde und nicht Analysen und Vorhersagen legen den nächsten Entwicklungsschritt fest. Nach der Lernschule des Strategiemanagements (Mintzberg, 2009) entsteht die Strategie dadurch, dass man

- neue Stimmen aus dem gesamten Unternehmen anhört,
- Gespräche zu neuen Themen führt,
- durch den Beitrag der Mitarbeiter neue Leidenschaft weckt,
- neue Perspektiven einnimmt, um innovative Ideen zu entwickeln und
- durch Experimente direkt am Markt schneller lernt, was Erfolg haben wird.

OSA hört die Stimmen aller aus dem Unternehmen und lässt jeden Mitarbeiter für die Sessions eigene Gesprächsthemen benennen. Jeder kann die Geschichte des Unternehmens mitgestalten, alle Perspektiven anhören und Experimente vorschlagen. Damit erfüllt OSA alle Bedingungen der Lernschule (Hamel, 1998).

Bei der Strategieentwicklung wollen wir die strategischen und operativen Elemente miteinander verzahnen (Abbildung 63): Auf der operativen Seite orientieren sich die Mitarbeiter bei ihren Vorschlägen und der Umsetzung der Experimente an der Unternehmensstrategie. Sie reflektieren deren Ergebnisse an der Strategie und versuchen kurzfristig Erfolge zu erzielen. Sie wollen „die Dinge **richtig tun**" und richten sich dabei nach den quantitativen Zahlen, monetären Daten und harten Fakten zu ihrer Arbeitsweise und den Experimenten.

Auf der strategischen Seite halten die Führungskräfte Ausschau nach langfristigen Erfolgspotentialen, damit sie „die **richtigen Dinge** tun". Dafür bauen sie die Unternehmensstrategie auf den schwachen Signalen aus dem Markt und den qualitativen Rückmeldungen der Mitarbeiter auf, zum Beispiel anhand der Erkenntnisse aus den Experimenten.

Durch die Verzahnung der operativen und der strategischen Seite findet ein kontinuierlicher Austausch zwischen dem strategischen „Was" und dem operativen „Wie", der betrieblichen Effizienz und der Effektivität sowie dem Lösen von Problemen und dem Entdecken neuer Möglichkeiten statt.

Die formulierte Strategie ist dadurch langfristig gültig, dass sie sich auf die Lernfähigkeit und Resilienz der Organisation bezieht. Die Strategie

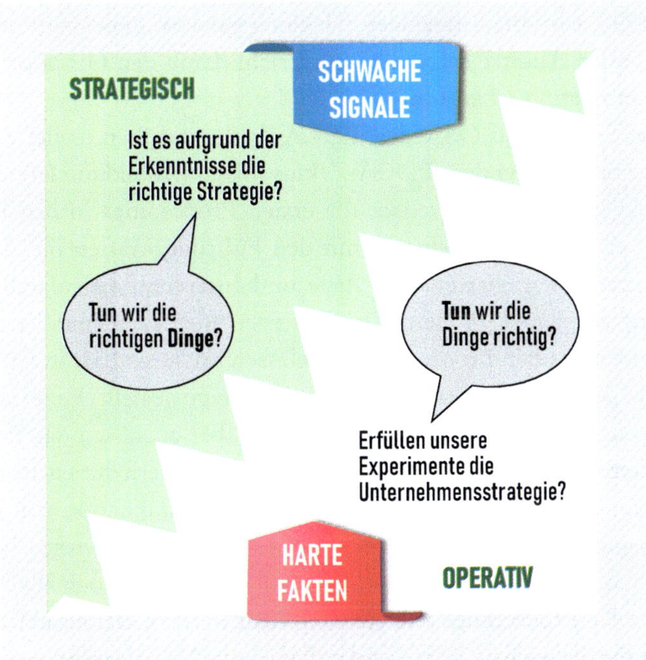

Abbildung 63: Strategisch-operative Verzahnung (angelehnt an Hauser, 2010)

sollte überall im Unternehmen akzeptiert werden. Sie bezieht sich **nicht** auf die einmalige Analyse der Anfangssituation, auf die Bewertung von Handlungs- und Produktoptionen oder auf bereits ausgearbeitete Pläne und Umsetzungsweisen. Das Management hat die Aufgabe, „Gelingensvoraussetzungen“ und einen Handlungsraum für Mitarbeiter zu schaffen, die stattdessen durch Prinzipien begrenzt werden (Wohland, Wiemeyer & Baecker, 2012) – und dies nicht nur punktuell, sondern begleitend während der gesamten Transformation und darüber hinaus.

Das ist vor allem deshalb wichtig, weil kein Sollzustand definiert werden kann und schon gar nicht der Weg dorthin. „Agilität“ bedeutet für jedes Unternehmen etwas anderes und lässt sich nur schwer greifen. Die hinter der Einführung von „Agilität“ liegenden Ziele und Problemstellungen verändern sich üblicherweise im Laufe des Transformationsprozesses.

Durch OSA wird die Strategieentwicklung genauso iterativ-inkrementell wie die agilen Ansätze selbst und entspricht damit den Grundprinzipien des „Organizational Learning".

So wie Scrum und OSA den PDCA-Zyklus erfüllen, sollte auch die Strategieentwicklung dem PDCA-Zyklus folgen (Abbildung 64): Ab dem Zeitpunkt, an dem der Sponsor die ersten Proceedings in den Händen hält, hat er oder sie gemeinsam mit den Führungskräften die Aufgabe, diese auszuwerten, strategische Ziele und Interventionen daraus abzuleiten und zu planen (P, Plan). Dabei werden alle neuen Impulse und Informationen aus den Proceedings zugelassen und ernsthaft in Erwägung gezogen. Gewohnheiten werden radikal in Frage gestellt. Es wird diskutiert, wo unvermeidbare Konflikte warten, aber auch, wo das Potenzial zur Weiterentwicklung von Mitarbeitern und Unternehmen liegt. Hier geht es vor allem um eine kluge Auswahl und Kombination von Experimenten, ganz besonders wenn die Experimente miteinander in Konkurrenz stehen. Dieser Vorgang wiederholt sich bei jedem Open Space Event und mit allen Proceedings, die veröffentlicht werden. Daraus entsteht das Backlog für die nächste Phase und ggf. auch die Visualisierung mit einem Strategieboard. Das Backlog wird mit zusätzlichen strategischen Aufgaben der Führungskräfte ergänzt und mit der „Definiton of Done" der Strategie abgeglichen.

Es ist wichtig, dass nicht zu viele Experimente (oder Initiativen) gleichzeitig gestartet werden. Die Führungskräfte und das Transitionsteam haben die Aufgabe, alle Experimente in einen strategischen Kontext zu setzen und gegebenenfalls einzelne Experimente zu parken. Es sollte nicht isoliert über deren Umsetzung entschieden werden. Innerhalb eines Teams oder einer Abteilung bietet es sich an, neue Experimente erst zu starten, wenn die vorherigen abgeschlossen wurden. Sammeln Sie die vorgeschlagenen Experimente, die Sie noch nicht umsetzen können, in einem Ideenpool. Auf diese Weise vermeiden Sie eine Überforderung der Teams durch zu viele parallele Änderungen.

In der Ausführung (D, Do) werden die genehmigten Vorschläge aus den Proceedings an die Mitarbeiter kommuniziert, verbunden mit der Einladung diese auszuführen. Durch die Kommunikation des Zukunfts-

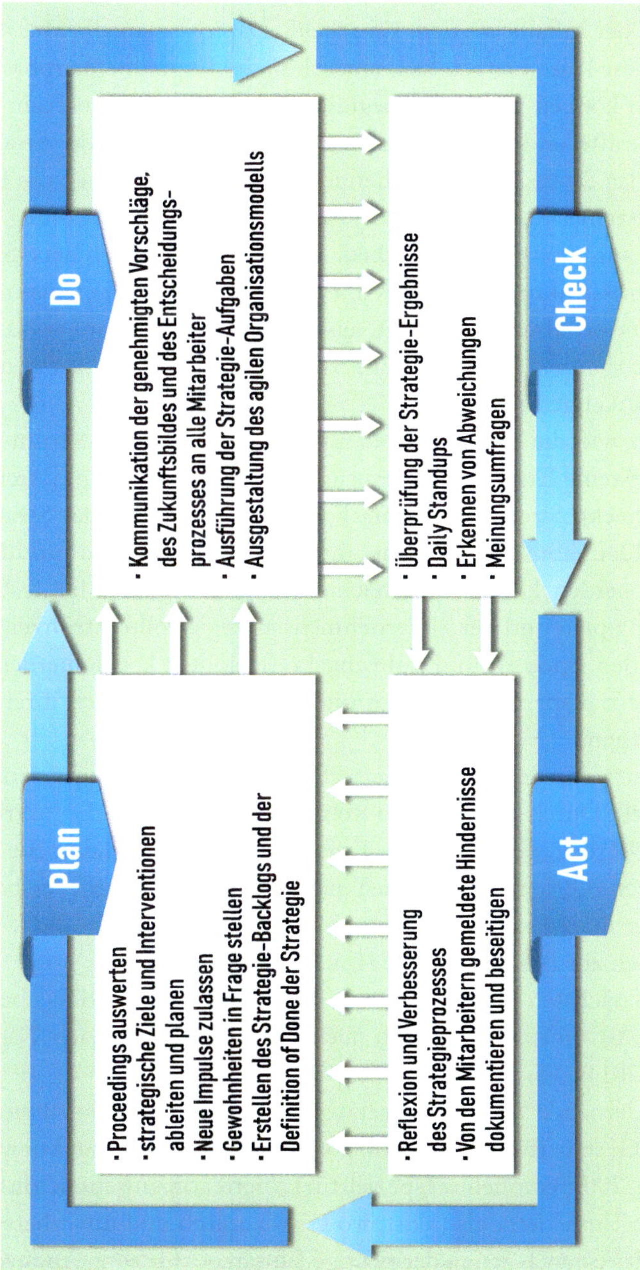

Abbildung 64: PDCA-Zyklus der Strategieentwicklung in OSA

bildes und der Inhalte aus dem Entscheidungsprozess an alle Mitarbeiter erhalten diese klare Leitplanken, um sich in der Experimentierphase orientieren zu können. Zeitgleich beginnt das Strategie-Scrum-Team – die Führungskräfte und der Sponsor – mit der Ausführung der Strategieaufgaben. Im Strategie-Backlog befinden sich Aufgaben, die vom Überdenken einzelner Strukturen und Prozesse bis zur Ausgestaltung eines agilen Organisationsmodells reichen. Zum Beispiel müssen neue Stellen und Befugnisstrukturen geschaffen, Experten eingeladen, etablierte Geschäftpartnerschaften hinterfragt, agile Kundenverträge aufgesetzt, das Wettbewerbsumfeld reflektiert oder Verwaltungs- und Managementprozesse schlanker gestaltet werden.

Genauso wie die Mitarbeiter kann auch das Strategie-Scrum-Team regelmäßig seine Ergebnisse überprüfen und Daily Standups durchführen (C, Check). Strategische Entscheidungen bezüglich des Strategieboards sollten einmal pro Woche, mindestens aber einmal pro Monat, getroffen werden können. Abweichungen vom Agilen Manifest, den agilen Prinzipien und der Unternehmensstrategie sollten frühzeitig erkannt werden. Sponsor und Führungskräfte sollten kontinuierlich ihre Ergebnisse transparent vorstellen und die Mitarbeiter nach ihrer Meinung befragen.

Der Strategieprozess sollte regelmäßig reflektiert und verbessert werden (A, Act). Durch Reviews und Retrospektiven können die Führungskräfte ihre Arbeitsweise und ihre Ergebnisse verbessern und neue Standards setzen. Gleichzeitig nehmen sie auf, was die Mitarbeiter bei der Umsetzung ihrer Experimente einschränkt oder behindert und können Maßnahmen zur Beseitigung der Hindernisse einleiten.

Mit dem nächsten Open Space und den nächsten Proceedings beginnt dieser Zyklus erneut (siehe dazu auch Strategieschleife nach Nagel & Wimmer, 2014).

Dieser „lernende" Strategieansatz braucht seitens der Beteiligten ein intuitives Gespür für das Ausprobieren von Dingen, die funktionieren. Mintzberg (2009) empfiehlt es speziell für Expertenorganisationen in hochkomplexen Umfeldern, also dort, wo es dynamisch und unvorhersehbar zugeht – das ist auch genau der richtige Einsatzort für agile Ansätze.

Ein strategisches Management dieser Art erfordert, dass Sie nicht nur einmal im Jahr Budget freigeben, sondern monatlich auf Veränderungen reagieren können. Auch Kostenschätzungen müssen sich auf kleine Iterationen und Experimente beziehen. Die Schätzungen dürfen nicht teurer sein oder länger dauern als das Experiment oder der Arbeitsauftrag an sich. Alles, was gemacht werden **muss**, muss nicht geschätzt werden. Beginnen Sie direkt mit der Umsetzung und inspizieren Sie die Kosten.

Für die Experimente reicht meist eine ungefähre Größenordnung bezüglich Kosten und Aufwand. Stellen Sie diesen Werten immer auch den Nutzen und Gewinn gegenüber. Durch die Feedbacks und Retrospektiven während der Experimente erfahren Sie rechtzeitig, wann und wenn ein Experiment nicht verlängert oder wiederholt werden sollte.

Wie kann sichergestellt werden, dass alle über das Gleiche reden?

Bei einer Unternehmenstransformation werden alle Verbesserungen durch die Mitarbeiter vorangetrieben – sie schaffen aber auch Hindernisse. Wenn die Mitarbeiter und Führungskräfte keine klaren Vereinbarungen über Wortdefinitionen und Prinzipien treffen, kann es schon zu Beginn der Transformationen zu Problemen bis hin zu Streitigkeiten kommen. Agile Praktiken und Rahmenwerke bringen eine Fülle neuer Begrifflichkeiten mit sich, über die Klarheit herrschen sollte.

Zunächst sollte im Unternehmen also ein einheitliches Verständnis des Agilen Manifests und von dessen Bedeutung geschaffen werden. Wenn das oberste Management über die Bedeutung und Interpretation des Agilen Manifestes diskutiert, werden Sie sehen, ob die agilen Ansätze verstanden wurden und ob der Wille für die Umsetzung überhaupt vorhanden ist. Gleichzeitig zeigen sich die Teamdynamiken auf Managementebene, die Organisations- und Machtstrukturen, die Unternehmenskultur und -reife. Durch diese Diskussionen lässt sich leichter einschätzen, wie sehr sich die Stakeholder von der Transformation betroffen fühlen. Manager, die der Meinung sind, nicht von einer agilen Transformation betroffen zu sein, werden sich möglicherweise an der Diskussion nicht beteiligen oder zu entsprechenden Terminen nicht erscheinen. Es könnte sogar passieren, dass zu der eingeladenen Diskussionsrunde nur ganz wenige Personen erscheinen. Auch dann wissen Sie, wie wichtig die Transformation den Führungskräften wirklich ist. Häufig können Sie erst nach einer gemeinsam erarbeiteten Auslegung des Agilen Manifests mit den Führungskräften besprechen, welche Vision und welche Ziele sie mit der Einführung von Agile erreichen möchten.

Den nächsten Einblick in die Organisation bekommen Sie, wenn Sie die erarbeitete Auslegung des Agilen Manifests an alle Mitarbeiter verteilen möchten. Wenn diese Kommunikation in Frage gestellt wird oder keine Zeit für die Vorstellung der Auslegung zur Verfügung gestellt wird, können Sie während der Transformation mit weiteren Schwierigkeiten rechnen.

Wenn Sie OSA nutzen, um Ihre Organisation agil zu machen, sollten sich alle betroffenen Mitarbeiter, Stakeholder und Führungskräfte dazu committen, wie das Wort „Agile" definiert wird – basierend auf der vereinbarten gemeinsamen Auslegung des Agilen Manifests. Versuchen Sie, eine klare und ausdrückliche Zustimmung zu erhalten. Achten Sie darauf, über welche Werte und Prinzipen am meisten diskutiert wird, denn diese Punkte werden auch während der Transformation in Frage gestellt werden. Wenn Sie das Modell von OpenSpace Agility aus einer anderen Motivation heraus nutzen oder damit andere Themen umsetzen wollen, sollten Sie sich dazu entsprechende Rahmenbedingungen zurechtlegen.

Wir empfehlen, auch zu den Begriffen Scrum und Kanban diese Klarheit zu schaffen. OSA verlangt nicht, dass Sie solche Ansätze nach dem Lehrbuch umsetzen – es gelten nur die Rahmenbedingungen des Agilen Manifests. Um begriffliche Klarheit zu erreichen, sollten Sie jedoch selbst entwickelte Ansätze von den genannten etablierten Definitionen abgrenzen. Grundlage dafür sind der Scrum Guide und „Kanban: Evolutionäres Change Management für die IT-Organisation" – das erste Buch von David Anderson (2011). Alle betroffenen Teams, Stakeholder und Führungskräfte sollten diese Quellen heranziehen, um die Wörter Scrum und Kanban zu definieren.

In vielen Unternehmen haben wir erlebt, dass Teams und Führungskräfte behauptet haben, Scrum oder Kanban zu machen. Tatsächlich waren es selbst entwickelte Varianten. Manchmal war das Ergebnis sogar unagiler als bei so manchem Team, das nach klassischen Projektmanagementansätzen gearbeitet hat. Achten Sie also darauf, dass einzelne praktizierte Elemente eines agilen Ansatzes nicht zum „pars pro toto" werden. Wenn ein Team zum Beispiel nur ein Taskboard und Daily Standups einführt, sollte es dazu nicht „Scrum" sagen. Das sorgt nämlich nur für Verwirrung im ganzen Unternehmen. Nur mit Taskboard und Daily Standups ist man noch lange nicht agil und schon gar nicht entsteht dadurch auf magische Weise ein Scrum-Team. Das ist nur ein Beispiel, aber sicherlich können Sie das Prinzip auf Ihr eigenes Umfeld übertragen. Vielleicht fragen Sie sich, ab wann ein Team ein Scrum-Team ist. Nur und ausschließlich, wenn es den Scrum Guide zur Gänze erfüllt – sonst nicht. Versuchen Sie auch nicht, Begriffe wie ScrumAND oder ScrumBUT einzuführen. Die Verwirrung könnte Ihnen in der Transformation schmerzlich auf die Füße fallen.

Was kann zur Vorbereitung der Open Spaces angeboten werden?

Wenn Ihre Organisation noch nie etwas mit agilen Ansätzen zu tun hatte, haben Sie sehr viel Vorbereitungsarbeit zu leisten. Damit alle betroffenen Mitarbeiter beteiligt werden können, benötigen diese ein gewisses Basiswissen über das Agile Manifest, die agilen Prinzipien und einige agile Rahmenmodelle und Praktiken. Dieses Wissen können Sie durch mehrtägige Seminare, Kurzvorträge, Simulationen, Webseminare und Podcasts aufbauen. Die Art der Vorbereitung hängt vom Wissensstand der Mitarbeiter, von der zur Verfügung stehenden Zeit und den Ressourcen ab. Erarbeiten Sie ruhig ein umfangreiches Trainingskonzept mit renommierten Simulationen und Übungen und gönnen Sie den Mitarbeitern die besten Trainer – sofern Sie die Möglichkeit dazu haben.

In typischen Transformationen werden die Mitarbeiter mit klassischen Methoden wie Vorträgen, Gruppenarbeiten oder Diskussionsrunden rein kognitiv angesprochen. Damit sie sich aber aktiv mit der Transformation, den neuen Arbeitsweisen und dem neuen Wissen auseinandersetzen, müssen sich die Mitarbeiter auch emotional und sozial damit beschäftigen. Handlungsorientierte Methoden wie Experimente, Action Learning, Rollenspiele, Aufstellungen, Zeitlinien, Theater oder Improvisation sorgen für dieses emotionale und körperliche Erleben. Diese Methoden haben zwei Effekte: Die Lern- und Veränderungsinhalte werden besser erinnert und gleichzeitig wird die Entwicklung der Gruppen gefördert (siehe Tuckmann & Jensen 1977).

Ein wichtiger Teil des Lernens in Transformationen besteht darin, Altes wieder zu verlernen – dafür müssen bereits gefestigte Handlungsmuster und Gewohnheiten abgelegt werden. Das ist direkt mit dem emotionalen Erleben verbunden, denn die meisten Alltagshandlungen und Gewohnheiten werden durch unbewusste Emotionen aktiviert. Emotionen haben beim intuitiven Lernen und Handeln eine organisierende Funktion: Langfristig erinnern wir uns am besten an Situationen, die wir mit starken Emotionen verbinden – Emotionen dienen im Lern- und Veränderungsprozess als Katalysatoren (Greif & Kurtz 1996).

Organisationspsychologisch ist in der Vorbereitung der Transformation besonders die Methode des Survey Feedbacks zu empfehlen. Zum Motto der Transformation wird vorab eine Umfrage unter allen Betroffenen durchgeführt, die Ergebnisse werden analysiert und anschließend allen vollständig vorgestellt. Psychologischen Untersuchungen zufolge steigert diese Methode die Motivation der Organisationsmitglieder, sich mit der eigenen Situation auseinanderzusetzen und Veränderungsbereitschaft zu entwickeln (Gebert 1976). In Umfragen können Mitarbeiter ihr Feedback anonym geben und dadurch belastende Emotionen ausdrücken. Bekommen die Mitarbeiter vor den Open Space Events nicht die Möglichkeit, ihre Gefühle und Konflikte zu verarbeiten, blockiert das im Open Space einen großen Teil ihrer Schaffenskraft. Sie werden sich mehr mit Problemen und Kritik beschäftigen als mit konstruktiven Lösungsvorschlägen. Wenn Sie keinen Fragebogen verwenden möchten, können Sie die Mitarbeiter auch zu einer Storytelling-Runde einladen. Jeder Mitarbeiter kann die Einladung annehmen und seine Geschichten erzählen über das, was ihn in der Organisation ärgert, erfreut, traurig macht, was er bedauert oder was ihn mit Stolz erfüllt (mehr dazu unter www.all-in-one-spirit.de).

Wenn eine Gruppe alte Lernerfahrungen und Denkmuster ablegen soll, bedeutet das für die Gruppe, das abzulegen, was sie bisher erfolgreich gemacht hat (Schein 1999). Auf den ersten Blick mag es „nur“ eine Veränderung der Prozesse, Wertflüsse oder Kommunikationsformen sein, aber dahinter verbergen sich Philosophien, Machtstrukturen und Stabilität gebende Rituale. Ohne Wertschätzung des Alten bedrohen die Veränderungen der Transformation den Selbstwert und das Selbstbewusstsein der Mitarbeiter, es entstehen Selbstzweifel und damit verbunden diverse Rechtfertigungen. Vermeiden lässt sich das durch Wertschätzung, zum Beispiel in Form von Abschiedsritualen wie eine von den Mitarbeitern erstellte Abschiedszeitschrift oder eine Zeremonie, in der die Führungskräfte das Alte würdigen, zu den nächsten Schritten motivieren und den Sinn und Zweck der Transformation vermitteln.

Wie lassen sich Bewusstsein und Begeisterung für die angestrebten Ziele schaffen?

Das ist oft leichter gesagt als getan. In der einschlägigen Literatur wird immer wieder bestätigt, dass es eher zum Erfolg führt, wenn man Mitarbeitern mitreißende Ziele und Visionen vermittelt, statt ihnen aus dem Zusammenhang gerissene Einzelaufgaben zuzuweisen. Verdeutlicht wird dies mit dem folgenden Zitat:

„Wenn du ein Schiff bauen willst, so trommle nicht Männer zusammen um Holz zu beschaffen, Aufgaben zu vergeben und die Arbeit einzuteilen, sondern lehre die Männer die Sehnsucht nach dem weiten, endlosen Meer."

Antoine de Saint-Exupéry (1948)

In Unternehmen wird oft versucht, diese Sinnstiftung durch Poster, Banner und PowerPoint zu erreichen – und das ist sicher ein erster richtiger Schritt. Der Schiffbauer aus dem Zitat würde sich aber sicherlich nicht vor seine Mitarbeiter stellen, einen Vortrag über die „Sehnsucht nach dem Meer" halten und die Definitionen von „Sehnsucht" und „Meer" an die Wand beamen. Nein, er würde Geschichten über seine bisherigen Reisen auf dem Meer erzählen und er würde sie in den buntesten Farben ausschmücken. Vielleicht würde er auch andere Kapitäne einladen und berichten lassen. Er würde mit den Männern einen Ausflug zum Meer machen, damit sie eigene Erfahrungen sammeln können. Menschen entwickeln Begeisterung nicht aufgrund von Informationen, sondern aufgrund von Erfahrungen und Emotionen.

Wir haben in den letzten Jahren viele Trainings zu Agilität und Scrum erlebt, die allerdings genau auf diese rein kognitive Art ablaufen, wie zum Beispiel: Das Agile Manifest und die 12 Prinzipien werden vorgelesen, verschiedenen Kategorien zugeordnet und interpretiert. Danach sollen die Trainingsteilnehmer jedes der Prinzipien mit nur je drei Worten zusammenfassen. Ebenfalls selbst erlebt: „Schreiben Sie die 12 Prinzipien ab und unterstreichen Sie pro Prinzip das wichtigste Wort.“

Zwar haben sich die Teilnehmer damit beschäftigt, aber wir gehen jede Wette ein, dass sie sich langfristig nur wenig bis gar nichts davon merken. Solche Aufgabenstellungen werden dann auch nicht mehr als Übung, sondern als Qual empfunden. Falls es bei den Teilnehmern bereits einen Widerstand gegen die Prinzipien und somit die agile Transformation gegeben hat, wächst dieser nur weiter an. Und schon gar nicht sind die Teilnehmer emotional bewegt und werden die Prinzipien daher auch nicht mit Begeisterung umsetzen.

OpenSpace Agility ist mit den Open Space Events und der Experimentierphase bereits darauf ausgelegt, dass neue Aufgaben- und Problemstellungen handlungsorientiert mit neuen Vorgehensweisen selbst gelöst werden. Da die Mitarbeiter dieses Vorgehen nicht gewohnt sind, weil es abseits der bekannten standardisierten Abläufe liegt, sind sie irritiert und geneigt, sich für neue Perspektiven zu öffnen. Sie haben das Gefühl, ein Vorhaben bewältigen zu müssen, das nach Gemeinschaft verlangt und wirklich relevant für ihre eigene Zukunft und die Zukunft des Unternehmens ist. Es geht nicht darum, gemeinsam eine neue Kaffeemaschine zu kaufen oder anderes belangloses Zeug zu delegieren, sondern die eigene Arbeit zu gestalten.

Wie fördert Storytelling die Begeisterung?

Um Emotionen hervorzurufen, die motivieren und zum Handeln aktivieren, arbeiten wir stets direkt an den Geschichten und Bedürfnissen der Mitarbeiter und Führungskräfte. Zum Beispiel sollen Führungskräfte stärkeres Storytelling betreiben und eigene Geschichten erzählen. Es werden Experten anderer Unternehmen eingeladen, die über ihre Erfahrungen berichten. Betriebsversammlungen werden von guten Rednern eingeleitet, die mitreißende Bilder der Zukunft zeichnen.

Storytelling soll Mut machen, Ressourcen wecken, Lösungsprozesse anregen, Aufmerksamkeit fokussieren, Traditionen und Werte vermitteln – es soll also Kohärenz bei den Mitarbeitern erzeugen (Schmidt, Dollinger & Müller-Kalthoff, 2011). Durch die emotionsgeladene Darstellung der Informationen in Form von Geschichten bleibt die Nachricht nachhaltiger im Gedächtnis. Wirkungsvolle Geschichten helfen Führungskräften und Unternehmen, sich zu positionieren, die Notwendigkeit der Veränderung zu kommunizieren sowie Bedürfnisse und Neugierde bei den Mitarbeitern zu wecken. Im Business-Storytelling erzählen die Geschichten von Werten, Haltungen, Visionen und Reisen des Unternehmens. Das hilft den Teams bei der Ausrichtung und vermittelt ein Gefühl der Selbstwirksamkeit. Nutzen Sie eine eindeutige, einfache und klare Botschaft sowie einen Konflikt, der von einem Helden gelöst werden kann. Auch Geschichten, die von Konflikten, Herausforderungen und Lösungen aus ganz anderen Bereichen oder Branchen erzählen, sind wirkungsvoll – vorausgesetzt, dass sich die Aussage der Geschichte leicht auf die Situation der Menschen in Ihrer Organisation übertragen lässt. In folgenden Büchern finden Sie Anregungen für Metaphern und das Erzählen eigener Geschichten:

- „Leader's Storytelling“ von Denning (2011)
- „Story Power“ von Birkenbihl (2001)
- „Die WOW-Präsentation“ von Lasko & Seim (1999)
- „Anekdoten, Geschichten, Metaphern für Führungskräfte“ von Nöllke (2002)

Sie können Mitarbeiter und Führungskräfte auch dazu ermutigen, ihre eigenen Geschichten zu entdecken und weiterzuerzählen. Damit fragen Sie sie indirekt nach ihren wirklichen Bedürfnissen. Sie sollen konkrete Situationen nennen, in denen etwas gelungen oder misslungen ist und diese ausführlich beschreiben. Anschließend stellen Sie den Mitarbeitern die Frage: „Welches agile Prinzip hätte uns in deiner Geschichte helfen können? Welches agile Prinzip haben wir hier beachtet?“ Auf diese Weise verknüpfen die Mitarbeiter und Führungskräfte ihre persönlichen Erlebnisse mit den Prinzipien. Immer wenn sie an dieses Erlebnis zurückdenken, werden sie nun an das agile Prinzip denken. Sie machen die Erfahrung, dass ihre Bedürfnisse gerechtfertigt sind und dass die agilen Prinzipien ihre Bedürfnisse vor dem Management vertreten. Sie nehmen die agilen Prinzipien als „ihren persönlichen Anwalt“ wahr, der sich für sie einsetzt.

Wichtig ist, dass die Führungskräfte nur das ausdrücken, was sie vollkommen ernst meinen. Denn Mitarbeiter merken die Diskrepanz, wenn Führungskräfte etwas Anerkennendes oder Mutmachendes in ihrer Geschichte erzählen, aber selbst nicht dahinterstehen. Storytelling besteht also immer aus einer Kombination von erzählten Geschichten und damit konsistenten Handlungen im Alltag. Daniel Mezick spricht von der Semiotik, den Zeichen, die verbal und nonverbal von den Führungskräften ausgesendet werden. Bei einer OSA-Implementierung unterstützen Coaches die Führungskräfte bei einer konsistenten Semiotik.

Weiterführende Fragen

Wo kann OSA bzw. Prime/OS außerhalb der agilen Transformation eingesetzt werden?

Jede Organisation möchte überlebens- und zukunftsfähig sein und bleiben. Projekte und Initiativen zur Organisationsentwicklung stehen also auf der Tagesordnung. Man möchte die Organisation nicht nur agiler machen, sondern auch resilienter, digitaler, humaner und innovativer, man möchte ständig wachsen und sich selbst erneuern. Alle diese Ziele benötigen ein gutes Engagement Model für die Transformation. Prime/OS kann als Grundlage – so wie bei OSA – auch bei anderen Transformationen dienlich sein.

Wenn die Transformation nicht das Thema Agilität betrifft, sondern beispielsweise Digitalisierung, Innovation oder Wachstum im Unternehmen, müssen Sie einiges an Übertragungsarbeit leisten. Diese Übertragungsarbeit betrifft zum Beispiel die Leitplanken für die Experimente. Die Leitfrage dazu lautet: Was wäre das entsprechende Gegenstück zum Agilen Manifest bei Ihrer Transformation? Je nach Zielstellung können Sie auf etablierte Prinzipien oder Rahmenbedingungen zurückgreifen, oder Sie müssen selbst Leitplanken definieren, um die Experimente an Ihrer Vision und Ihren Ziele auszurichten.

In Abbildung 65 haben wir einige mögliche Einsatzbereiche für Prime/OS dargestellt:

- Den Einsatz für agile Transformationen – OSA – haben Sie in diesem Buch detailliert kennengelernt.
- Prime/OS kann zur Begleitung Digitaler Transformationen genutzt werden. Hier werden einerseits die Potentiale digitaler Technologien im Produktportfolio aufgezeigt und andererseits die Möglichkeiten der Digitalisierung und Automatisierung von Arbeitsprozessen diskutiert. Es geht dabei um Wertschöpfungsketten, Infrastrukturen, Anwendungen und sogar digitale Geschäftsmodelle. In den Open Spaces diskutieren die Mitarbeiter

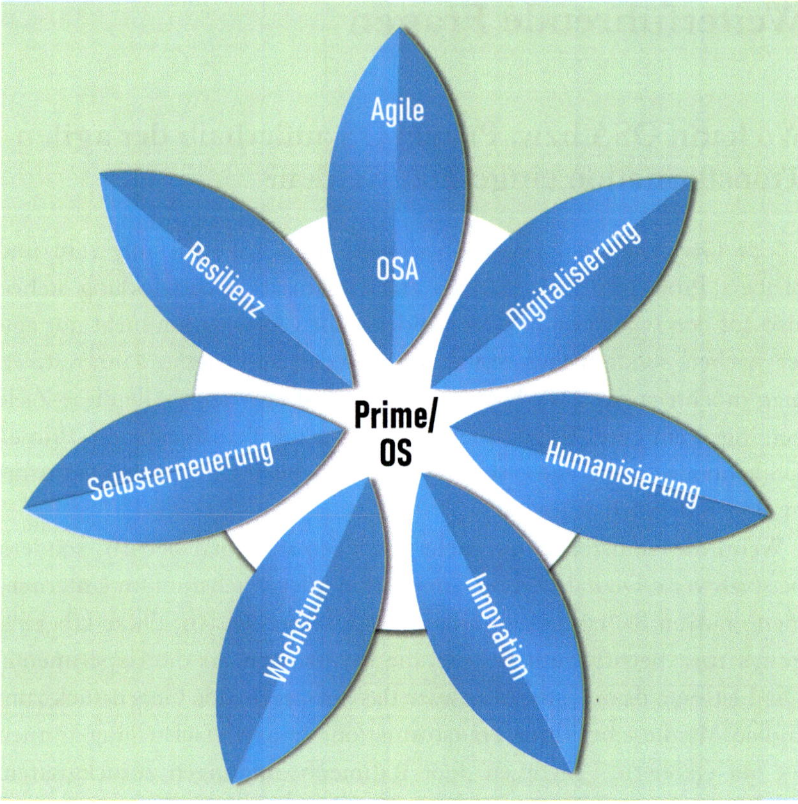

Abbildung 65: Einsatzbereiche für Prime/OS

über Experimente, die mit der Verwendung digitaler Technologien und Techniken sowie deren Auswirkungen zu tun haben. In der Experimentierphase sehen die Mitarbeiter, wie auf die Einführung der neuen Technologien reagiert wird und welche weiteren Anpassungen notwendig werden. Ziel einer Digitalisierung ist immer, entweder Prozesse zu optimieren oder einen höheren Nutzen für den Kunden zu schaffen. Als Leitplanken gelten die Grundlagenliteratur über Digitalisierung und Digitale Transformation sowie Strategieansätze wie zum Beispiel jener von Moore (2015) über Zone Management.

- Wenn Sie mit Prime/OS eine Kulturveränderung anstreben – etwa die Humanisierung der Arbeitswelt – werden Sie als Leitplanken neu erarbeitete Prinzipien oder Unternehmenswerte verwenden. Sie können natürlich auch auf Vorhandenes zurückgreifen, wie zum Beispiel die 31 Thesen für die Neue Wirtschaft (zu finden auf intrinsify.de) oder die BetaCodex-Prinzipien (betacodex.org/about/laws/). Die BetaCodex-Prinzipien bilden die Rahmenbedingungen in „OpenSpace Beta“, das auf Prime/OS bzw. OSA basiert (www.openspacebeta.com).
- Die Kraft, die ein Engagement Model wie Prime/OS für Kulturveränderungen entwickelt, können Sie auch einsetzen, um eine Innovationskultur zu schaffen. Parallel dazu kann ein schlagkräftiges Innovationsmanagement aufgebaut werden. Um Leitplanken für Innovationen zu entwickeln, könnten Sie zum Beispiel auf das Komponentenmodell für Kreativität von Amabile zurückgreifen (Amabile, Cont, Coon, Lazenby & Herron 1996). In der Experimentierphase haben die Mitarbeiter die Auswahl zwischen diversen Methoden für ihre aktuellen Produktideen. Eine umfangreiche Zusammenstellung solcher Methoden finden Sie in Aerssen & Buchholz (2018).
- Sie können Prime/OS einsetzen, um durch gemeinsame Ideenfindung und höheres Engagement zukunftstaugliches Wachstum zu erzeugen.
- Mit Prime/OS können Sie die Selbsterneuerung der Organisation unterstützen – ebenfalls ein wichtiger Baustein für die Zukunftsfähigkeit. Für Selbsterneuerung und Wachstum ist es schwierig, auf bestehende Leitplanken oder Prinzipien zurückzugreifen. Hier ist das Unternehmen gefragt, den Rahmen für die Veränderung vozugeben.
- Falls Sie mit Hilfe von Prime/OS Ihre Organisation resilienter machen wollen, könnten Sie für die Team-Resilienz die Resilienzfaktoren nach KANOSSA (Sasse 2018) nutzen und die ISO 22316 als Rahmen bzw. Leitplanken für die Organisationale Resilienz verwenden.

Wie lässt sich das Prinzip der Freiwilligkeit am Arbeitsplatz umsetzen?

Wirkliche, ehrliche Einladungen auszusprechen ist für die meisten Organisationen ungewohnt. Parallel zu den oben erwähnten Pilotprojekten können Sie damit beginnen, über das Thema „Freiwilligkeit in der Führung" nachzudenken. Was macht das mit Ihnen, was macht es mit Ihren Mitarbeitern? Setzen Sie gezielt kleine Experimente ein, um das Vertrauen zu gewinnen: Sprechen Sie echte Einladungen für Ihre Meetings aus und lernen Sie anhand der entstandenen Transparenz – wer kommt, wer kommt nicht? Diese Information zeigt Ihnen, wie Sie die Inhalte Ihrer Meetings, Ihre Einladungen und das Storytelling verbessern können, um mehr Menschen damit zu erreichen. Weiten Sie das Storytelling aus, um die Notwendigkeit der Veränderung zu unterstreichen und eine Aufbruchstimmung zu erzeugen. Das Beispiel mit den Einladungen zu Meetings zeigt: Für solche kleinen Veränderungen im Tagesgeschäft müssen Sie niemanden fragen, Sie benötigen nicht die Erlaubnis Ihrer Vorgesetzten. Dennoch haben die kleinen Veränderungen einen großen Einfluss auf die Kultur in Ihrer Organisation.

Daniel Mezick zeigt in seinem Buch „The Culture Game" eine ganze Reihe dieser kleinen Veränderungen auf, die Sie jederzeit umsetzen können und die eine Kultur langsam, aber deutlich in die Richtung einer agilen Organisation bewegen.

Entscheidend ist, dass Kommunikation und Handeln der Führungskräfte kongruent sind. Andernfalls geraten die Mitarbeiter in eine sogenannte Double-Bind-Situation, in der widersprüchliche Aufforderungen sie in eine Zwickmühle bringen. Dabei müssen nicht beide Aufträge offen kommuniziert worden sein (Ruesch, Bateson, Watzlawick & Simon, 2012). Ein Beispiel:

Die Führungskraft sagt, die Teilnahme am neu einberufenen Meeting sei vollkommen freiwillig (Botschaft 1). Gleichzeitig weisen aber Formulierung, Gestik, Mimik und Tonfall darauf hin, dass ein unentschuldigtes Fernbleiben sanktioniert wird (Botschaft 2).

Andere Double-Bind-Situationen wären es, wenn eine Führungskraft sagt: „Ihr müsst zu diesem Meeting nicht kommen, aber besorgt euch bitte die Informationen über alles, was besprochen wurde.“ Oder: „Wir müssen nicht viel Arbeit in dieses Thema stecken, aber ich will, dass es absolut perfekt wird!“

Double-Bind-Situationen entstehen auch, wenn zwar die Verantwortung für eine bestimmte Aufgabe übertragen wird, nicht aber die notwendigen Befugnisse für deren Erfüllung.

Solche Aussagen geschehen meistens sogar unbewusst, sie sorgen aber dafür, dass die Mitarbeiter auf gar keinen Fall die Aufforderungen erfüllen können, weil sie sich widersprechen. Schwierigkeiten dieser Art sollten alle Beteiligten offen und direkt ansprechen können.

Unglaubwürdige Parolen, abgehobener Optimismus sowie Experimente, die nicht authentisch zur Führungsperson passen, verunsichern die Mitarbeiter eher, als dass sie die Freiwilligkeit steigern. Nach Geyer & Kohlhofer (2008) beobachten Mitarbeiter intensiv, wie ihre Vorgesetzten mit Veränderungen dieser Art umgehen. Ein ehrlicher Umgang mit Emotionen, eigenen Bedenken und Grenzen verleiht den Führungskräften größere Glaubwürdigkeit und stärkt das Vertrauen. Nach Schiewek (2016) geht es darum, die eigene „moralische Sensibilität und ethische Reflexivität“ zu bewahren und auszudrücken.

Wie verfasst und versendet man gute Einladungen?

Wenn eine Führungskraft eine Einladung ausspricht, löst das bei den Empfängern und Empfängerinnen einen Entscheidungsprozess aus, denn ein Stück der Macht bzw. Kontrolle geht auf die eingeladene Person über. Dadurch entsteht eine stärkere innere Beteiligung, weil der Empfänger seine Aufmerksamkeit darauf lenken muss, sofern er die Einladung angemessen in Erwägung ziehen möchte. Wir versenden Einladungen, weil wir davon überzeugt sind, dass die besten Mitarbeiter für ein Vorhaben jene sind, die eine Einladung zur Mitgestaltung aus freien Stücken entweder annehmen oder ablehnen.

Nachhaltige, authentische agile und digitale Transformationen erfordern, dass Mitarbeiter in die Veränderung einbezogen werden und einladungsbasiertes Führen fördert das dafür notwendige hohe Level an Selbstorganisation und Beteiligung in der Organisation. Einladungsbasiertes Führen ist ein grundlegender Mechanismus, um Beteiligung und Selbstorganisation zu manifestieren.

Unterscheiden Sie aber unbedingt aufrichtige Einladungen von cleverer Manipulation. Wenn in einer Einladung eine subtile Erpressung mitschwingt, geht das meistens nach hinten los. Damit werden Sie keine langanhaltenden Ergebnisse und Unterstützung erreichen. Beobachten Sie sich daher selbst, wenn Sie eine Einladung verfassen: Wollen Sie die Mitarbeiter zu etwas zwingen, oder können Sie auch damit umgehen, wenn Mitarbeiter Ihre Einladung ablehnen? Denken Sie daran: Die meisten Mitarbeiter bemerken es sofort, wenn eine Einladung nicht aufrichtig ist.

Besonders wichtig ist beim Verfassen der Einladung, die Grenzen klar und eindeutig zu formulieren. Werden die Grenzen zu eng gesetzt, lassen sie keinen Freiraum und die Mitarbeiter dürfen keine eigenen Entscheidungen treffen. Sind die Grenzen zu weit gesteckt, fehlt die Orientierung und die Mitarbeiter können alle Entscheidungen selbst treffen. Die Bedingungen sind doppeldeutig, unausgesprochen oder unvollständig. Unklare Situationen führen häufig zu Stress und Chaos.

Wenn die Grenzen genau richtig gezogen werden, entsteht für die Mitarbeiter durch die Bedingungen der perfekte Freiraum und die Ruhe, um Entscheidungen treffen und kreativ sein zu können.

Die Empfänger einer Einladung müssen die folgenden Informationen direkt aus der Einladung entnehmen und verstehen können:

1. Das Ziel der Aktivität – was bringt es den Empfängern?
2. Die Bedingungen bzw. Spielregeln
3. Woran kann der Fortschritt festgemacht werden (zum Beispiel über den Fortschritt von Zeit, Aufgaben oder Abschnitten)
4. Die Teilnahme ist freiwillig

Wirkungsvolle Einladungen haben zusätzlich folgende Elemente:

- Die Einladung wird auf eine Art zugestellt bzw. ausgesprochen, die deutlich macht, dass es keinerlei Sanktionen gibt, wenn die Einladung abgelehnt wird (zum Beispiel über Einladungskarten oder Poster statt via E-Mail).
- Die Strukturierung der Einladung macht klar, zu welcher Aktivität eingeladen wird und zu welcher nicht.
- Grenzen und Einschränkungen, die genau richtig gezogen sind, um klar zu definieren, was diese Einladung anbietet (und nicht anbietet), um die Zielgruppe klar anzusprechen.

Die folgenden Einladungen erfüllen alle diese Anforderungen. Sie sind an jene Beispiele angelehnt, die Daniel Mezick in seinem Buch „Inviting Leadership“ verwendet.

Eine Einladung zu einem optionalen Meeting

Ein optionales Meeting ist eine gute Möglichkeit, um mit dem einladungsbasierten Führen zu beginnen. Damit senden Sie an die Mitarbeiter das Signal: „Ich traue euch zu, selbst beurteilen zu können, wie ihr eure Zeit am wertvollsten einsetzen könnt.“ Die optionale Teilnahme erhöht außerdem die Wahrscheinlichkeit, dass nur die wirklich interessierten Teilnehmer zur Besprechung kommen, und es fördert das Selbstmanagement. Natürlich können Sie auch explizit angeben, wer teilnehmen muss und wer teilnehmen kann. Hier finden Sie ein Beispiel dafür, wie so eine Einladung strukturiert sein könnte.

EINLADUNG: Optionales Verkaufstreffen

Besprechungsdetails und Tagesordnungspunkte

Einladender: Franz Müller
Moderator: Harry Smith
Datum und Uhrzeit: 18. Oktober, 10-12 Uhr

Betreff: Vertrieb
Zweck: Vertriebsmanagement (6-Monats-Prognosen)

Agenda:

- *Begrüßung*
- *Kurzer Überblick über die aktuellen Verkaufszahlen*
- *Prognosen (nächste 6 Monate)*
- *Voraussichtliche kurzfristige Abschlüsse (innerhalb der nächsten 30 Tage)*
- *Marketing-Update von Roland*
- *Engineering-Update von Johannes*
- *Diskussionen*
- *Planung der nächsten Schritte (nächste 60 Tage)*
- *Formaler Abschluss*

Folgende Personen werden dringend benötigt und müssen teilnehmen:

- *Roland Kurze (Sales Manager)*
- *Johannes Teicher (Leiter Entwicklung)*
- *Franz Müller – VP Marketing und Vertrieb (Einladender)*

Für alle anderen Eingeladenen ist dieses Treffen optional. Wenn Sie sich für eine Teilnahme entscheiden, beachten Sie bitte diese Regeln:

- *Nur eingeladene Personen können teilnehmen (wenn Sie in diesem Verteiler sind, können Sie frei wählen, ob Sie teilnehmen wollen)*
- *Das Meeting startet pünktlich (die Tür wird um 10:01 Uhr geschlossen)*
- *Halten Sie sich bitte an die Tagesordnung (oben aufgeführt)*
- *Nach 50 Minuten gibt es eine 10-minütige Pause*
- *Das Meeting endet pünktlich*

Eine Einladung an die Führungskräfte zum Erfahrungsaustausch

Veränderungen in einer Organisation erfordern die entsprechende Ausrichtung des gesamten Führungsteams. Eine gute Möglichkeit, um diese Ausrichtung anzustoßen, ist ein Workshop für das Führungsteam. Auch hier muss klar kommuniziert werden, dass die Teilnahme an dieser Veranstaltung optional ist. Solche Veranstaltungen können Ihnen helfen abzuschätzen, wie stark die Veränderung in der Führungsmannschaft unterstützt wird.

Sehen wir uns an, wie so eine Einladung ablaufen könnte: Nehmen wir an, Sie haben einen Workshop organisiert, der drei Stunden dauert. Diese Veranstaltung bietet viel praktische Erfahrung durch Gruppenübungen. Sie könnte aktivierende Lernspiele oder Simulationen enthalten wie zum Beispiel „Ball Point Game“, „Ubongo Flow Game“ oder „Lean Workflow Design Game“.

Nehmen wir außerdem an, dass die Veränderung der Dreh- und Angelpunkt für die Agilität eines ganzen Geschäftsbereichs ist, deren Leiter oder Leiterin Sie sind.

EINLADUNG: Business Agility

Liebe Kolleginnen und Kollegen,

um unserer Entschlossenheit zu einer agilen Wende in der Organisation Nachdruck zu verleihen, haben wir arrangiert, dass Jeff Sutherland (Erfinder von Scrum und Pionier der Agile Community) als Spezialgast zu uns kommen wird. Jeff wird einen interaktiven Workshop leiten, bei dem sich die Führungskräfte zu ihren Erfahrungen mit dem Thema Business Agility (Unternehmensagilität) austauschen können. Ich möchte dich herzlich zu diesem Workshop einladen. Die Details dazu findest du im Anhang.

Termin:	*18. März, 08:30 – 12:30 Uhr*
Thema:	*Business Agility – Was bedeutet das für unsere Organisation?*

Agenda:

08:30	*Begrüßung, Kaffee und Butterbrezeln*
09:00	*Schneller Überblick und Kleingruppenübung zum Thema Business Agility*
10:00	*Kaffeepause*
10:15	*Simulationsspiel mit der gesamten Gruppe zum Thema Business Agility*
12:15	*Feedbackrunde & Abschluss*
12:30	*Ende*

Unser Spezialgast und Moderator Jeff Sutherland hat Scrum in den 1990er-Jahren zusammen mit seinem Software-Entwicklungsteam bei der Easel Corporation in den USA entwickelt. Er ist Autor, Redner und international anerkannter Experte zum Thema Agile. Unternehmen wie Adobe, Cisco, Google, IBM oder Sony gehören zu seinen Referenzen.

Wir befinden uns aktuell an einem entscheidenden Punkt in unserer Entwicklung zur agilen Organisation. Vor uns liegen viele Herausforderungen und viele Möglichkeiten. Ziel dieser Veranstaltung ist es, diese Herausforderungen anzunehmen, das Führungsteam auszurichten, aufkommende Themen und Fragen zu adressieren. Wir stehen vor einem weiteren bedeutenden Schritt hin zu einer agilen Organisation.

Ich habe 40 Führungskräfte, Direktoren und Manager eingeladen, die einen Querschnitt durch unser Unternehmen repräsentieren. Wenn Sie weitere Führungskräfte, Direktoren und Manager aus unserer Organisation kennen, die mehr über die Beweglichkeit von Unternehmen erfahren möchten oder sollten, laden Sie diese gerne ein. Der Raum fasst über 60 Personen, für genügend Butterbrezeln und ausreichend Kaffee während des Workshops ist natürlich gesorgt.

Die Teilnahme an dieser Veranstaltung ist optional. Wenn Sie etwas anderes vorhaben, das derzeit wichtiger ist, verfolgen Sie bitte Ihre bestehenden Prioritäten. Wir senden Ihnen bereits jetzt – vier Monate im Voraus – diese

Einladung, damit Sie die Veranstaltung einplanen können, sofern Sie dabei sein möchten. Bitte senden Sie uns bis zum 16. März (zwei Tage vor der Veranstaltung) Ihre Zu- oder Absage, damit wir Getränke, Butterbrezeln und Sitzgelegenheiten entsprechend planen können.

Vielen Dank!

Alle Elemente einer guten Einladung sind in diesem Beispiel vorhanden:

- eine klare Beschreibung des Zwecks und der Ziele,
- klare Regeln,
- eine Agenda, die das Nachverfolgen der Fortschritte erleichtert, und
- die optionale Teilnahme.

Einladungen an Führungskräfte müssen nicht sachlich oder trocken sein, um zu wirken. Die Ziele, Regeln und die Messung der Fortschritte können auch im Plauderton beschrieben werden. Viel besser als sie besonders hervorzuheben und zu betonen, ist es, die Ziele, Regeln und Fortschrittsmessungen einfach klar zu benennen. Stellen Sie sicher, dass diese drei Elemente in Ihrer Einladung enthalten sind und machen Sie deutlich, dass es für die Empfänger keine Sanktionen gibt, wenn sie die Einladung ablehnen.

Eine Einladung an die Führungskräfte, den neuen Ansatz für ihre eigene Führungsarbeit zu nutzen

Unterstützung in der gesamten Organisation lässt sich oft erreichen, wenn das Führungsteam die angedachte Veränderung zunächst auf seiner eigenen Ebene implementiert. Damit sendet die Führungsebene ein wichtiges, entschlossenes Signal über seine Absichten in die Organisation.

Für die folgende Einladung gehen wir davon aus, dass bereits einige Aktivitäten zur Vorbereitung der Führungskräfte gesetzt wurden, die sehr positiv verlaufen sind. Nun ist es an der Zeit herauszufinden, wie es mit der Bereitschaft der Führungsspitze aussieht.

EINLADUNG: Führungskräfte gehen voran

Hallo zusammen!

Was ist agile Führung?
Wie hängt agile Führung mit unserer Absicht zusammen, ein Fundament für Business-Agilität in unserer gesamten Organisation zu schaffen?

Schnelle und dauerhafte Veränderung beginnt am besten mit dem Führungsteam. Wir haben in diesem Bereich bereits viel Arbeit geleistet und können jetzt weitere Möglichkeiten in Erwägung ziehen. Eine dieser Möglichkeiten ist es, einige Führungsteams agil arbeiten zu lassen. Wie Sie wissen, hat es sich bewährt, Änderungen vorab mit einer Reihe von Pilot-Teams auszuprobieren, direkte Erfahrungen zu sammeln und daraus zu lernen. Meiner Meinung nach ist es eine gute Idee, wenn tatsächlich einige der Führungsteams aus den Funktionsbereichen die ersten Pilot-Teams sind.

Es ist sehr wichtig, dass die Pilot-Teams zur Teilnahme an diesem Experiment bereit sind. Die Teilnahme ist zu 100 Prozent optional. Hier ist unser Angebot:

Für die Woche ab dem 10. Dezember haben wir einige Schulungen zu den neuen Praktiken geplant. Die ersten drei Teams aus diesem Verteiler, die sich zurückmelden, erhalten dieses Training. Das Training findet in sechs Wochen statt. Um planen zu können, benötigen wir daher von Ihnen eine Rückmeldung bis zum 20. November. Wenn Sie sich dafür entscheiden, mit Ihrer Gruppe an diesem Training teilzunehmen, verpflichten Sie sich dazu, die folgenden Rahmenbedigungen einzuhalten:

1. *Sie nehmen am Training vollzählig teil und beteiligen sich inhaltlich.*
2. *Sie arbeiten mit dem Berater zusammen, den wir beauftragt haben, um sich mit der neuen Arbeitsweise und den neuen Praktiken vertraut zu machen.*

3. *Sie werden eines jener Pilot-Führungsteams sein, die im Januar und Februar an einem Fundament für Business-Agilität in unserer Organisation arbeiten werden.*
4. *Sie nehmen in der ersten Märzwoche an einer Retrospektive (Lessons Learned) mit mir und allen anderen Teams teil.*

Wenn Ihre Gruppe eines der beschriebenen Pilot-Teams sein möchte, kontaktieren Sie mich bitte vor dem 20. November. Die Ergebnisse dieser Pilotierung werden wir dafür nutzen, um die nächsten Schritte zu gestalten, unsere Planung auszurichten und um unsere Herangehensweise an die Veränderung sozusagen im Vorwärtsgehen anzupassen.

Beste Grüße,
<Ihr Name hier>

Überlegen Sie im Vorfeld, wie eine solche Einladung aufgenommen werden wird. Besonders gut wird sie dann aufgenommen, wenn Ihr eigenes, unmittelbares Team selbst bereits die ersten Schritte gesetzt hat und mit gutem Beispiel vorangeht.

Eine Einladung an die Führungskräfte, ein Problem im Rahmen eines Open Space zu untersuchen

Sobald der Dialog über die Veränderung begonnen hat, werden einige Führungskräfte natürlich Einwände haben – davon können Sie ausgehen. Wichtig ist es, diese Einwände an die Oberfläche zu holen und zu verarbeiten. Das Open-Space-Format ist eine großartige Möglichkeit, dies zu tun.

EINLADUNG: Wie werden wir in Zukunft Entscheidungen treffen?

Hallo,

Im Rahmen unserer aktuellen Verbesserungsbemühungen haben wir schon einige wichtige Schritte gesetzt. Dazu zählen die intensiven Bemühungen, das Leadership in unserem Unternehmen an agilen Prinzipien und Praktiken auszurichten. Wir haben jedoch einige Hindernisse entdeckt, die uns im Weg stehen.

Eines davon ist die Wahrnehmung vieler Führungskräfte, dass unsere aktuellen Entscheidungsprozesse gut funktionieren und nicht geändert werden müssen. Das hindert uns am Vorwärtskommen. Wir wissen von unserem Berater Gerhard Wohland: Echte Veränderung bedeutet eine Änderung der Art und Weise wie Entscheidungen getroffen werden. Wir müssen unsere Art der Entscheidungsfindung anpassen, um unsere Abläufe in der Wertschöpfung, die Innovation und das Lernen im Unternehmen zu verbessern sowie eine höhere Kundenzufriedenheit zu erzielen.

Um dieses Thema als einheitliche Führungsmannschaft weiterzutreiben und an einer Lösung zu arbeiten, lade ich Sie zu einem Workshop für alle Führungskräfte ein. Wir werden diesen Workshop im Open-Space-Format durchführen. Der Workshop ist für den 18. Mai von 13 bis 16 Uhr geplant.

Das Thema ist „Wie werden wir in Zukunft Entscheidungen treffen?"

- *Können wir Fortschritte machen, ohne die Art und Weise zu verändern, wie wir Entscheidungen treffen?*
- *Sind wir mit einer Verbesserung von zehn bis 15 Prozent zufrieden?*
- *Schaffen wir es, dass sich Mitarbeiter auf jeder Ebene einbringen, wenn sie nicht selbst wenigstens ein paar der Entscheidungen treffen dürfen, die Einfluss auf ihre Arbeit haben?*
- *Wie können wir das verbessern?*

Dies sind einige der Fragen, die wir im Workshop stellen wollen und hoffentlich auch beantworten werden.

Sie sind nicht dazu verpflichtet, an diesem Workshop teilzunehmen. Sollten Sie großes Interesse an diesen Themen haben, hoffe ich natürlich, Sie dort zu sehen. Wir müssen daran arbeiten, weiter voranzukommen und uns weiter zu verbessern.

Das Workshop-Format wird ein sogenannter „Open Space" mit einem Thema sein. Die Agenda werden wir gemeinsam am Tag des Events entwerfen. Den ganzen Tag über werden verschiedene Sessions in einem offenen Dialog stattfinden. Mehr zum Open-Space-Format erfahren Sie hier: www.inviting-leadership.com/book/links/#what-is-ost

Das Ergebnis dieses Workshops werden die „Proceedings" sein – ein Dokument, das festhält, was in den einzelnen Sessions besprochen und gemacht wurde. Wir werden die Rückmeldungen aus diesen Proceedings verwenden, um festzulegen, was bei unserer Verbesserungsinitiative als Nächstes passieren wird.

Jede Führungskraft in unserem Unternehmen bekommt diese Einladung. Wenn es aus Ihrer Sicht weitere Personen gibt, die wir einladen sollten, schreiben Sie mir eine E-Mail oder kommen Sie bei mir vorbei – wir können dann gemeinsam festlegen, wen wir noch einladen werden.

Von hochrangigen Führungspersonen ausgesprochene Einladungen an andere Führende in der Organisation sind ein mächtiges Instrument, um die Stimmung, die Meinungen, das Tempo oder die „Schwingung" der Führungsmannschaft zu erfassen und darauf zu reagieren.

Eine Einladung, um Unterstützung und Engagement für die Veränderung zu erhalten

Geoffrey Moore, einer der größten Management-Vordenker, sagt über Veränderungen in Organisationen:

> *„Transformations can't be accomplished without others helping volountarily, & people don't help unless you engage them first."*
>
> *Geoffrey Moore, Autor von „Zone to Win"*

Eine Möglichkeit, um das Engagement von Menschen zu erhöhen, besteht darin, sie zum Mithelfen einzuladen. Um Verbesserungen zu erzielen, können Sie für Meetings „Facilitators" einsetzen. „Facilitation" kommt aus dem Englischen und bedeutet „Erleichterung" oder „Förderung". „Facilitatoren ermöglichen es den Beteiligten, an einem Prozess teilzunehmen, indem sie sie darin unterstützen, sich einzubringen. Sie erleichtern ihnen das Erkennen der eigenen Fähigkeiten und fördern diese hervor. [...] Sie nehmen wahr, spiegeln, fragen, geben Impulse, wecken innere Kräfte, öffnen Räume für Vertrauen, machen Handlungsangebote, gestalten Inszenierungen, verhelfen Lösungen ans Licht." (Zitat aus Beutelschmidt, Franke, Püttmann & Zuber, 2013).

In der folgenden Einladung wird das näher erklärt und der Empfänger wird dazu eingeladen zu helfen. Der Kontext dazu: Sie haben eine bestimmte Initiative im Sinn und suchen Freiwillige, die Sie dabei unterstützen, diese Initiative zu starten.

EINLADUNG: „Werden Sie helfen?"

Hallo,

Sie erhalten diese Nachricht als Einladung, mir und dem Team der Führungskräfte dabei zu helfen, im vierten Quartal bestimmte Ziele zu erreichen. Sind Sie dabei?

Wir suchen 12 Kolleginnen und Kollegen, die „Facilitation" erlernen und umsetzen möchten. Wir glauben, dass auf diese Weise unterstützte Meetings effizienter als normale Meetings sind – ja, diesen sogar überlegen sind. Anstatt externe Facilitator einzusetzen, wollen wir interne Facilitator ausbilden. Das sind die Gedanken dahinter:

1. *Facilitator aus einer Abteilung bieten ihre Dienste den Veranstaltern von Meetings in anderen Abteilungen an (Facilitator sind neutral und verhalten sich unparteiisch).*
2. *Diejenigen, die diese Aufgabe übernehmen, können sicher sein, dass ihr Terminkalender etwas entlastet wird, damit sie diese wichtige Aufgabe gut unterbekommen. Als Facilitator kann jeder unterhalb der Position des Abteilungsleiters arbeiten. Abteilungsleiter und Kollegen auf höheren Hierarchiebenen haben so weitreichende Befugnisse, dass es ihrer Neutralität und Effektivität als Facilitator im Wege stehen würde.*
3. *Nächsten Monat werden wir mit einem eintägigen Trainingsprogramm starten. Die ersten 12 Kolleginnen und Kollegen, die ihr Interesse bekunden, können an diesem Training teilnehmen.*
4. *Falls Sie Interesse bekunden, bedeutet dies eine Verpflichtung für zunächst sechs Monate. Ihr Vorgesetzter wird darüber informiert, dass Sie an dieser Initiative teilnehmen möchten. Er wird Ihren Kalender um zehn Prozent ausdünnen, damit Sie dieser Aufgabe nachkommen können. Sie werden also weiterhin 40 Stunden pro Woche arbeiten – zu 90 Prozent in Ihrem aktuellen Job und zu zehn Prozent in dieser neuen Rolle.*
5. *Aktuell entwickeln wir ein Online-Planungstool, mit dem Veranstalter von Meetings aus allen Abteilungen einen Facilitator aus einer anderen Abteilung finden und buchen könnnen.*
6. *Gegen Ende der sechs Monate werden wir alle Teilnehmer zu einem halbtägigen Workshop einladen, um über die Ergebnisse zu diskutieren und festzulegen, ob wir damit weitermachen.*

Mit diesem Experiment wollen wir unser Unternehmen dabei unterstützen, die Effektivität der internen Meetings zu verbessern.
Mehr zum Thema Facilitation erfahren Sie unter:
www.seedsforchange.org.uk/facilitationmeeting

Falls Sie den Versuch wagen möchten, melden Sie sich bitte bis spätestens 15. September, damit Sie an diesem Programm teilnehmen können.

Mit freundlichen Grüßen
<Name>

Mit einer solchen Einladung delegieren Sie faktisch ein Stück Macht an jene, die sich freiwillig melden – wenn auch nur temporär. Unumgänglich ist dabei, dass Sie die Rahmenbedingungen dieser Macht sehr bewusst und vorsichtig setzen und diejenigen, die die Einladung annehmen, in ihrem Wirken unterstützen.

(Anmerkung: „Fazilitierte" Meetings sind ein schneller Weg, um gute Ergebnisse zu erhalten. Wenn Meetings von einer vertrauenswürdigen Person „fazilitiert" werden, können Sie als Veranstalter oder Veranstalterin des Meetings Ihre Zeit auf das Zuhören und Beobachten verwenden und so die subtilen Signale der Teilnehmer wahrnehmen. Mehr dazu unter: www.invitingleadership.com/book/links/#facilitation)

Eine Einladung an die gesamte Organisation, ein Problem im Rahmen eines Open Space zu erkunden und zu lösen

Nachdem das Führungsteam erfolgreich vorbereitet worden ist, ist der nächste Schritt, eine breitere Beteiligung in der Planung und Entwicklung der beabsichtigten Veränderung zu erreichen. Auch dazu kann das vielseitige Format des Open Spaces als grundlegende Workshop-Struktur verwendet werden, um eine große, einladungsbasierte Veranstaltung durchzuführen, die sich auf ein Thema konzentriert und Engagement bei den Teilnehmern schafft.

EINLADUNG: „Was können wir in den nächsten 6 Monaten verbessern?“

Da unser Unternehmen daran arbeitet, anpassungsfähiger zu werden, müssen wir über neue Wege der Zusammenarbeit nachdenken. Wir müssen täglich auf Veränderungen bei unseren Kunden, in unserer Branche und in den Technologien reagieren. Unsere Kunden erwarten einen besseren Service. Unsere Wettbewerber werden immer besser und üben auf uns Druck aus, jeden Tag noch flexibler zu werden. Wir dürfen durch unser Wachstum nicht unsere Innovationsfähigkeit verlieren. Vor uns liegen viele Chancen, aber auch Bedrohungen.

Zwar wachsen unsere Märkte nach wie vor, aber kleinere, mit Risikokapital ausgestattete Wettbewerber, die nichts zu verlieren haben, zwingen uns, unsere Technologien und unseren Kundenservice anzupassen. Große, etablierte Wettbewerber festigen ihre Position und gewinnen Marktanteile. Um erfolgreich zu sein, müssen wir die besten Talente für uns gewinnen und an uns binden.

Keine einzelne Person oder Führungskraft hat die definitive Antwort auf diese Herausforderungen. Wir glauben jedoch daran, dass wir alle zusammen wissen, wie wir uns am besten verhalten.

In diesem Sinne lade ich Sie dazu ein, an einem großen gemeinsamen Open-Space-Workshop teilzunehmen und sich dort an Dialogen und Problemlösungen rund um diese Chancen und Bedrohungen einzubringen.

Das Ergebnis dieses Workshops wird ein Dokument sein – die Proceedings –, in dem niedergeschrieben ist, was während der einzelnen Sessions besprochen und gemacht wurde. Wir werden die Informationen und Rückmeldungen aus diesen Proceedings verwenden, um festzulegen, was im Rahmen unserer unternehmensweiten Verbesserungsinitiativen und auf unserem Weg zu echter Agilität als Nächstes passieren wird.

Dieser Workshop hat ein Thema, aber keine feste Agenda. Das Thema, das wir erforschen werden, lautet: „Was können wir in den nächsten 6 Monaten verbessern?"
Die Agenda werden wir gemeinsam am Tag des Workshops erstellen. Den ganzen Tag über werden verschiedene Sessions stattfinden, in denen ein offener Dialog geführt wird. Mehr über das Open-Space-Format finden Sie unter: www.openspaceagility.com/what-is-ost

Ich hoffe, Sie finden die Zeit, um an diesem Workshop teilnehmen zu können, der in sechs Wochen stattfindet – am Mittwoch, den 22. Februar.

Ich werde der Sponsor dieses Workshops sein. Der Berater Harrison Owen wird uns durch den Arbeitsprozess im Open Space führen.

Ich hoffe, wir sehen uns dort!

Warum sollte Agilität nicht mit einem klassischen Rollout-Plan eingeführt werden?

Natürlich können Sie das machen. In manchen Fällen ist es sogar besser, nach den Regeln eines klassischen Rollouts vorzugehen – nämlich dann, wenn das Unternehmen durch gesetzliche Vorgaben oder Marktbedingungen zu einer Veränderung gezwungen wird. So können Sie zum Beispiel die Umsetzung der europäischen Datenschutz-Grundverordnung (DSGVO) nicht einladungsbasiert zur Disposition stellen.

Davon abgesehen bringt die Einführung von Agilität nach dem Wasserfallansatz oder anhand eines Phasenplans einige Nachteile und Probleme. Eine Unternehmenstransformation ist ein unsicheres und ungewisses Vorhaben und wird durch seine Varietät schnell komplex (Ashby 1956). Nichts ist dynamischer oder unberechenbarer als die Menschen in einer Organisation, denn jede Veränderung geht mit vielen Emotionen einher.

Abbildung 66: Rollout Plan bei agilen Transformationen

Gerade bei der Einführung von Agilität lässt sich nicht vorhersagen, wie es gelingen wird und welche Ergebnisse langfristig erzielt werden können (Abbildung 66).

Ein Phasenplan erweckt den Eindruck, dass alle vollkommen damit einverstanden sein werden, ab wann welcher Bereich und welches Projekt agil zu arbeiten hat. Meistens werden die Betroffenen aber nicht einmal an der Planung beteiligt. Sie ziehen sich dann meist zurück, lehnen die Transformation ab oder fördern die Hindernisse.

Wir empfehlen deshalb, eine Transformation in Iterationen durchzuführen – in kleinen Schritten, die die Organisation verkraften kann. Jede Iteration sollte ein „SMART“ formuliertes Ziel haben: spezifisch, messbar, attraktiv, realistisch und terminiert. Innerhalb der Iterationen dürfen die Mitarbeiter agile Praktiken ausprobieren, bewerten, anpassen, etablieren oder verwerfen.

Bevor Sie also mit einer Unternehmenstransformation starten, sollten Sie feste Iterationszyklen zwischen 30 und 100 Tagen vereinbaren und bei diesem Rhythmus bleiben – dadurch wird die Veränderung berechenbarer. Wir empfehlen, jede Iteration mit einem Open Space abzuschließen, aber auch andere Meetingformate wie World Café, Lean Coffee, Dynamic Facilitation oder Appreciative Inquiry eignen sich gut.

In der ersten Phase der Transformation werden häufig Pilot-Teams gebildet. Es sind in der Regel bereitwillige Teams, die rundum von einem Berater betreut werden und von den zuständigen Führungskräften stark unterstützt werden. Der Enthusiasmus, die starke Unterstützung von allen Seiten und der direkte Zugriff auf diverse Wissensquellen machen diese Pilot-Teams fast immer erfolgreich. Wenn Sie nun weitere agile Teams bilden – also das Prinzip der Pilot-Teams skalieren wollen –, finden diese Teams nie wieder so ideale Bedingungen vor. Schnell werden Sie die ersten Widerstands-Teams finden, in denen die Anzahl jener Mitarbeiter dominiert, die keinen Bedarf an einer agilen Transformation sehen und nicht mit agilen Praktiken arbeiten wollen.

In vielen Unternehmen gibt es die Vorstellung, dass es in allen anderen Teams genauso gut funktionieren wird, wenn in einem Pilot-Team oder -Projekt erfolgreich agile Praktiken eingeführt werden konnten. Es wird auf die gleiche Art und Weise vorgegangen, es werden die gleichen Schulungsunterlagen eingesetzt, es werden die gleichen agilen Praktiken allen übergestülpt (meistens: „Scrum für alle!"). An jedes Team wird der gleiche Maßstab angelegt und natürlich werden die gleiche Motivation, die gleichen Kennzahlen und das gleiche Verbesserungspotential erwartet. Tatsächlich hat aber jedes Team ein anderes Umfeld und andere Rahmenbedingungen.

Manchmal können sich Verbesserungen im Team nach einiger Zeit wieder verflüchtigen. Während das Team in der Experimentierphase niedrigere Durchlaufzeiten für Aufgaben erreicht, können die Durchlaufzeiten danach wieder steigen. Dies kann unterschiedliche Gründe haben und es ist wichtig, genau auf Wartezeiten und Engpässe im Arbeitsprozess zu achten. Was genau passiert vor und nach der Arbeit des Teams im Wertstrom? Oft liegen die Engpässe außerhalb der im Experiment betrachteten Unternehmenseinheit oder die neue erhöhte Geschwindigkeit des Teams sorgt bei den danach folgenden Einheiten für Verstopfung. Während des Experiments erhält das Team hohe Aufmerksamkeit von angrenzenden Abteilungen und dem Management. Diese Aufmerksamkeit sorgt für hohe Motivation und Unterstützung durch alle Beteiligten, die nach der Experimentierphase wieder abflacht. Verschlechterungen nach der Experimentierphase sind häufig die Folge, wenn nur die Arbeitsorganisation und nicht das gesamte soziale System betrachtet werden (bekannt unter der Bezeichnung „Soziotechnischer Systemansatz" des Tavistock-Instituts).

Nach der Experimentierphase sind alle Personen im Unternehmen um einige Erfahrungen reicher, positive wie negative. Theoretisch müsste für jedes Team neu Maß genommen werden, so wie jeder Schneider bei jedem Kunden neu Maß nimmt. Aber dafür haben die Experten, Berater und Führungskräfte kaum Zeit. Es liegt also nahe, dass sich die Teams die Agilität selbst auf den Leib schneidern, zum Beispiel mit OSA als Engagement Model.

Wie lässt sich sicherstellen, dass die Organisation gestärkt aus der Veränderung hervorgeht?

Veränderungen verlangen von den Mitgliedern der Organisation immer Anpassungen. Wer sich nur schwer anpassen kann, die Notwendigkeit erst gar nicht wahrnimmt und auf Signale nicht reagiert, steht unter hohem Stress und zerbricht möglicherweise unter der Veränderung. Das gilt sowohl für jedes Mitglied der Organisation als auch für die Organisation als Ganzes.

So mancher Veränderungsprozess findet nicht langsam, kontinuierlich und inkrementell statt, sondern erwischt die Mitarbeiter radikal und eruptiv. OSA arbeitet mit einem kontinuierlich inkrementellen Ansatz, jedoch haben Plowman, Baker, Beck, Kulkarni, Solansky & Travis (2007) bereits ausführlich beschrieben, wie auch Veränderungen in kleinen Schritten zu einem radikalen Wandel führen können. Ein solcher Wandel wurde meistens nicht geplant und den meisten Mitgliedern der Organisation ist in diesen Fällen auch nicht bewusst, wohin die Reise gehen soll.

Probst & Raisch (2004) haben über hundert Krisenfälle in Organisationen analysiert und festgestellt, dass es meistens an den Faktoren Wachstumsrate, Kontrolle des Wandels, Loyalität der Mitglieder, Erfolgskultur und Machtstrukturen liegt, wenn Organisationen scheitern. Sowohl ein Zuviel als auch ein Zuwenig dieser Faktoren kann dazu führen, dass die Organisation ermüdet oder vorschnell altert. OpenSpace Agility wirkt diesen Problemen in mehreren Punkten entgegen:

- Grundsätzlich ist OSA darauf ausgelegt, in den „100 Tagen“ und danach kleine Experimente durchzuführen, statt in großen, komplexen Lösungen zu denken. Der Großteil der Organisation bleibt stabil und nur ein kleiner Teil unterzieht sich einem Wandel.
- OSA leitet einen kontinuierlichen inkrementellen Wandel ein und stärkt durch die wiederkehrenden Open Space Events die proaktive Haltung dem Wandel gegenüber. Im Rahmen der Open Spaces werden Signale reflektiert und möglichen radikalen Veränderungen wird durch frühzeitige kleinere Veränderungen der Wind aus den Segeln genommen. Nach Weick & Quinn (1999) ist genau so ein seicht eingeführter Wandel ein gutes Fundament, um einen radikalen Einschlag abzufedern.
- Bei OSA wird die Organisation durch die eigenen Mitglieder beobachtet und bewertet. Dadurch entsteht eine Haltung, bei der man die eigene Konstruktion der Wirklichkeit und somit auch die selbstgeschaffene Interpretation erkennt und kommuniziert.
- Sicherheits- und Risikomanagement rücken bei OSA in den Hintergrund, „Agilität und Non-Fragilität“ hingegen werden in den Vordergrund gestellt. Bei der Entwicklung einer Organisation ist Sicherheit eine instabile und trügerische Wahrnehmung, da sich die Unsicherheit nicht kontrollieren lässt. Ähnlich wie niemand das Wetter beeinflussen kann, sondern sich nur für schlechtes Wetter wappnen kann, können Sie Ihre Organisation auf den Umgang mit der Unsicherheit vorbereiten. Empfindliche, zerbrechliche Unternehmensbereiche sollten Sie vor radikalen Veränderungen noch stärker schützen. Hier steigt die Wahrscheinlichkeit auf Erfolg, wenn Sie in noch kleineren Schritten vorgehen. Lassen Sie die Mitarbeiter die Geschwindigkeit der Veränderung vorgeben – sie werden bereits ein gutes Gefühl dafür entwickelt haben.

Wie viele Open Spaces muss die Organisation durchlaufen?

Wir haben schon einige Male gelesen, dass Transformationen in wenigen Tagen möglich seien. Für eine nachhaltige Transformation kann das nicht zutreffen, da die beharrliche Konfrontation mit der Vision der Transformation immer wieder notwendig ist. In vielen Unternehmen wird der Fehler gemacht, dass die Veränderung nach den ersten positiven Ergebnissen nicht weiter beobachtet und angetrieben wird. Die Folge ist, dass die Mitarbeiter eine „Bend and wait“-Mentalität entwickeln: zurücklehnen, warten bis die Veränderungsinitiative vorbei ist, und danach so weitermachen wie zuvor.

Diese Gefahr besteht vor allem in Organisationen, in denen eine Veränderungsmaßnahme losgeht, noch bevor eine andere abgeschlossen wurde – das macht die Mitarbeiter veränderungsmüde. Wenn Sie feststellen, dass zwischen den Open Space Events kaum Experimente durchgeführt werden und wenig Engagement spürbar ist, kann eine Ermüdung die Ursache dafür sein. Häufig werden Veränderungen schneller beschlossen, als die Mitarbeiter diese umsetzen können, oder es gibt Gerüchte über die Veränderungen, bei denen die Ernsthaftigkeit in Frage gestellt wird. Auch fehlendes Commitment der Führungskräfte kann eine Ursache sein. Sichtbar wird das daran, dass Veränderungen immer wieder von den Führungskräften in Frage gestellt werden. Wenn der Sponsor und die Führungskräfte die Ernsthaftigkeit der Veränderung nicht stark genug betonen und keine glaubwürdige innere Haltung vermittelt wird, müssen meistens mehrere Schleifen gedreht werden. Nur wenn Sponsor und Führungskräfte bei sich selbst beginnen, wird der „Sense of Urgency“ allen Mitgliedern der Organisation bewusst. Im Rahmen der wiederkehrenden Open Spaces und über die üblichen Kommunikationskanäle können sie allen Mitarbeitern deutlich machen, dass inoffizielle Abkürzungen und das Verheimlichen negativer Entwicklungen in den einzelnen Bereichen nicht erwünscht sind. Es muss klar werden, dass es ausdrücklich erwünscht ist, solche Bewegungen transparent zu machen. Veränderungsprozesse dieser Art brauchen ständige Energiequellen, um

Abbildung 67: Wiederkehrende Open Space Events

die Fluchtgeschwindigkeit aufrecht zu erhalten. Diese Energiequelle wird kontinuierlich gespeist, wenn die Mitarbeiter im Rahmen der wiederkehrenden Open Spaces erfahren, dass nach und nach immer mehr selbstgesteckte Ziele erreicht werden (Abbildung 67).

Sie können die Open Spaces auch als nachhaltige Lernschleifen betrachten, die „Bulimie-Lernen" vermeiden. Dieser Begriff stammt aus dem schulischen Umfeld und bedeutet, sich vor einer Prüfung in kürzester Zeit sehr viel Wissen anzueignen und nach der Prüfung alles sofort wieder zu vergessen. Genau das will man im Unternehmen vermeiden, denn es wäre nur eine Befriedigung der Wünsche des Managements und würde den Mitarbeitern keinen Mehrwert bringen.

Woran kann eine Transformation doch noch scheitern?

OpenSpace Agility setzt auf intensive Kommunikation, Interaktion und Beteiligung aller Mitarbeiter von Anfang an. Somit ist der wichtigste Schlüsselfaktor durch eine gute Umsetzung von OpenSpace Agility erfüllt. Mit einer klaren Formulierung des Mottos für jeden Open Space flankieren Sie die Veränderung ausreichend. Zu diesem Zweck hat das Management im Workshop die Vision hinter der Strategie genau analysiert. OpenSpace Agility bietet als Engagement Model gute handlungsleitende Regeln. Da die beteiligten Mitarbeiter die nächsten Schritte und Experimente selbst vorschlagen, werden sie nicht den Eindruck gewinnen, dass die Strategie nicht mit ihren eigenen Zielen zu vereinbaren ist. Jene Mitarbeiter, die sich selbst ausschließen, können diesen Eindruck jedoch immer noch gewinnen. Es kann auch passieren, dass Mitarbeiter das Gefühl haben, ihre Kompetenzen würden für die Umsetzung der Experimente nicht ausreichen oder das Umfeld – zum Beispiel die Konkurrenz – werde die Transformation zum Scheitern bringen. Wenn die Mitarbeiter spüren, dass die agile Transformation vom Sponsor und den Führungskräften nur halbherzig verfolgt wird, werden Motivation und Mut schnell verschwinden. Das passiert immer dann, wenn sich nur wenige Vertreter des Top-Managements an der Transformation aktiv beteiligen und die Transformation nicht konsequent reflektiert wird.

Der einladungsbasierte Ansatz hilft dabei, dass die Mitarbeiter sich nur so viel vornehmen, wie sie auch schaffen können. Da die Transformation nicht am Wunschdenken abgehobener Berater oder des Top-Managements ausgerichtet wird, ist die Gefahr sehr gering, dass sich die Organisation mit der Transformation übernimmt. Ein Burnout, eine Erschöpfung der Beteiligten oder der gesamten Organisation ist damit unwahrscheinlich. Vor einem Stolpern oder Scheitern der Transformation ist man dennoch nie gefeit. Es wäre vermessen, das Gegenteil zu behaupten.

Ihre Frage fehlt hier?

Schicken Sie Ihre Frage an info@os-agility.de und wir antworten. Vielleicht finden Sie Ihre Frage und die entsprechende Antwort dann in der nächsten Auflage dieses Buchs.

Über die Autoren

Daniel Mezick (OSA Certified Trainer)

Daniel Mezick ist Autor, Management Coach, Agile Coach und Keynote-Speaker. Er hat OpenSpace Agility erarbeitet. Er ist Autor von „The Culture Game", einem Buch, in dem er 16 Muster des Gruppenverhaltens beschreibt, die jedem Team dabei helfen können, klüger zu werden. Das Buch basiert auf fünf Jahren Erfahrung im Coaching von 119 agilen Teams in 25 Organisationen. Zu Daniels Kunden gehören unter anderem CapitalOne, INTUIT, The Hartford, Cigna, SIEMENS Healthcare, die Harvard University und viele kleinere Unternehmen.

Daniel lebt in Guilford, Connecticut, USA.

Web: www.DanielMezick.com
E-Mail: dan@newtechusa.net

Joachim Pfeffer (OSA Certified Trainer)

Joachim Pfeffer ist Unternehmensberater und agiler Coach. Nach über zehn Jahren in der Produktentwicklung (Software, Elektronik, Mechanik) und sieben Jahren Beratungspraxis in Entwicklungs- und Dienstleistungsprozessen beschäftigt sich Joachim heute hauptsächlich mit der Einführung von Lean/Agile in der Embedded- und Mechanik-Entwicklung sowie in administrativen Prozessen. Sein besonderes Augenmerk liegt dabei auf der ökonomischen Optimierung von Entwicklungsprojekten. Als Inhaber einer Berufspilotenlizenz überträgt er Teamkonzepte aus der Luftfahrt auf das Management und Entwicklungsteams.

Joachim ist erfahrener Open Space Facilitator und setzt bei der Organisationsentwicklung auf Transparenz und Freiwilligkeit. Seit 2017 arbeitet er mit Miriam Sasse und Daniel Mezick zusammen, um das Thema OSA in Deutschland zu verbreiten. Gemeinsam mit Miriam hat er auch das erste deutschsprachige Buch zum Thema OpenSpace Agility geschrieben.

Joachim lebt in Wangen im Allgäu, Deutschland.

Web: joachim-pfeffer.com
E-Mail: joachim@os-agility.de

Deborah Pontes (OSA Certified Trainer)

Deborah Pontes ist Leiterin der agilen Transformation bei der QuickBase-Sparte von INTUIT. Sie führt nachhaltige Organisationsveränderungen durch die Stärkung von Teams und erhöhte Transparenz an.

Ihre Leidenschaft ist es, Ziele aufeinander abzustimmen und ein gemeinsames Verständnis über den aktuellen Zustand zu schaffen. Sie strebt danach, leicht zugängliche und verwertbare Informationen zum Rückgrat der Organisationskultur zu machen.

Deborah hat sich in ihrer Karriere auf die Software-Industrie konzentriert. In den letzten Jahren hat sie sich der Aufgabe gewidmet, die Arbeit agiler Teams bei CIDC, PerkinElmer und INTUIT durch einladungsbasierte agile Praktiken zu verbessern.

Deborah lebt in Boston, Massachusetts, USA.

Web: www.openspaceagility.com/consulting/
E-Mail: dpontes09@gmail.com

Dr. Miriam Sasse (OSA Certified Trainer)

Dr.-Ing. Miriam Sasse hat sich nach ihrem Studium des Wirtschaftsingenieurwesens und der Psychologie auf die Selbstoptimierung von Projektteams und Arbeitsprozessen spezialisiert. Sie ist zertifizierter Business Coach und hat Teams aus den unterschiedlichsten Bereichen bei der Umsetzung von Projekten begleitet. Seit 2017 arbeitet sie als Agile Coach und Change Agent für die Agile Transformation in verschiedenen Unternehmenseinheiten des Bertelsmann Konzerns. Neben dieser hauptberuflichen Tätigkeit ist sie Rednerin, Regionalgruppenleiterin der GPM (Gesellschaft für Projektmanagement), Lehrbeauftragte an verschiedenen Hochschulen und bietet externe Trainings an.
Ihr Schwerpunkt liegt darauf, psychologische Sichtweisen und Techniken für Ingenieure verständlich und anwendbar zu gestalten. Sie nutzt vor allem den Ansatz des Schema-Coachings, um Denk- und Handlungsmuster nachhaltig zu verändern, zum Beispiel für die Anwendung im Kontext von Resilienz-, Krisen- und Change Management – in klassischen Projekten, für agile Teams und bei Transformationen.

Miriam lebt in Paderborn, Nordrhein-Westfalen, Deutschland.

Web: www.miriamsasse.de
E-Mail: mail@miriamsasse.de

Mark Sheffield (OSA Certified Trainer)

Mark Sheffield ist agiler Coach, IT-Berater und Open Space Facilitator. Seine besondere Stärke ist es, ein Umfeld aus klaren Zielen, klaren Regeln, deutlichem Feedback und freiwilliger Teilnahme zu schaffen und dadurch das Engagement bei der Einführung von Agilität zu erhöhen. Er konzentriert sich nicht auf ein spezielles Rahmenwerk, sondern lädt Teams dazu ein, mit agilen Praktiken zu experimentieren und sich dabei an die Werte und Prinzipien des Agilen Manifests zu halten.

Mark hat mehr als acht Jahre Erfahrung mit agilen Ansätzen und ist zertifizierter Scrum Master und Product Owner bei der Scrum Alliance. Er hat über 20 Jahre Berufserfahrung in der IT, darunter in der Softwareentwicklung, im Management von Firewalls und im elektronischen Datenaustausch.

Mark lebt in High Point, North Carolina, USA.

Web: www.marksheffield.com
E-Mail: mark@marksheffield.com

Harold Shinsato (OSA Certified Trainer)

Harold Shinsato ist Mentor für agile Coaches und ein Kultur-Hacker. Als Geschäftsführer des „Montana Agile Culture House“ hat er in West Montana Kulturveränderungen durch den Einsatz von Open Space Technology und andere davon abgeleitete Unkonferenz-Formate unterstützt.

Mit Hilfe von Open Space hat Harold den Kulturwandel unter anderem bei SAP, INTUIT, Capital One, den MIT Medicine Hackathons und der Universität von Montana unterstützt. Er ist „Associate Certified Coach“ bei der „International Coaching Federation“, hat viele Jahre Erfahrung mit der Durchführung von Open Space Events und gehört zum Vorstand des „Open Space Institute“.

Harold hat mehr als ein Jahrzehnt Erfahrung mit agilen Arbeitsweisen, etwa mit der Einführung von „eXtreme Programming“ bei Software-Teams und der Arbeit als Scrum Master. Er war Vortragender bei vielen Konferenzen zum Thema Agilität, unter anderem bei der „Agile 2011“, der „Agile CultureCon“ und der „Agile Open“ und hat mehrere Trainings bei den „Agile Learning Labs“ und dem „Agile Coaching Institut“ gehalten.

Daniel Mezick hat Harold persönlich ausgebildet, ihn als Mentor begleitet und in vielen Projekten mit ihm zusammengearbeitet.

Harold lebt in Missoula, Montana, USA.

Web: www.shinsato.com
E-Mail: harold@shinsato.com

Louise Kold-Taylor (OSA Certified Trainer)

Louise Kold-Taylor ist Teil eines Partner-Netzwerks, das Einzelpersonen, Teams und Organisationen bei der Agilen Transformation unterstützt. Dabei setzt sie auf Ansätze aus dem Coaching, der Team Facilitation, dem Organisieren von Communities und der Organisationsentwicklung.

Louise hat einen Master in Ingenieurwissenschaften und hat darüber hinaus Zertifikate als Lebensberaterin, Teamcoach, Scrum Master, Agile Facilitator und OpenSpace Agility Trainerin. Derzeit macht sie ihren Master in „Human Systems Intervention" an der Concordia Universität. Bevor sie Coach wurde, hat Louise acht Jahre in der biomedizinischen Forschung und in der Stadtplanung gearbeitet.

Durch ihre Fürsorge und den Respekt für die Menschen, die sie coacht, fühlt sich ein Coaching mit Louise oft wie eine wunderbare Begegnung mit einem Freund an. Sie hat ein besonderes Talent darin, Menschen im Umgang mit Komplexität zu unterstützen und mit ihnen Perspektiven zu entwickeln, die Leichtigkeit, Freude und gesunden Menschenverstand in die Zusammenarbeit von Teams und in die Organisationskultur bringen.

Louise lebt in Montreal, Kanada, und Kopenhagen, Dänemark.

Web: www.lentascoaching.com
E-Mail: louise@lentascoaching.com

Literatur

Hinweis von Daniel Mezick: Das bei weitem wichtigste Buch in dieser Liste ist „SPIRIT: Development and Transformation in Organizations“ von Harrison Owen. Es ist frei verfügbar unter www.openspaceworld.com/Spirit.pdf

Aerssen, B. & Buchholz, Ch. (2018). *Das große Handbuch Innovation: 555 Methoden und Instrumente für mehr Kreativität und Innovation im Unternehmen.* München: Vahlen.

Amabile, T. M., Conti, R., Coon, H., Lazenby, J. & Herron, M. (1996). Assessing the Work Environment for Creativity. *Academy of Management Journal,* 39. Jg. (5), 1154-1184.

Anderson, D. J. (2011). *Kanban: Evolutionäres Change Management für IT-Organisationen.* Heidelberg: dpunkt.verlag.

Ashby, W. R. (1956). *An introduction to Cybernetics.* London: Chapman & Hall.

Becker, M. & Labucay, I. (2012). *Organisationsentwicklung: Konzepte, Methoden und Instrumente für ein modernes Change Management.* Stuttgart: Schäffer-Poeschel.

Beutelschmidt, K., Franke, R., Püttmann, M. & Zuber, B. (2013). *Facilitating Change: Mehr als Change-Management: Beteiligung in Veränderungsprozessen optimal gestalten.* Langensalza: Beltz.

Bion, W. R. (1961). *Experiences in Groups: and Other Papers.* London: Tavistock Publications.

Birkenbihl, V. F. (2001). *Story Power: Welchen Einfluss Stories auf unser Denken und Leben haben.* München: mvg Verlag.

Boerner, S. (1994): *Die Organisation zwischen offener und geschlossener Gesellschaft – Athen oder Sparta?* Berlin: Duncker & Humbolt.

zur Bonsen, M. (1998). Mit der Konferenzmethode Open Space zu neuen Ideen. *Harvard Business Manager,* 20 (3), 19-26.

Boogers-van Griethuijsen, A. I., Emans, B. J. M., Stroker, J. I. & Arndt, M. (2006). Twelve foundations for the power position of consultants. In Vigoda-Gadot, E. & Drory, A. (Hrsg.), *Handbook of organizational politics* (S. 313-327). Cheltenham: Edward Elgar.

Booth, S. L., & Meadows, D. L. (2010). *The Systems Thinking Playbook: Exercises to Stretch and Build Learning and Systems Thinking Capabilities.* White River Junction: Chelsea Green Publications.

Bouwen, R. & Fry, R. (1996). Facilitating group development: Interventions for a relational and contextual construction. In: West, M. A. (Hrsg.), *Handbook of work group psychology* (S. 531-552). Chichester: John Wiley & Sons.

Caldwell, D. F., Chatman, J. A. & O'Reilly, C. A. (1990). Building organizational commitment: A multifirm study. *Journal of Occupational Psychology*, 63, 245-261.

Cialdini, R.B. (2001). *Influence: Science and practice.* Boston: Allyn & Bacon.

Cockburn, A. (2007). *Agile Software Development: The Cooperative Game* (2. Aufl.). Upper Saddle River: Addison-Wesley.

Csikszentmihalyi, M. (1990). *Flow: The Psychology of Optimal Experience.* New York: Harper & Row.

Daum, A. & Lapp, A. (2012). Open Space – Freiraum für kreative Lösungen. *Projekt-Magazin* 03/2012.

Denning, S. (2005). *The Leader's Guide to Storytelling: Mastering the Art and Discipline of Business Narrative.* New York: John Wiley & Sons.

Doppler, K. & Lauterburg, C. (2014). *Change Management: Den Unternehmenswandel erfolgreich gestalten* (13. Aufl). Frankfurt a. M.: Campus.

Dievernich, F. & Wolf, P. (2013). Beratung außer-ordentlich. In Vogel, M. (Hrsg.), *Organisation außer Ordnung* (S. 246-261). Göttingen: Vandenhoeck & Ruprecht.

Fowler, M. (2006). *AgileImposition.* Verfügbar unter ww.martinfowler.com/bliki/AgileImposition.html [01.10.2018].

Gebert, D. (1974). *Organisationsentwicklung – Probleme des geplanten organisatorischen Wandels.* Stuttgart: Kohlhammer.

Gebert, D. (1976). *Zur Erarbeitung und Einführung einer neuen Führungskonzeption: Theorie und Empirie.* Berlin: Duncker & Humblot.

Gebert, D. & Boerner, S. (1999). Krisenmanagement durch Vertrauen? Zur Problematik betrieblicher Öffnungsprozesse in ökonomisch schwierigen Situationen. In Freimuth, J. (Hrsg.), *Die Angst der Manager* (S. 137-161). Göttingen: Hogrefe.

Geyer, G. & Kohlhofer, I. (2008). Emotionen in M&A Projekten: Öl oder Sand im Getriebe. *Zeitschrift OrganisationsEntwicklung* Nr. 3/2008, 31-37.

Gharajedaghi, J. (2005). *Systems Thinking: Managing Chaos and Complexity – A Platform for Designing Business Architecture* (2. Aufl.). Oxford: Butterworth-Heinemann.

Glasl, F., Kalcher, T. & Piber, H. (2014). *Professionelle Prozessberatung. Das Trigon-Modell der sieben OE-Basisprozesse.* Bern: Haupt/Freies Geistesleben.

Godin, S. (2008). *Tribes: We need you to lead us.* New York: Portfolio.

Grawe, K. (2000). *Psychologische Therapie* (2. Aufl.). Göttingen: Hogrefe.

Greif, S. & Kurtz, H.-J. (1996). *Handbuch selbstorganisiertes Lernen* (2. Aufl.). Göttingen: Verlag für angewandte Psychologie.

Greif, S. (2008). *Coaching und ergebnisorientierte Selbstreflexion: Theorie, Forschung und Praxis des Einzel- und Gruppencoachings.* Göttingen: Hogrefe.

Hamel, G. (1998). Strategy Innovation and the Quest for Value. *Sloan Management Review*, 39 (4), 7-14.

Hauser, M. (2010). 5 Schritte zu einem soliden Geschäftsplan. *Controller Magazin*, September/Oktober 2010, 34-36.

Herrmann C. (2010). *Ganzheitliches Life Cycle Management.* Heidelberg: Springer.

Hsieh, T. (2010). *Delivering Happiness: a Path to Profits, Passion, and Purpose.* New York: Business Plus.

ISO 22316:2017. *Security and resilience: Organizational resilience – Principles and attributes.*

Jeschke, K. (2007). Das Beziehungsmanagement professioneller Dienstleistungsunternehmen. In Gouthier, M., Coenen, C., Schulze, H. & Wegmann, C. (Hrsg.), *Service Excellence als Impulsgeber.* Wiesbaden: Gabler.

Kaduk, S., Osmetz, D., Wüthrich, H.A. & Hammer, D. (2013). *Musterbrecher: Die Kunst, das Spiel zu drehen.* Hamburg: Murmann Publishers.

Klandermans, B. (1997). *The social psychology of protest.* Oxford: Blackwell.

Kline, P., & Saunders, B. (1998). *Ten Steps to a Learning Organization* (2. Aufl.). Arlington: Great Ocean.

Kotter, J. P. (2011). *Leading Change. Wie Sie Ihr Unternehmen in 8 Schritten erfolgreich verändern.* München: Vahlen.

Lasko, W. W. & Seim, I. (1999). *Die WOW-Präsentation: 72 Storys und Zitate für Ihren mitreißenden Auftritt.* Wiesbaden: Gabler.

Lazarsfeld, P. F., Berelson, B. & Gaudet, H. (1944). *The People's Choice: How the Voter makes up his mind in a presidential campaign.* New York: Duell, Sloan and Pearce.

Lewin, K. (1947). Frontiers in Group Dynamics II: Channels of Group Life - Social planning and Action research. *Human Relations*, 1 (2), 143-153.

Lewin, K. (1963). Geplante Veränderungen als Dreischritt: „Auflockern, Hinüberleiten und Verfestigen eines Gruppenstandards": Gleichgewichte und Veränderungen in der Gruppendynamik. In D. Cartwright (Hrsg.), *Feldtheorie in den Sozialwissenschaften, Ausgewählte theoretische Schriften* (S. 262 f.). Bern: Hans Huber.

Lipmanowicz, H. & McCandless, K. (2014). *The Surprising Power of Liberating Structures –*

Simple Rules to Unleash a Culture of Innovation. Liberating Structures Press.

Logan, D., King, J. P., & Fischer-Wright, H. (2008). *Tribal Leadership: Leveraging Natural Groups to Build a Thriving Organization.* New York: Collins.

Margolis, M. (2009). *Believe Me: Why Your Vision, Brand, and Leadership Need a Bigger Story.* New York: Get Storied.

May, M. E. (2009). *In Pursuit of Elegance: Why the Best Ideas Have Something Missing.* New York: Broadway.

May, M. E. (2011). *The Shibumi Strategy: a Powerful Way to Create Meaningful Change.* San Francisco: Jossey-Bass.

McGonigal, J. (2011). *Reality Is Broken: Why Games Make Us Better and How They Can Change the World.* New York: Penguin.

Mezick, D. (2012). *The Culture Game: Tool for the Agile Manager.* Freestanding Press.

Mintzberg, H., Ahlstrand, B. & Lampel, J. (2009). *Strategy Safari – The Complete Guide through the Wilds of Strategic Management* (2. Aufl.). North York: Pearson Education Limited.

Moore, G. A. (2015). *Zone to Win: Organizing to Compete in an Age of Disruption.* New York City: Diversion Books.

Nagel, R. & Wimmer, R. (2014). *Systemische Strategieentwicklung: Modelle und Instrumente für Berater und Entscheider* (6. Aufl.). Stuttgart: Schäffer-Poeschel.

Nauheimer, H. (2005). *Open Space Technology: New Stories from the field.* Verfügbar unter http://ncdd.org/rc/wp-content/uploads/2010/06/OST_StoriesFromField.pdf [28.10.2018].

Neumann, G. A., Edwards, J. E. & Raju, N. S. (1989). Organizational development interventions: A metaanalysis of their effects on satisfaction and other attitudes. *Personnel Psychology*, 42, 461-489.

Nöllke, M. (2002). *Anekdoten, Geschichten, Metaphern für Führungskräfte.* Freiburg: Haufe.

Owen, H. (1987). *Spirit: Transformation and Development in Organizations.* Potomac: Abbott Publishing.

Owen, H. (2000). *The Power of Spirit: How Organizations Transform.* San Francisco: Berrett-Koehler.

Owen, H. (1999). *The Spirit of Leadership: Liberating the Leader in Each of Us.* San Francisco: Berrett-Koehler.

Owen, H. (2008). *Wave Rider: Leadership for High Performance in a Self-organizing World.* San Francisco: Berrett-Koehler.

Owen, H. (2008). *Open Space Technology: a User's Guide* (3. Aufl.). San Francisco: Berrett-Koehler.

Pfeffer, J. & Sasse, M. (2018). *OpenSpace Agility kompakt: Mit Freiraum und Transparenz zur echten agilen Organisation.* Wangen im Allgäu: peppair.

Plowman, D. A., Baker, L. T., Beck, T. E., Kulkarni, M., Thomas Solansky, S. & Villarreal Travis, D. (2007). Radical Change Accidentally: the emergence and amplification of small change. *Academy of Management Journal*, 50 (3), 515-543.

Porras, J. I. (1979). The comparative impact of different OD techniques and interventions intensities. *The Journal of Applied Behavioral Science*, 15, 156-178.

Probst, G.; Raisch, S.(2004). Die Logik des Niedergangs. *Harvard Business Manager*, März 2004, 37-45.

Reinertsen, D. G. (2009). *The Principles of Product Development Flow: Second Generation Lean Product Development.* Redondo Beach: Celeritas.

Ruesch, J., Bateson, G., Watzlawick, P. & Simon, F. B. (2012). *Kommunikation – die soziale Matrix der Psychiatrie* (2., korr. Aufl.). Heidelberg: Carl Auer.

Sasse, M. (2018). Wie bleibt mein Team auch in kritischen Situationen handlungsfähig? – Die Faktoren der Resilienz nach KANOSSA; Teil 1: Die Resilienz des Teams bewerten mit dem KANOSSA-Test. *ProjektMagazin*, 21/2018.

Sasse, M. (2018). Wie bleibt mein Team auch in kritischen Situationen handlungsfähig? – Die Resilienz im Team erhöhen; Teil 2: Die Resilienz kurz- und langfristig stärken. *ProjektMagazin*. 22/2018.

Scharmer, C. O. (2011). *Theorie U – Von der Zukunft her führen.* Heidelberg: Auer.

Schein, E. H. (1999). *The corporate culture survival guide: sense and nonsense about culture change.* San Francisco: Jossey-Bass.

Scheller, T. (2017). *Auf dem Weg zur agilen Organisation: Wie Sie Ihr Unternehmen dynamischer, flexibler und leistungsfähiger gestalten.* München: Vahlen.

Schiewek, W. (2016). Ethische Dimensionen der Stabsarbeit. In G. Hofunger & R. Heimann (Hrsg.), *Handbuch Stabsarbeit: Führungs- und Krisenstäbe in Einsatzorganisationen, Behörden und Unternehmen* (S. 23-29). Berlin: Springer.

Schmidt, G., Dollinger, A. & Müller-Kalthoff, B. (2011). *Gut beraten in der Krise: Konzepte und Werkzeuge für ganz alltägliche Ausnahmesituationen.* Bonn: managerSeminare.

Schreyögg, G. & Noss, C. (1995). Organisatorischer Wandel: Von der Organisationsentwicklung zur Lernenden Organisation. *Die Betriebswirtschaft*, 55, S. 169-185.

Schreyögg, A. (2002). *Konfliktcoaching.* Frankfurt: Campus.

Seligman, M. & Csíkszentmihály, M. (2000). Positive psychology: an introduction. *American Psychologist*, 55 (3), 111-122.

Senge, P. M. (1990). *The Fifth Discipline: the Art and Practice of the Learning Organization.* New York: Doubleday/Currency.

Sinek, S. (2009). *Start with Why: How Great Leaders Inspire Everyone to Take Action.* New York: Penguin Group.

Stajkovic, A. D. & Luthans, F. (1997). A meta-analytic review of the effects of organizational behavior modification on task performance 1975-1995. *Academy of Management Journal*, 40, 1122-1149.

Thomas, D., & Brown, J. S. (2011). *A New Culture of Learning: Cultivating the Imagination for a World of Constant Change.* Lexington: CreateSpace.

Tuckman, B. & Jensen, M.A.C.(1977). Stages of small group development revisited. *Group and Organizational Studies*, 2, 419–427.

Turner, V. (2001) *From Ritual to Theatre: The Human Seriousness of Play.* New York: PAJ Publications.

Weick, K. E. & Quinn, R. E. (1999). Organizational change and development. In: *Annual Review of Psychology*, 50 (3), 361-386.

Wilber, K. (2001). *Ganzheitlich handeln – eine integrale Vision für Wirtschaft, Politik, Wissenschaft und Spiritualität.* Freiamt: Arbor Verlag.

Williams, B. (2014). *The Genuine Contact Way: Nourishing a Culture of Leadership.* Raleigh: Dalar International Consultancy.

Witte, E. (1973). *Organisation für Innovationsentscheidungen – Das Promotoren-Modell.* Göttingen: Schwartz.

Wohland, G., Wiemeyer, M., Baecker, D. (2012). *Denkwerkzeuge der Höchstleister: Warum dynamikrobuste Unternehmen Marktdruck erzeugen*. Lüneburg: Unibuch-Verlag.

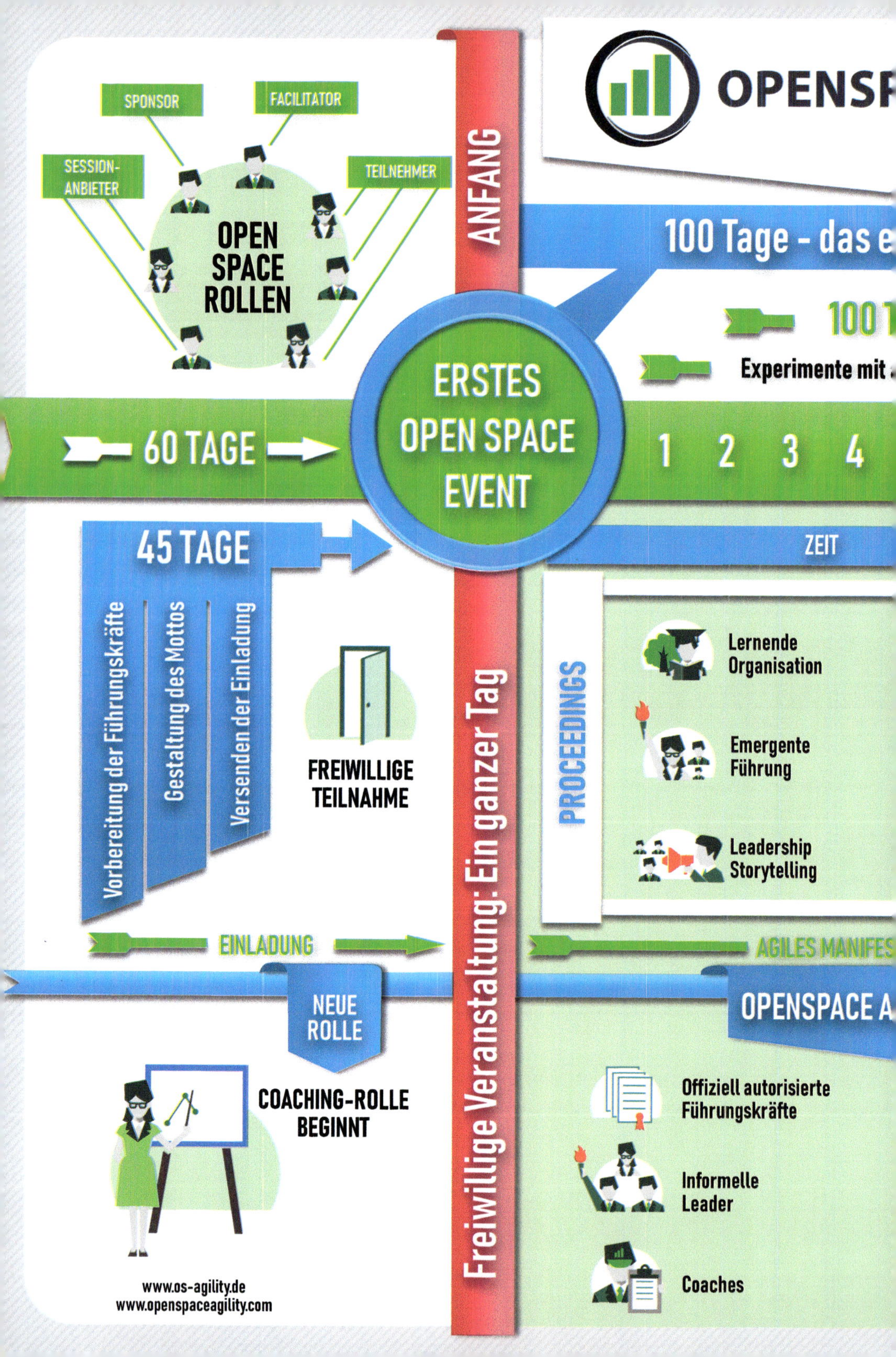

OPENSP
SPONSOR
FACILITATOR
SESSION-ANBIETER
TEILNEHMER
OPEN SPACE ROLLEN
ANFANG
100 Tage - das e
100 T
Experimente mit
60 TAGE
ERSTES OPEN SPACE EVENT
1 2 3 4
45 TAGE
ZEIT
Vorbereitung der Führungskräfte
Gestaltung des Mottos
Versenden der Einladung
FREIWILLIGE TEILNAHME
Freiwillige Veranstaltung: Ein ganzer Tag
PROCEEDINGS
Lernende Organisation
Emergente Führung
Leadership Storytelling
EINLADUNG
AGILES MANIFES
NEUE ROLLE
OPENSPACE A
COACHING-ROLLE BEGINNT
Offiziell autorisierte Führungskräfte
Informelle Leader
Coaches
www.os-agility.de
www.openspaceagility.com

CE AGILITY™
e Lernkapitel
e
Praktiken
6 7 8
ABSCHLUSS
AGILES MANIFEST
Während der 100 Tage werden Teams dazu ermutigt, mit jedweden Praktiken zu experimentieren, die mit dem Agilen Manifest in Einklang stehen.
ZWEITES OPEN SPACE EVENT
30 TAGE
OpenSpace Agility™ basiert auf einer Methode zur Kulturveränderung, die als Open-Source veröffentlicht ist und jedem zur freien Nutzung zur Verfügung steht. Mehr unter www.Prime-OS.com
Direkte Erfahrung
Experimentieren
Spiele-mechanik
0:0
THEMA & EINLADUNG
Freiwillige Veranstaltung: Zwei ganze Tage
PROCEEDINGS
- Energie
- Handeln
- Fluchtgeschwindigkeit
S RAHMEN
HÖHERE LEISTUNG
TY ROLLEN
ROLLEN-WECHSEL
COACHING-ROLLE VERÄNDERT SICH
Zeremonien-meister
Teams
Stakeholder
Das OPENSPACE AGILITY™ Big Picture auf Deutsch
© 2018 Daniel Mezick, Miriam Sasse, Joachim Pfeffer
Alle Rechte vorbehalten. Anfragen für Vervielfältigung an info@os-agility.de

Joachim Pfeffer
Miriam Sasse

OpenSpace Agility kompakt

Mit Freiraum und Transparenz zur echten agilen Organisation

ISBN 978-3-947487-01-1
Softcover, 48 Seiten
4,99 Euro [D]

Ihr individueller Weg zur agilen Organisation mit OpenSpace Agility

Wie können Sie in Ihrem Umfeld agile Arbeitsweisen erfolgreich einsetzen?
Wie können Sie Agilität in der gesamten Organisation etablieren?
Wie können Sie eine begonnene Veränderung in die Agilität wiederbeleben?
Wie können Sie Unsicherheit und Konflikte bewältigen?

Die Antworten auf diese Fragen liegen immer innerhalb Ihrer Organisation - die Menschen darin kennen die Antworten oder werden sie finden. Mit dem Engagement Model „Open Space Agility“ (OSA) gelangen Mitarbeiter zu eigenen Lösungen und genau dadurch entsteht tiefgreifende und nachhaltige Veränderung. OpenSpace Agility bietet einen strukturierten Ansatz für die Veränderung, der durch Freiraum und Transparenz den Weg zur echten agilen Organisation ebnet.

Dies ist das erste deutschsprachige Buch zu OpenSpace Agility. Wir zeigen die Herausforderungen von Organisationsentwicklungen auf und wie Sie ihnen mit den Prinzipien und Modellen von OpenSpace Agility begegnen können. Sie lernen den Ablauf einer Transformation mit OSA kennen und bekommen von uns Anregungen für die ersten Schritte mit OSA in Ihrem Unternehmen.

Daniel Mezick
Mark Sheffield

Inviting Leadership
Invitation-Based Change™ in the New World of Work

ISBN 978-0-984875-35-1
Softcover, 386 Seiten
32,83 Euro [D]

Business agility is no longer an option. Rapidly accelerating change, driven by technology, is disrupting the world of work and redefining the game of leadership. Slow-moving, top-down, „command and control“ leadership styles are less and less effective with each passing day. The successful leaders of today are finding ways to engage the entire workforce. They are focusing the attention of the whole enterprise on higher performance. These leaders are pivoting from delegation to invitation.
INVITING LEADERSHIP is your tutorial and reference guide for implementing Invitation-Based Change™ in the new world of work. This book shows you how to leverage authentic invitations to engage your workforce and generate the positive business outcomes that emerge from self-managed teams. INVITING LEADERSHIP shows you how to do more with less. With this book, you will learn how to safely and pragmatically transform your leadership style and maximize your results:

- Greatly increase employee engagement
- Improve overall business efficiency with self-managed teams
- Attract and retain top talent
- Achieve higher scores in every business outcome you are measuring
- Help your entire organization become more competitive and adaptive
- Scale these business outcomes across the entire enterprise

INVITING LEADERSHIP is your road map for achieving authentic and lasting Business Agility.